国家出版基金项目
NATIONAL PUBLICATION FOUNDATION

"十四五"时期国家重点出版物出版专项规划项目

中国天眼（FAST）工程丛书

中国天眼

数据与科学卷

张博 朱明 钱磊 孙斌 著

人民邮电出版社

北京

图书在版编目（CIP）数据

中国天眼. 数据与科学卷 / 张博等著. -- 北京：
人民邮电出版社，2024. --（中国天眼（FAST）工程丛
书）. -- ISBN 978-7-115-65100-6

Ⅰ. TN16-49

中国国家版本馆 CIP 数据核字第 20249XH031 号

内 容 提 要

　　FAST 的所有工作都是为了更多、更好地产出数据与科学成果，因此在设计阶段就明确
了一些科学目标，这些科学目标是现在 FAST 正在全力观测的对象，包括脉冲星、中性氢、
分子谱线、地外文明探索等。现在 FAST 已经在既定的脉冲星等研究方向取得了很多成果，
在近年来新兴的快速射电暴研究中也有了重要发现。

　　本书主要从科学目标与观测研究内容、科学数据处理、科学数据存储、科学成果 4 个方
面展开详细的介绍，具体内容包括：时域科学、频域科学、其他科学；数据记录、科学数据
处理；数据存储、数据分发；脉冲星和快速射电暴、中性氢和分子谱线等。

　　本书适合地球科学和天文学等专业的高校师生以及相关领域的科技工作者阅读与参考。

◆ 著　　　　张　博　朱　明　钱　磊　孙　斌
　　责任编辑　杨　凌
　　责任印制　马振武

◆ 人民邮电出版社出版发行　　北京市丰台区成寿寺路 11 号
　　邮编　100164　电子邮件　315@ptpress.com.cn
　　网址　https://www.ptpress.com.cn
　　北京盛通印刷股份有限公司印刷

◆ 开本：700×1000　1/16
　　印张：17.75　　　　　　　　2024 年 12 月第 1 版
　　字数：237 千字　　　　　　2024 年 12 月北京第 1 次印刷

定价：149.00 元

读者服务热线：(010)81055410　印装质量热线：(010)81055316
反盗版热线：(010)81055315

丛书编委会

主　　编：姜　鹏

副主编：李　辉　　甘恒谦　　孙京海　　朱　明

编　　委：王启明　　孙才红　　朱博勤　　朱文白

　　　　　朱丽春　　金乘进　　张海燕　　潘高峰

　　　　　于东俊

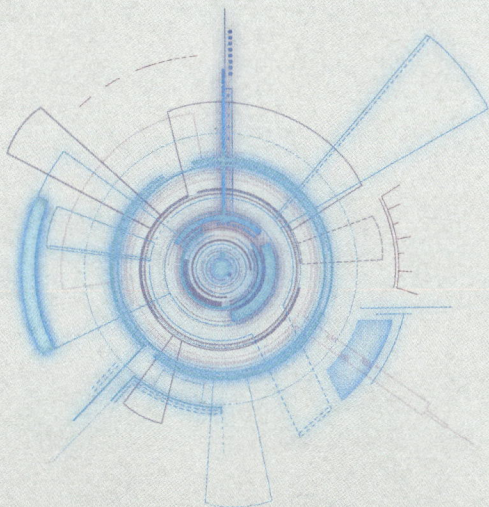

　　重大科技基础设施是为探索未知世界、发现自然规律、实现技术变革提供极限研究手段的大型复杂科学研究系统,是突破科学前沿、解决经济社会发展和国家安全重大科技问题的物质技术基础。在诸多重大科技基础设施之中,500 米口径球面射电望远镜(FAST)——"中国天眼",以其傲视全球的规模与灵敏度,成为中国乃至世界科技史上的璀璨明珠。

　　作为"中国天眼"曾经的建设者,我对参与这项举世瞩目的工程深感荣幸,更为"中国天眼(FAST)工程丛书"的出版感到无比喜悦与自豪。本丛书不仅完整记录了"中国天眼"从概念萌芽到建成运行的创新历程,更凝聚着建设团队二十余载的心血与智慧。翻开本丛书,那些攻坚克难的日日夜夜仿佛重现眼前:主动反射面、馈源支撑、测量与控制、接收机与终端等系统的建设,台址开挖、观测基地等单位工程的每一个细节,无不彰显着中国科技工作者的执着与担当。本丛书不仅是对过往奋斗历程的忠实记录,更是我国科技自立自强的生动写照。

　　"中国天眼(FAST)工程丛书"科学价值卓越。本丛书通过翔实的资料、严谨的数据和科学的记录,全面展示了当前世界最大单口径、最灵敏的射电望远镜——"中国天眼"的科学目标。"中国天眼"凭借其无与伦比的灵敏度,成功捕捉到来自遥远星系,甚至宇宙边缘的微弱信号。这些信号如同穿越时空的信使,为我们揭示了宇宙深处的奥秘。本丛书生动展示了"中国天眼"如何助力科学家们发现新的脉冲星、快速射电暴等天体现象,这

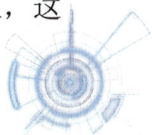

些发现不仅丰富了天文学的观测数据库，更为我们理解极端物理条件下的天体形成机理提供了宝贵线索。

"中国天眼（FAST）工程丛书"技术解析深入。本丛书深入剖析了"中国天眼"在设计、建造、调试、运行等各个环节中的技术创新与突破。从选址的精心考量到结构的巧妙设计，从高精度定位系统的研发到海量数据的处理与分析，每一项技术成果都凝聚了无数科技工作者的智慧与汗水。这些技术创新不仅推动了我国天文学领域的进步，也为其他领域的科技发展提供了宝贵的经验和启示。

"中国天眼（FAST）工程丛书"社会意义深远。作为"十一五"期间立项的国家重大科技基础设施，"中国天眼"的建造和运行不仅提升了我国在全球科技竞争中的地位和影响力，更为我国创新驱动发展战略的实施注入了强大的动力。"中国天眼（FAST）工程丛书"是一套集科学性、技术性与人文性于一体的优秀著作。本丛书的出版，是对 FAST 工程最好的记录。它不仅系统梳理了工程建设的经验，为我们揭开了"中国天眼"这一神秘而伟大的科学装置的面纱；更展现了科技工作者追求卓越的精神，为我们提供了深入思考科学、技术与社会关系的宝贵素材。

希望本丛书能为射电天文从业者提供一些经验和技术借鉴，激励更多年轻人投身天文事业。未来，期待他们可以建设更多的天文大科学装置，在探索宇宙的道路上不断前行。

中国科学院国家天文台原台长

FAST 工程经理、总指挥

2024 年 12 月

在浩瀚宇宙的探索之旅中，每一次科技的飞跃都是人类智慧与勇气的结晶。作为中国天文学乃至国际天文学领域的一项壮举，500米口径球面射电望远镜（FAST）——"中国天眼"的建成与运行，无疑是射电天文探索宇宙奥秘历程中的一座重要里程碑。而今，随着"中国天眼（FAST）工程丛书"的问世，我们可以更加全面、深入地了解这一伟大工程，感受其背后的技术创新与科学精神。

作为一名在射电天文领域深耕多年的科研人员，我非常荣幸地向广大读者推荐这套珍贵的学术丛书。"中国天眼（FAST）工程丛书"分为5卷，每一卷聚焦"中国天眼"的不同维度，共同构建了一幅完整而丰富的科学画卷。

《中国天眼·总体卷》作为开篇之作，系统介绍了"中国天眼"的总体设计思路、建设背景及战略意义，为其余各卷的详细阐述奠定了坚实的基础。该卷不仅概览了工程全貌，而且深刻阐述了"中国天眼"在天文学领域的重要地位，对于理解其科学价值具有重要意义。

《中国天眼·结构、机械与工程力学卷》从专业技术的角度，详细剖析了"中国天眼"构造的奥秘。无论是独特的台址系统，还是极具特色的主动反射面和馈源支撑系统，都展现了我国科研人员与工程技术人员的智慧与精湛技艺。这些技术的成功应用，不仅保证了"中国天眼"的稳定运行与高效观测，更为我国乃至全球的工程技术树立了新的标杆。

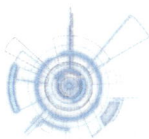

《中国天眼·电子电气卷》将我们带入了一个充满科技与创新的电子世界。接收机的研制及性能测试、电磁兼容的研究及实现、电气系统的设计及实施……这些看似枯燥的技术细节，实则是"中国天眼"能够稳定运行并持续获得高质量科学数据的关键所在。

《中国天眼·测量与控制卷》聚焦测控系统的设计与实现。作为"中国天眼"的"神经系统"，测控系统负责望远镜的精准定位、稳定运行与数据采集等核心任务。该卷详细介绍了测控系统的设计思路、技术难点、分析方法及解决方案，让我们领略到现代测控技术的先进性与复杂性。

《中国天眼·数据与科学卷》介绍了"中国天眼"在数据采集、处理与存储方面的创新成果，不仅展示了"中国天眼"在寻找脉冲星、快速射电暴，以及中性氢巡天等领域的卓越表现，还探讨了这些发现对现代天文学研究的推动作用，是科研人员进行天文观测数据分析的实用指南。

"中国天眼（FAST）工程丛书"的出版，是 FAST 团队对多年建设、调试和运行经验的全面记录与总结，为未来重大科技基础设施建设提供了宝贵经验。同时，这套专业的学术丛书，为科研人员和相关专业的师生提供了重要的学习资料与技术参考，有助于科技人才培养，为射电天文及相关领域的发展注入强劲动力。

中国科学院紫金山天文台研究员
中国科学院院士

2024 年 12 月

丛 书 前 言

人类仰望苍穹时，总是在想：我们是谁？我们从哪里来？我们要往哪里去？我们是否孤独？……如何科学解答人类的困惑，天文学家一直在努力寻求突破。

1609 年，意大利科学家伽利略用他自制的放大倍数为 32 倍的望远镜指向星空时，可谓人类第一次揭开宇宙的神秘面纱。随着科技的飞速发展，人类探索宇宙的手段日新月异。500 米口径球面射电望远镜（Five-hundred-meter Aperture Spherical radio Telescope，FAST）的建成，正是人类迈向未知世界的重要一步。

FAST 是"十一五"重大科技基础设施建设项目。该项目利用贵州的天然喀斯特洼地作为望远镜台址，建造世界最大单口径射电望远镜，以实现大天区面积、高精度的天文观测。项目总投资 11.7 亿元，2011 年 3 月 25 日开工建设，2016 年 9 月 25 日工程落成启用。落成启用当天，习近平总书记发来贺信指出："天文学是孕育重大原创发现的前沿科学，也是推动科技进步和创新的战略制高点。500 米口径球面射电望远镜被誉为'中国天眼'，是具有我国自主知识产权、世界最大单口径、最灵敏的射电望远镜。"从此，FAST 有了享誉全球的名字——中国天眼。

以南仁东为首的中国天文学家团队提出建设"中国天眼"的想法，并为之呕心沥血。在南仁东等老一辈科学家的带领下，"中国天眼"的工程技术人员迅速成长。为了工程建设，他们开始了异地坚守、舍家拼搏的奉献之旅。2011 天，数百名科技工作者用自己最好的青春年华，谱写了"中国天眼"最美的乐章。

2020 年 1 月，"中国天眼"通过国家验收后进入了安全、高效、稳定的

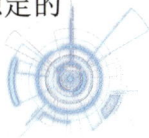

望远镜运行阶段。FAST 拥有科学的管理模式、合理的运维体系、专业的运维队伍、开放的国际平台、海量的科学存储，实现了全链条、高效率的运行管理，连续四年荣获中国科学院国家重大科技基础设施评选第一名的佳绩。截至 2024 年 11 月，FAST 发现的脉冲星已超千颗，超过同一时期国际上其他望远镜发现脉冲星的总和；开展中性氢巡天任务，构建并释放了全球最大的中性氢星系样本，样本数量和数据质量远超国内外其他中性氢巡天项目；在脉冲星物理、快速射电暴起源、星系形成演化及引力波探测等领域，产出了一系列世界级科研成果。

11 篇重要成果发表于《自然》和《科学》主刊。快速射电暴相关成果入选《自然》《科学》杂志 2020 年度十大科学发现 / 突破，并于 2021 年、2022 年连续两年入选我国科学技术部发布的中国科学十大进展。"FAST 探测到纳赫兹引力波存在的关键性证据"这一成果入选《科学》杂志 2023 年度十大科学突破、中央广播电视总台发布的 2023 年度国内十大科技新闻和两院院士评选的 2023 年中国十大科技进展新闻。此外，FAST 团队获得了9 项省部级科技一等奖及"中国土木工程詹天佑奖"等 19 项社会奖励，先后被授予首届国家卓越工程师团队、第六届全国专业技术人才先进集体、第 23 届中国青年五四奖章集体等多项荣誉称号。

为了总结 FAST 关键技术，传承科学精神，深入展现这一世界级天文观测设施的科技成就与建设历程，FAST 团队成员共同编撰了"中国天眼（FAST）工程丛书"。丛书旨在全面、深入、系统地记录 FAST 的科学目标、技术创新、工程建设、运行管理及其对科学研究的深远影响，为国内外科研人员立体而生动地呈现 FAST 全貌，同时也为我国的科技基础设施建设与运行管理提供宝贵的经验借鉴。

"中国天眼（FAST）工程丛书"包含 5 卷，每一卷聚焦 FAST 的不同维度，共同构成了"中国天眼"完整的知识体系。

《中国天眼·总体卷》作为丛书的开篇之作，从宏观视角出发，简述了射电天文学和射电望远镜，在此基础上全面阐述了 FAST 的设计概念、核心科学目标、建设与调试情况、运行管理情况及未来规划，使读者能够清晰地了解 FAST 的总体蓝图和发展历程。

《中国天眼·结构、机械与工程力学卷》从结构、机械与工程力学专业的角度对 FAST 进行介绍，内容涵盖望远镜台址系统和两大工艺系统——主动反射面和馈源支撑。回顾 FAST 从创新概念的提出，到当前已进入正常的设备运行维护这 20 多年的历史，讲述 FAST 在工程建设前的研发阶段，在工程建设、设备调试和设备运行维护期间，在望远镜结构、机械与工程力学等专业方面所面临的技术难题和挑战、解决问题的方法和设计方案、工程实施的详细过程等。该卷内容翔实，介绍了所涉及的专业理论、研究背景和可能的应用，对于有志从事相关研究的科研工作者和工程技术人员具有重要的参考意义，有助于培养启发性思维。

《中国天眼·电子电气卷》主要包括 3 部分内容：接收机研制及性能测试、电磁兼容研究及实现、电气系统设计及实施。第一部分汇总描述 FAST 7 套接收机的主要构成、性能指标、关键技术及研制过程，包括初步设计、详细设计、部件加工、组装测试、安装调试等。第二部分主要介绍 FAST 的电磁兼容指标、各分系统的电磁兼容设计及实施、各部件的电磁辐射特性及屏蔽效能测试、电磁波环境监测及保护等。第三部分主要介绍 FAST 供电系统设计及施工、综合布线系统设计及施工、各分系统电气设备的主要构成及功能、防雷系统设计及实施等。该卷从天眼工程实例出发，系统介绍望远镜接收机、电磁兼容系统以及电子电气系统的原理、设计、研制过程等，可以给射电天文从业者提供相关的参考。

《中国天眼·测量与控制卷》主要包括 3 部分内容。第一部分详细介绍建立基准控制网的过程，这是实现高精度测控的基础条件。高精度测量是望远镜控制乃至整个望远镜高效观测的前提。第二部分详细介绍望远镜测量，针对反射面和馈源支撑的不同测量需求，深入介绍多种测量方案和测

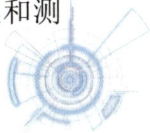

量设备。第三部分详细介绍望远镜控制，控制系统是 FAST 在观测时实现望远镜功能和性能的执行机构，根据功能和控制对象的不同，分为总控、反射面控制和馈源支撑控制，涉及多种创新控制方法。该卷可以帮助读者了解 FAST 如何在复杂的环境中保持高精度运行，对于未来新一代、更先进的大型望远镜研制具有重要的参考借鉴作用。

《中国天眼·数据与科学卷》深入讲解 FAST 的科学目标、时域科学与频域科学、科学数据处理、科学数据存储，以及基于这些数据所开展的前沿科学研究。从发现新的脉冲星到研究黑洞和中性氢，从探索宇宙起源到寻找地外文明，FAST 正刷新着人类对宇宙的认知，展示了其在天文学发展方面的巨大潜力。同时，该卷可以帮助读者了解 FAST 海量数据的存储和管理过程，掌握海量数据存得住、管得好的实用方法。

"中国天眼（FAST）工程丛书"的顺利出版，得到了国家出版基金的大力支持以及人民邮电出版社的鼎力帮助。国家出版基金的资助，为丛书的编撰提供了坚实的资金保障；人民邮电出版社以其专业的编辑团队、丰富的出版经验，为丛书的顺利出版提供了全方位的支持与帮助。在此，我谨代表丛书编委会向国家出版基金和人民邮电出版社致以最诚挚的感谢！同时，也要感谢所有参与 FAST 项目设计、建设、运行与研究的科研人员、工程技术人员，以及为丛书编撰提供宝贵建议的各位同仁，是你们的辛勤工作与无私奉献，共同铸就了"中国天眼（FAST）工程丛书"这一科技与文化的结晶。

我们期待，"中国天眼（FAST）工程丛书"的出版能够激发更多人对科学的热爱与追求，推动天文学及相关领域的发展，为人类探索宇宙奥秘贡献更多的智慧与力量。

中国科学院国家天文台副台长

FAST 运行和发展中心主任、总工程师

2024 年 12 月

前　言

　　射电天文学在 20 世纪的天文学发展中起着关键性的作用。传统的天文学以光学观测为主要手段，1933 年卡尔·央斯基（Karl Jansky）第一次在 20 MHz 频段发现并确认了来自银河系中心的射电辐射，揭开了天文学新的一页。在射电天文学发祥至今的 80 多年间，人类通过这一探索宇宙的新窗口，观测发现了类星体、脉冲星、星际分子和 3K 背景辐射——20 世纪 60 年代的四大天文发现。此外，射电天文学还在银河系和河外星系结构、引力辐射、引力透镜、黑洞的认证、太阳和木星的射电爆发、金星的温室效应等诸多研究方面取得了突破性的成就。截至目前，射电天文学已经有 5 项研究成果获得诺贝尔物理学奖，充分彰显了这门新兴学科的强大生命力。

　　射电天文学是一门观测科学，主要由大型观测设备来推动其发展。新型射电天文设备有 3 个主要突破方向：建造具有巨大接收面积的装置以提高灵敏度；建设大型干涉测量阵列以提高分辨率；将观测波段延伸至远红外，填满最后一个电磁波空白窗口。500 米口径球面射电望远镜（FAST）——"中国天眼"选择接收面积为突破口。具有中国独立自主知识产权的 FAST，是世界上正在运行的接收面积最大、灵敏度最高的单口径射电望远镜。它的接收面积有 30 个足球场那么大，与号称"地面最大的机器"的位于德国波恩市区附近的 100 m 口径埃菲尔斯伯格望远镜（Effelsberg Telescope）相比，灵敏度提高了约 10 倍；与排在阿波罗登月之前、被评为人类 20 世纪十大工程之首的美国 305 m 口径的阿雷西博射电望远镜（Arecibo radio telescope）

相比，其综合性能提高了约 10 倍。装备精良的 FAST 将为新的科学发现和突破天体物理学前沿热点问题提供独一无二的手段。

FAST 于 2020 年完成全部功能调试，正式通过国家验收，2021 年对全球天文界开放。作为一个多学科基础研究平台，FAST 项目建设一开始就是科学驱动的，在设计阶段就明确了一系列的科学目标，各工程系统都是紧密围绕其主要的科学目标进行设计和建设的。由于具有超高的灵敏度，FAST 非常适合观测宇宙中的暗弱天体，捕捉转瞬即逝的微弱信号。到目前为止，FAST 已经在既定的脉冲星搜索、脉冲星计时、中性氢成图、中性氢巡天等研究方向取得了很多成果，也在快速射电暴探测等新科学目标的研究工作中取得了重要发现。未来还有广阔的参数空间和众多研究领域等待 FAST 去探索。

如果把"中国天眼"看作一个工厂，那么它的产品就是数据与科学成果。其中，数据是科学成果产出的基础。FAST 的所有工作都是为了更多、更好地产出数据与科学成果。同时，FAST 这个"工厂"是与时俱进的。在观测过程中，FAST 产生了体量巨大的数据，这些数据的存储和管理成了一个挑战。保证数据的安全存储和顺利分发是实现稳定科学产出的基础。数据存得住，才能保证科学结果靠得住。数据管得好，才能保证数据发挥最大效用和科学产出最大化，为"多出成果""出好成果""出大成果"奠定坚实的基础。

本书系统地介绍了 FAST 的科学目标、数据处理方法以及迄今为止所取得的重要科学成果。各章主要内容如下。

第 1 章全面介绍了 FAST 的科学目标，包括时域科学目标、频域科学目标、甚长基线干涉测量和地外文明探索等。这些科学目标是 FAST 在设计阶段就已经明确了的，它们也是现在 FAST 正在全力观测的对象。

第 2 章着重介绍针对 FAST 科学数据的具体处理方法和实现方式，主要包括脉冲星类型的数据处理和谱线类型的数据处理以及数据的校准。

第 3 章简要描述 FAST 数据的记录、存储和分发技术。望远镜观测过程中产生了体量巨大的数据，这些大数据的存储和管理成了一个新的挑战。保证数据的安全存储和顺利分发是实现稳定科学产出的基础。

第 4 章介绍到目前为止 FAST 已经取得的一些科学成果，重点描述脉冲星搜索与发现、脉冲星计时和引力波探测，以及快速射电暴方面的亮点成果，还展现了 FAST 在银河系分子云观测以及河外中性氢星系巡天中获得的主要进展。

本书由 FAST 运行和发展中心的多名专家和技术骨干执笔，张博、朱明、钱磊、孙斌负责全书的策划与审定，刘娜负责具体的协调，姜鹏等专家进行了悉心的指导。另外，卢吉光、刘希猛、李博乐、张在贵、寇先朋、叶毓睿、李雪生、张文忠、李铮鋆、刘洪栋、侯斌、关锋、苏楠、周博闻、秦楠楠、高涵、张园园、任桃真参与了本书部分内容的撰写工作。同时，本书的出版得到了国家自然科学基金项目（项目编号：12373011）的资助，在此向相关机构表示感谢。

FAST 的观测技术正在走向成熟，类似快速射电暴这样的新兴领域层出不穷，相关知识和科学成果正在快速更新迭代。本书内容难免存在纰漏之处，还望各位读者不吝赐教。

作者

2024 年 12 月于北京

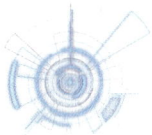

目　录

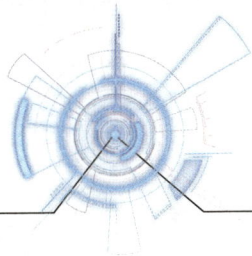

第 1 章　科学目标与观测研究内容

　　射电天文学的科学目标可以简单分为两类：分析时间序列的时域科学目标和分析频谱的频域科学目标。此外，还有一些需要同时进行时间序列分析和频谱分析，或者是和其他射电望远镜联合观测的科学目标。

　　在设计阶段，FAST 根据设计指标对以上几种科学目标进行了初步的规划。时域科学目标包括脉冲星搜索和脉冲星计时；频域科学目标包括银河系的中性氢谱线成图、河外星系的中性氢探测以及河内外星际分子探测；其他科学目标包括甚长基线干涉测量（Very Long Baseline Interferometry，VLBI）联测和地外文明探索（Search for Extra-Terrestrial Intelligence，SETI）。近十年来，随着天文学的发展，FAST 也增加了一些新的科学目标，其中最重要的是以快速射电暴（Fast Radio Burst, FRB）搜寻为代表的一系列时域科学目标。未来，探测引力波源的电磁对应体也可能会成为 FAST 的重要任务之一。FAST 于 2020 年正式开始科学观测，上述科学目标的相关研究也已开始推进。但其中的很多科学目标属于长期目标，需要继续开发 FAST 的科学能力来实现。

1.1　FAST 建设阶段的科学目标

1.1.1　巡视宇宙中的中性氢——研究宇宙大尺度物理学，以探索宇宙起源和演化

　　宇宙中的重子物质含 73% 的氢和 26% 的氦，而氢又是宇宙中最古老、最

简单、丰度最高的元素。1944年，荷兰物理学家亨德里克·范德胡斯特（Hendrik van de Hulst）预言，基态中性氢原子中，原子核磁矩与不同取向的电子自旋磁矩耦合的能量差正好对应约为1.42 GHz的光子频率，其能级间的跃迁会造成1.42 GHz频率（即21 cm波长）处的电磁波的辐射和吸收。范德胡斯特的预言在1951年被天文观测证实，自此，21厘米谱线的射电观测成为现代天文学的重要研究手段。

不同红移的21厘米谱线辐射蕴含丰富的信息，能够揭示大爆炸之后的黑暗时期、宇宙早期的物质分布、天体的形成及演化、星系际和星际介质的分布和运动等诸多内容。对中性氢21厘米谱线的观测研究一直是射电天文研究产出最丰厚的领域之一，天文学家通过对其强度和速度空间分布的观测，首次认识了银河系盘和旋臂结构，获得了河外星系在光学中不可见物质的分布和动力学特征，为暗物质的存在提供了强有力的证据。

英国天文学家彼得·威尔金森（Peter Wilkinson）说过，"宇宙全部的历史是由微弱的中性氢21厘米谱线写成的，想要阅读它，需要非常灵敏的望远镜"。绝大部分宇宙射电源产生的同步辐射是非热辐射，它们在无线电波段有非常高的等效亮温度，易于观测。而中性氢21厘米谱线辐射一般源于热碰撞激发，通常比同步辐射源弱很多，需要射电望远镜将观测目标从相对论性运动的稀薄介质转向低温的物质凝聚区，这就对望远镜的灵敏度提出了极高的要求。

与其他射电望远镜相比，FAST有其独特的优点。首先，由于台址地域偏僻，且坐拥喀斯特洼地的天然屏障，FAST拥有独一无二的安静的电波环境。其次，FAST配置有高性能接收机，因此具备振子天线无法比拟的低副瓣响应，这保证了变化的环境辐射无法进入接收系统，因而可维持接收机稳定的系统噪声温度，并长期保持其平稳随机过程的性质，从而能够通过长时间积分来抑制系统噪声涨落，在强辐射背景中探测流量弱几个数量级的源。再次，300 m的巨大照明口径使FAST几乎不受衍射的限制，可以在米波段应用主焦照明，保证低频的高增益，而其他射电望远镜无法做到这一点。最后，FAST配置有特别的馈源接收机和后端，既可以独立测量，也可以与其他望远镜进行干涉测量。期望 FAST 能在揭示宇宙的原初性质和"精确宇宙学"领域做出特有的贡献。

但是，FAST 作为单口径射电望远镜，在角分辨率上受到一定的限制，因此不适合单独进行对角分辨率要求高的工作，不过可以与其他望远镜组成阵列来进行 VLBI 联测，大大提升观测的角分辨率。此外，即便是进行单天线观测，由于 FAST 具有巨大的口径，在对红移为 z 的天体进行 21 厘米谱线的观测时，角分辨率仍可达约 3(1+z) 角分，可以满足很多天文学应用的需求。

巨大的 FAST 可用于探测宇宙中中性氢的分布和特征，例如通过寻找矮星系来探索暗物质子晕，进而研究暗物质的小尺度分布和性质；测量宇宙大尺度结构和暗能量的性质；观测宇宙的黑暗时期和再电离等。这些都将为精确宇宙学研究提供新的观测依据。FAST 也可通过观测银河系中的高速云（High-Velocity Cloud，HVC）、I/II 型赛弗特星系（Seyfert galaxy）和星暴星系中的中性氢、低面亮度星系（Low Surface-Brightness galaxy，LSB 星系）、富含气体的不规则矮星系，探讨贫气体椭圆星系的气体剥离机制，寻找正在形成的星系群和星系团，并搜索具备吸收特征的中性氢云等，以揭示星系的形成和演化规律。

1.1.2　探索暗物质的小尺度分布与暗星系

FAST 的高分辨率、高灵敏度的中性氢 HI 近域宇宙空间巡天，能以 2 倍于阿雷西博遗珍快速 ALFA（Arecibo Legacy Fast Arecibo L-band Feed Array，ALFALFA）巡天的天区覆盖、超过后者 5.5 倍的红移覆盖范围以及比 ALFALFA 更高的灵敏度和频谱解析能力，探测中性氢弱源的质量函数，从而揭示近域宇宙中的中性氢分布，这为我们解决标准宇宙模型的小尺度危机提供了新的工具。具体来说，根据冷暗物质模型进行的 N 体数值模拟计算预言，在本星系群暗物质晕中存在成百上千的暗物质子结构。然而，目前的光学观测仅发现了数十个本星系群矮星系，比模拟计算的预期少了 1 ~ 2 个数量级，即失踪伴星系之谜。那么，这些暗物质子结构究竟是否

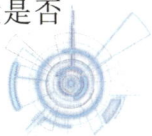

存在？如果不存在，那将是对冷暗物质模型的重大挑战，说明暗物质并非一般假设的弱相互作用冷暗物质，而可能是温暗物质、自相互作用暗物质、模糊（极低质量粒子）暗物质等。如果暗物质子结构确实存在，它们可能由于某种原因没有形成恒星，因而难以经由光学观测发现。

高灵敏度的中性氢谱线观测正是回答上述问题的一大关键。对于 FAST 这样的射电望远镜，其观测灵敏度 ΔS_v（单位为 mJy）为

$$\Delta S_v = 1.2 \left(\frac{2000}{A_{\text{eff}} / T} \right) (\Delta vt)^{-1/2} \tag{1.1}$$

式中，A_{eff} 为 FAST 有效面积（单位为 m^2），T 为系统温度（单位为 K），Δv 为有效观测频带宽度（单位为 MHz），t 为积分时间（单位为 s）。而可观测的中性氢质量 M_{HI} 与流量 S（单位为 Jy）的关系为

$$\frac{M_{\text{HI}}}{M_{\odot}} = 2.356 \times 10^5 \times \frac{d_{\text{L}}^2}{1+z} \Delta V_{\text{em}} S \tag{1.2}$$

式中，d_{L} 为光度距离（单位为 Mpc），ΔV_{em} 为被观测天体的静止系速度弥散宽度（单位为 km/s）。由式（1.1）和式（1.2）可知，对于有效口径达 300 m、典型系统温度只有 20 K 左右的 FAST 来说，仅用几分钟的积分时间，即可探测到本星系群中质量为太阳质量的 10 000 倍以上的中性氢云。作为比较，一个富含气体的普通星系中，中性氢的质量通常是太阳质量的 $1 \times 10^8 \sim 1 \times 10^{10}$ 倍。也就是说，FAST 的近域宇宙中性氢巡天有望发现缺乏光学对应体的近邻小质量中性氢系统（它们可能是由于气体密度过低而未能形成恒星的"暗星系"），从而解开暗物质子结构之谜。同时，对中性氢分布的详细观测，还有可能揭示本星系群及其附近物质的纤维状分布，为我们深入了解暗物质的分布和性质提供更多的线索。

1.1.3　探索宇宙大尺度结构与暗能量

宇宙中物质的分布不是完全均匀的，而是存在相对密度涨落，可以用 $\delta(\boldsymbol{x}) = [\rho(\boldsymbol{x}) - \langle\rho\rangle] / \langle\rho\rangle$ 来描述，$\langle\rho\rangle$ 为平均密度（尖括号表示对密度 ρ 的系

综平均）。如果对 $\delta(\boldsymbol{x})$ 进行傅里叶变换，就可以得到物质密度功率谱 $P(\boldsymbol{k})$，它是不同尺度密度涨落程度的表征。原初物质的密度功率谱由宇宙早期的暴涨过程决定，因此其精密测定为研究宇宙的起源和极高能量下的物理过程提供了极其宝贵的信息。同时，今天的物质密度功率谱也与扰动在宇宙演化中的增长过程有关，可用于检验引力理论和高维度空间理论、测量中微子的质量等。特别地，宇宙早期的辐射 - 重子耦合振荡在物质密度功率谱中留下了一些小峰和低谷，这些特征作为标准尺度可以用于暗能量特性的研究，揭示暗能量的性质。此外，大尺度结构还可以和宇宙微波背景辐射进行相关研究，探测暗能量引起的累积萨克斯 - 沃尔夫效应（Integrated Sachs-Wolfe effect，ISW 效应）。在大尺度上，中性氢的分布与物质密度的总体分布应该是一致的。通过对宇宙中性氢分布的测量，可以确定物质的总体分布。

$$\langle \tilde{\delta}^*(\boldsymbol{k})\tilde{\delta}(\boldsymbol{k}')\rangle = (2\pi)^3 \delta_{\mathrm{D}}(\boldsymbol{k}+\boldsymbol{k}')P(\boldsymbol{k})$$

$$\tilde{\delta}(\boldsymbol{k}) = \int \delta(\boldsymbol{x})\mathrm{e}^{\mathrm{i}\boldsymbol{k}\cdot\boldsymbol{x}}\mathrm{d}^3\boldsymbol{x}$$

（1.3）

式中，δ_{D} 表示狄拉克函数，$\boldsymbol{x}$、$\boldsymbol{k}$、$\boldsymbol{k}'$ 均为三维矢量。

利用 FAST 可以对宇宙中的大尺度结构进行中性氢巡天观测。物质密度功率谱 $P(\boldsymbol{k})$ 的测量精度主要取决于有效观测体积。为了获得更大的有效观测体积，应尽可能增大观测面积，覆盖望远镜的整个可观测天区。为了实现这一目标，FAST 采用的一种观测方式是，利用中性氢巡天在较低的信噪比下发现约 100 万个星系，并测定其红移，以这些星系作为示踪物测量大尺度结构。另一种观测方式是，不分辨观测到的信号是否属于星系，直接对中性氢在大尺度上的分布进行透面切片研究。初步研究表明，这两种方式得到的结果大致相同。如果使用 FAST 的多波束接收机进行巡天，在几年时间内可以获得与当前的光学巡天 [如斯隆数字化巡天（Sloan Digital Sky Survey，SDSS）] 相当的有效体积。并且，由于观测的波段和示踪物不同，这种观测并非仅仅是重复，而是非常有助于发现可能存在的系统误差和未知因素。

除了利用低信噪比大面积巡天从大尺度结构中测量特征尺度，还可以用高信噪比小面积巡天得到大量单个星系的红移，并利用塔利 - 费希尔关系（Tully-Fisher relation）估算这些星系的距离，甚至可能找到新的标准源，为暗能量探测提供另一种方式。

1.1.4　研究星系形成与演化

目前，通过 21 厘米谱线对中性氢云进行的最遥远盲探测位置大约位于红移 $z = 0.2$ 处。星系的演化效应只有在 $z = 0.3$ 或更大时才开始变得明显，将中性氢的观测距离延伸至 $z = 0.3$ 甚至更远的宇宙空间时，才能真正构造星系演化的图像。使用 FAST 的高灵敏度探测器和多波束接收机，可以发现大量遥远的富氢星系。如果换用超宽带或低频接收机，FAST 的盲探测便可能观测到红移 $z = 0.3 \sim 0.7$ 的星系团大型成员星系内的中性氢，因而所有星系族中的演化效应都能通过 FAST 观测得到。在其他系统中，还可能探测到主导星系形成之后的残余中性氢云以及前身——星暴星系。另外，对矮星系的研究有可能给出星系形成的大致线索。如果矮星系恒星延缓形成的机制正确，则在矮星系演化中应该有明显的迹象。

更重要的是，中性氢是星系形成的基本材料，通过对中性氢的观测，不仅能获得星系演化的宏观图景，还能了解星系形成的具体机制。举例来说，星系形成所需要的中性氢是如何补给的？是通过连续的吸积，还是小星系的合并？冷凝的气体是不是高速云的来源？恒星形成和活动星系核（Active Galactic Nucleus，AGN）对气体的反馈作用是怎样的？星系所处环境（星系团、空洞）的影响如何？利用 FAST 的观测，可以得到中性氢分布和运动的详细图像，并直接解答这些问题，进而解开星系形成之谜。

1.1.5　研究宇宙的黑暗时期与再电离

标准宇宙学模型认为，宇宙在大爆炸之后开始膨胀，密度降低，温度下降，在红移 $z=1000$ 左右发生等离子体复合，宇宙进入黑暗时期，直到第一批自引力束缚系统形成，通过释放的引力能与核能再次将宇宙照亮，宇宙变得透明，所有的重子几乎全部再次电离，此为宇宙再电离时期（Epoch of Reionization，EoR）。我们观测到的最遥远宇宙，即宇宙微波背景辐射是红移 $z=1100$ 左右的背景光子最后散射面，目前观测到的最早期发光的天体红移 $z>16$。而对于这漫长黑暗时期的宇宙演化，例如"黑暗时期是如何结束的？""宇宙再电离的能源是恒星还是黑洞？""第一批恒星或星系是如何和何时形成的？"等问题，目前天文学家还无法给出确切的回答，不过利用中性氢 21 厘米谱线可以对再电离过程进行观测。理论分析和模拟对 EoR 源（大尺度的电离区和中性区）的空间性质给出了一些预测，如约 20 mK 的面亮度、约 5′ 的尺度等。FAST 要观测这样的源，角分辨率略显不足。但是，如果采用适当的观测模式，FAST 仍可发挥重要的甚至是独特的作用。例如，利用 FAST 单天线、数据简单且接收机具有高稳定性的优点，可以进行红移 21 厘米谱线平均亮度整体绝对测量，从而确定再电离发生的红移；还可以对高红移强射电源进行吸收线（21 厘米森林）观测，确定中性氢自旋温度，而中性氢自旋温度的测定有助于判断电离光子源的性质。虽然高红移中性氢的探测有巨大的风险且所需观测时间也比较长，但其蕴含的重大意义吸引了国际上很多研究设备投入其中，如荷兰及欧洲多国合作的 LOFAR 低频阵（LOw Frequency ARray）、美澳联合的默奇森广角射电阵（Murchison Widefield Array，MWA）、我国的 21 厘米射电望远镜阵（21 CentiMeter Array，21CMA）等。FAST 也将在这项研究中发挥重要作用。

1.1.6　观测脉冲星——研究极端状态下的物质结构与物理规律

　　类星体、脉冲星、星际分子、3K 背景辐射合称为 20 世纪 60 年代的四大天文发现。脉冲星的质量密度高得惊人，每立方厘米达亿吨级；其磁场强

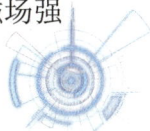

度最大可超过地球磁场强度的 10 万亿倍；质量接近太阳质量，自转速度最快可以达到每秒 1122 圈，辐射常常覆盖从高能到射电的电磁波谱，脉冲星的极端物理条件在地面实验室中无法实现。1967 年，安东尼·休伊什（Antony Hewish）和他的研究生乔斯琳·贝尔（Jocelyn Bell）使用半波阵研究类星体的行星际介质的闪烁现象，在天空中的固定方向发现了精确周期为 1.337 s 的连续射电脉冲信号，断定它们来自前所未知的新型天体——脉冲星，后续研究将其认证为 20 世纪 30 年代理论预言的中子星，由恒星演化和超新星爆发产生，当辐射束周期性扫过地球时，望远镜就可以记录下脉冲信号。如果双星中有一颗是脉冲星，则称其为"脉冲双星"。1974 年，小约瑟夫·泰勒（Joseph Taylor Jr.）和他的研究生罗素·赫尔斯（Russell Hulse）发现了第一个脉冲双星系统，通过对它互绕周期衰减的长期监测，为广义相对论的引力波预言提供了间接证据。脉冲星和脉冲双星的研究确认了中子星的存在，并间接证明了引力辐射的存在，因此其研究者分别获得了 1974 年和 1993 年的诺贝尔物理学奖。

1. 发现新脉冲星

截至 2024 年 11 月，已发现的脉冲星总数量近 4700 颗，其中毫秒脉冲星约 1000 颗，X 射线脉冲星 250 余颗，河外脉冲星 40 颗左右。脉冲星是极端物理条件的"实验室"，是星际介质的"探针"。而被称为"毫秒脉冲星"的短周期脉冲星，其周期准确度可以与地球上最好的原子钟相媲美，因此具有很高的应用价值。

理论估计，银河系中可观测到的脉冲星约有 6 万颗，但目前已发现的脉冲星还不到实际总数的 8%。最初发现的 100 颗脉冲星全部是普通脉冲星，且都是单星。当被发现的脉冲星数量增至 500 颗时，脉冲星的研究产生了一个飞跃，毫秒脉冲星、双中子星系统、中子星和白矮星系统、中子星和大质量伴星系统、脉冲星中的行星系统、X 射线和 γ 射线脉冲星、有高能射线而无射电脉冲的脉冲星等新类型陆续被发现。当利用高灵敏度的多波束巡天技术发现的脉冲星的数量增至 1700 颗时，更多的新发现随之而来。例如，周期长达 8.5 s 的普通脉冲星的发现对中子星结构和物态方程提出了挑战；首次捕捉到双脉冲星系统——PSR J0737-3039A/B，其 2.4 h 的轨道周期和极其高速的轨道运动，意味着系统中的这两颗中子星在不久的将来就会发生并合。观测中子星并合事件是国际引力波探测的重要目标之一，PSR J0737-3039A/B 系统的发现也许为实现这一目标提供了千载难逢的好机会。

目前被发现的新类型脉冲星数量还很少，而且它们一般是在现有设备的探测极限附近被发现的。FAST 具有高灵敏度和大天区覆盖的特性，有利于发现更多脉冲星，特别是弱脉冲星、毫秒脉冲星、脉冲双星、双脉冲星系统、脉冲星行星系统、河外强脉冲星、非球状星团毫秒脉冲星等罕见类型。脉冲星巡视需要多波束、全偏振、高品质的制冷接收机，以提高探测灵敏度和巡视效率。

2. 发现稀有类型脉冲星和巡视射电瞬变天空

在 FAST 这样巨大的脉冲星巡天样本中也许会找到目前虽未被发现但可能存在的新类型。例如中子星 - 黑洞双星，这一系统中两颗致密天体的运动不受环境介质影响，没有相互的质量交流，不必考虑它们之间的潮汐作用，可以不依赖模型更好地检验引力理论，直接精确求解黑洞的质量。又如自转周期小于 0.5 ms 的奇异星或夸克星，目前观测到的射电脉冲星的自转速度最快可达每秒 716 圈（周期为 1.39 ms），最近发现的 X 射线脉冲星的自转速度最快可达每秒 1122 圈（周期为 0.89 ms）。发现亚毫秒脉冲星将终止"中子星与夸克星"久而未决的争论，帮助人类认识超核密度物态及深层次物理规律。

除了自转周期，确定脉冲星物态的另一种渠道是借助双星轨道运动来精确测量星体质量。这是由于不同的物态方程对应的脉冲星质量 - 半径关系不同，中子物质对应的星体半径越小，质量越大，而且质量有上限；而夸克物质理论认为，星体半径越大，质量也越大且没有上限。当前研究者已

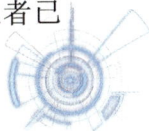

经发现了一些质量较大的脉冲星，虽然无法完全排除中子物质存在的可能性，但一部分中子物质物态方程已经无法解释这些天体的存在，因此相关理论被否定。未来如果能够使用 FAST 发现更多的脉冲双星系统，并对它们进行精确的计时观测，就有可能发现更多质量更大的脉冲星，更新我们对致密物质的认识。

另外，搜索并详细研究具有极端轨道参数的脉冲双星也是 FAST 的重要目标之一。除了前面提到的探测双星并合产生的引力波事件，它们还可以直接用于限制双星演化理论。这是因为，脉冲双星的轨道参数可以通过高精度脉冲星计时来测量，观测上的不确定度很小。主流的双星演化理论认为，在双星并合之前的演化过程中，互相绕转的轨道周期有下限。但最近天文学家已经发现了若干短周期脉冲双星，现有理论很难解释它们的存在。更多类似系统的发现将促使相关领域的研究者重新思考他们的理论，判断已有的理论模型是否忽略了某些关键因素，最终使人们更好地了解双星系统相关的物理过程。

FAST 无须长时间积分即可获得极高的原始灵敏度，这一特性还特别适合脉冲星偏振、单脉冲等方面的研究，揭示脉冲星辐射的成因，对星际介质做出更精确的探测。例如部分时间发射脉冲星（part time pulsar）和极端消零脉冲星（extreme nulling pulsar），其成因尚不清楚，它们被认为是银河系中大量存在的新一类脉冲星，但是绝大部分时间不会产生辐射，使得观测非常困难。零脉冲比例高达 90% 的脉冲星不断被发现，引起了天文界的广泛关注。又如自转型暂现射电源（Rotating RAdio Transient，RRAT），这类天体像普通脉冲星一样发射脉冲，且脉冲的辐射特性也与普通脉冲星类似，但每两个脉冲之间的间隔乍看并不规律，只有经过数学分析才能揭示其内在的周期性，说明它们是一类特殊的脉冲星。

射电瞬变天空（radio transient sky）所包括的天体类型和天体辐射现象五花八门，除上述部分时间发射的消零脉冲星和 RRAT 外，还包括脉冲星巨脉冲、羟基（OH）脉泽、AGN 的喷发、超新星的射电爆发、活动恒星射电耀发、木星、褐矮星射电耀发、日内变化的星际闪烁（IntraDay Variability-InterStellar Scintillation，IDV-ISS）、γ 射线暴余辉的星际闪烁（γ-ray burst afterglows-ISS）、磁陀星的射电爆发和褐矮星周期性射电耀发等。它们辐射强度不一，普遍还具有时标长短各异的明显光变，且有着辐射谱覆盖频段宽的共性，这都需要望远镜具有高灵敏度、大视场、高效的数字后端以及先进的搜寻分析软件。

1.1.7 探测引力波

1974 年，泰勒及其研究生赫尔斯首次发现了脉冲双星，其周期为 0.059 s，互绕轨道周期为 0.32 天。他们通过上千次的观测，证实由于辐射引力波失去能量，这一脉冲双星的轨道周期以 2.402×10^{-12} s·s^{-1} 的速率衰减，与广义相对论的预言值相差不到 1%。目前国际科学界有各式各样的大型计划，力求更直接地探测引力波：地面激光干涉引力波观测台（Laser Interferometer Gravitational-wave Observatory，LIGO）所期待的中子星并合事件已被成功探测到；探测双致密星绕行引力波发射的空间激光干涉阵尚在筹建中；多个脉冲星计时阵（Pulsar Timing Array，PTA）也加入引力波探测这一前沿探索领域。不同探测技术所针对的引力波源有不同的辐射频率范围。前两种技术需要巨大的投入，而 PTA 利用的是脉冲星观测的"副产品"，不需要额外的建设投资，拟探测的引力波源是宇宙大爆炸和巨型黑洞并合，其辐射有着长达数年或更长的周期以及相对高的强度。

PTA 技术是通过对一组自转稳定脉冲星进行对到达时间（Time of Arrival，ToA）的长期监测，从其统计残差中获得空间度规的变化，进而找到引力波存在的直接证据。FAST 的原始灵敏度可以使 ToA 的观测精度由目前的几百纳秒提高至几十纳秒。在 PTA 技术的模拟计算过程中，假设目前 ToA 的观测均方差为 120 ns，未来 FAST 的这一精度可以达到 30 ns。

1.1.8　主导国际 VLBI 网——获得天体的超精细结构

天文学的角分辨率 θ 是指设备能够分辨的两个天文目标的最小角距，$\theta \approx \lambda/D$，即以波长 λ 为单位的仪器口径 D 的倒数。射电天文望远镜的工作波长要比光学望远镜的工作波长长得多，若想获得与光学相当的分辨率，就得把这口"大锅"的口径做到几百千米甚至地球直径那么大，而且其偏差要控制在 1 mm 以内，但是这类技术根本不存在。射电天文学家找到了不必增大天线口径就能提高分辨率的方法——射电干涉测量，最终发展成今天的 VLBI。加入 VLBI 的两面天线可以隔洲跨洋，其角分辨率 $\theta=\lambda/B$，基线长度 B 可以有地球直径那么长；如果将天线送至太空，还可以进一步加长 B。现代全球 VLBI 网 L 波段的分辨率可以达到毫角秒级甚至更高，比其他天文波段的分辨率至少高 3 个数量级。换句话说，如果为 12 个人的生日酒会分蛋糕，每人得到圆心角为 30°、尖尖的一块，然后由全人类来分这一小块蛋糕，每人分得的蛋糕圆心角比 VLBI 的分辨角要大得多。因此，能否加入 VLBI 这个"俱乐部"，以及在其中扮演什么样的角色，在一定程度上表征了射电天文望远镜的显示度。世界上主要的 VLBI 网包括欧洲甚长基线干涉网（European VLBI Network，EVN）、美国的甚长基线阵（Very Long Baseline Array，VLBA）和亚太望远镜网（Asia Pacific Telescope，APT）等，它们主要的单元天线直径为 20 ～ 40 m，最大的单元天线直径为 100 m。如果 FAST 加入，由于巨大的接收面积和地处所有网络边缘的地域优势，它将成为国际 VLBI 的"网主"，使我国在该领域的国际合作中处于主导地位。

目前地面 VLBI 在毫米波段、厘米波段和米波段的典型分辨率分别达到了 0.1 mas、1 mas 和 10 mas，可以分辨遥远类星体中宽度为几个光年的空间尺度；对于邻近的赛弗特星系，这一分辨率对应 2 倍的冥王星轨道大小；对 50 光年以内的近域恒星，则可解析 0.1 个天文单位（日地距离）的结构。30 多年来，VLBI 技术和 VLBI 图像重建算法的发展在众多领域改变了天文学的面貌。VLBI 技术通过为遥远的类星体和原星系成像发现了 AGN 的精细结构，直接揭示了物质和能量的运输过程，为建立早期恒星系统的中央引擎模型提供了观测事实；VLBI 使天体测量的精度达到微角秒量级，大陆板块漂移的测量精度达到毫米量级，日时间测量精度达到微秒量级，建立了以远星系和类星体代替恒星的惯性参考系；在近邻星系（如 NGC 4258）的核心光年距离尺度内，VLBI 精确测定水分子脉泽盘中斑点的开普勒速度，给出中央大质量黑洞的质量估计；NGC 4261 的多波段 VLBI 观测首次提供了吸积盘存在的观测证据；VLBI 为超新星遗迹 SN 1993J、SN 1979C 和 SN 1986J 成像，并精确测定它们的膨胀速度，使得天体测量和天体物理因 VLBI 的高分辨率而融合。VLBI 最使人惊奇的发现是视超光速现象，即在类星体和射电星系核心处，一些辐射团块似乎以超光速运动。最后证实，VLBI 观测到的是近光速运动在小观测角度时引起的视差，它揭示了 AGN 中极端的物理过程，因而没有动摇哈勃定律和相对论。

　　有 FAST 参与的洲际 VLBI 网观测，整体探测灵敏度可提高 5 倍。VLBI 网的分辨率不仅和最长基线的长度有关，也和它的权重相关。FAST 处在多个主流国际网的边缘位置，因此可以参与所有这些网络的联测。高灵敏度使得与 FAST 相关的基线有高权重，包括 FAST 的 VLBI 网也因为拓展了基线长度而获得了更高的分辨率。若与空间轨道射电望远镜联测，FAST 的"网主"作用将尤为显著。如果 FAST 代替阿雷西博射电望远镜参加由美国 VLBA、甚大阵（Very Large Array，VLA）、100 m 口径的绿岸射电望远镜（Green Bank Telescope，GBT）和德国的埃菲尔斯伯格望远镜组成的高灵敏度阵（High Sensitivity Array，HSA）观测，该阵的灵敏度将从 5.5 μJy 提高到 3.1 μJy，而且可以增大可观测天区。

　　除少量的相位参考模式，VLBI 的检测积分时间由于信号的相干性而被限制在分钟或秒量级，因而和连线干涉仪阵列相比，它可成像的目标很少。最完整的 VLBA 校正源表包含 3035 个天体，只有部分源具备 VLBI 图像，

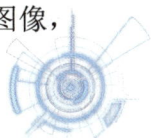

其中约 300 个源得到了多历元、多频率的监测研究，50 多个源有精确的偏振磁场图像。在美国国家射电天文台 - 德国马普射电天文研究所（NRAO-MPIfR）的 5 GHz 射电源表中，流量大于 1 Jy 的源只有 30% 具备 VLBI 成像观测能力，而银河系内的源的数量则更少。如果 FAST 加入 VLBI 网，可探测目标数量将至少提高两个数量级，能够为我们提供完整的致密源统计样本，更可靠地检验 AGN 核心引擎理论和模型，以及发现遥远宇宙中的奇异现象。因为 FAST 的建成将极大地提高对高红移（$z>3$）暗弱 AGN 高空间分辨率的成图观测能力，最终将显著扩大目前已有的自行 - 红移关系宇宙学统计研究样本。另外，在视超光速源的观测研究中，当喷流中的辐射团块远离中心时，亮度会迅速下降，在 FAST 之前，VLBI 网的灵敏度只能跟踪观测团块最初几年的演化，限制了多重超光速的研究，而 FAST 将从根本上改变这一状况。射电源核心的偏振辐射常常只有总强度发射的 1%，精确的远星系引力核心磁场成像，能使我们真正进入这个物理学的未知领域。

由 FAST、地面 100 m 级天线和空间 10 m 级天线构成的 VLBI 系统，其灵敏度也将比现有的设备高 0.5 ～ 1 个数量级，有可能以优于 0.1 个天文单位的分辨率，获得少数热谱源精细图像，甚至可实现直接为近邻恒星系统中类似木星的行星成像，以研究恒星类天体的形成与演化。

1.1.9　探测星际分子——研究恒星形成与演化、星系核心黑洞以及探索宇宙生命起源

星际分子是 20 世纪 60 年代的四大天文发现之一。斯坦利·米勒（Stanley Miller）发表于 1953 年的实验室研究成果，用实验手段探讨了地球生命的起源，用氢气、氨气、甲烷和水模拟原始大气和海洋，通过电击注入能量，生成了多种与生命过程有关的有机分子。射电天文学家认为，前生命期复杂分子的产生可能不需要从零开始。20 世纪 60 年代初，由于毫米波天文学

的发展，在星际介质中观测到了不同转动能级跃迁产生的分子谱线，这些分子中含有组成蛋白质的基本化学元素——碳、氢、氮、氧等。分子天文学的奠基人查尔斯·汤斯（Charles Townes）于 1964 年获得诺贝尔物理学奖。截至 2024 年年底，研究者已认证的星际分子超过了 330 种，包括 20 种以上的脉泽分子，这些脉泽分子中相当一部分有多条非热脉泽谱线被探测到。研究者在银河系中已发现上万个脉泽源，在河外星系中发现了上百个 OH 巨脉泽源和大约 200 个水分子（H_2O）巨脉泽源。

星际分子广泛存在于多种天文环境中，来自不同分子的不同谱线可以示踪不同的物理条件，约 20% 的分子谱线处于厘米波段和分米波段。由于恒星形成于分子云，而不少情况只能由分子谱线进行分子云观测，因此分子谱线的观测对研究恒星形成及演化至关重要。

分子云的形成标志着大量气体的凝聚，是恒星形成的摇篮。某些分子谱线源（如脉泽源）的形成需要特定条件，与星系类型和星系核活动演化阶段有关，因此探测并描绘河外星系中分子气体的分布对确定星系的形态和演化也有重要的作用，在高红移星系和原星系候选体中，这种观测更为重要。分子谱线的窄线宽有助于星系红移的精确测定，因此 FAST 的厘米波段和分米波段的分子谱线研究将大大推动我国对恒星形成和分子云演化的研究。

脉泽源和河外巨脉泽源具有辐射强而空间尺度小的特点，单个脉泽斑点的最小尺度接近 1 个天文单位（相当于太阳到地球的距离），它们存在于恒星形成区和晚型星的拱星包层附近，其 VLBI 的观测是研究银河系和近邻星系小尺度的环境物理和动力学条件的最好工具。银河系脉泽和河外星系巨脉泽的观测，对分子云的动力学、恒星形成、星际磁场、银河系尺度和近邻星系距离测定、黑洞认证等天体物理研究做出了非常重要的贡献。当前脉泽的研究将转向河外巨脉泽和巨脉泽爆。研究表明，巨脉泽是与 AGN 相关联的一种现象，对它们的辐射过程、运动、特殊的物理环境以及它们与中心天体的关系等方面的研究已成为前沿领域。

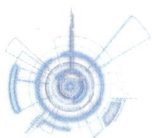

　　FAST 设计的工作带宽内包含 OH、甲醇（CH_3OH）等分子的谱线。利用 FAST 的高灵敏度，可对极亮红外星系（UltraLuminous InfraRed Galaxy，ULIRG）、高红移星系、活动星系和类星体进行 OH、CH_3OH 分子巨脉泽的广泛搜寻。考虑到阿雷西博射电望远镜是探测巨脉泽的先驱，FAST 因其性能，有望观测到更多 OH 巨脉泽源，进一步研究巨脉泽和星系类型的关系、巨脉泽和核活动的关系、巨脉泽和星系核相对论性外流的关系。目前用巨脉泽观测，得到了 NGC 4258 星系中黑洞存在的证据。如果能够积累规模更大的 OH 巨脉泽样本，有可能获得更多黑洞存在的证据。天文学家曾用阿雷西博射电望远镜，在红移为 0.6 处探测到了最亮的 OH 巨脉泽。如果改用 FAST，它可在红移约为 1 处被探测到，使 OH 巨脉泽的宇宙学研究成为可能。目前 OH 巨脉泽的光度函数很不准确，其物理机制也不甚清晰。如果使用 FAST 开展 OH 巨脉泽的巡天工作，将加深我们对其光度函数的理解，为我们提供有关巨脉泽起源的重要信息。CH_3OH 脉泽是河内最亮的射电点源，亮度比近邻 OH 脉泽高近一个数量级。CH_3OH 脉泽正成为示踪恒星及行星形成和研究多种类型吸积盘的重要工具。国际上寻找河外 CH_3OH 巨脉泽的努力至今未果。考虑到 FAST 与阿雷西博射电望远镜相比有更大的天区覆盖，我们将有机会利用 FAST 的高灵敏度实现在世界上首次发现河外 CH_3OH 巨脉泽。高灵敏度的 FAST 还可能发现高红移的超巨脉泽（gigamaser）星系，研究宇宙演化早期的性质。

1.1.10　搜索星际通信信号——地外文明探索（SETI）

　　我们仰望上苍时，会发问：茫茫宇宙有没有人类的兄弟？地球之外有没有其他的文明社会？哲学家罗伯特兰·罗素（Bertrand Russell）说："问题的答案有两个，无论是有还是无，都同样令人惊奇。"SETI 的学科风险是不言而喻的，一旦成功，将使人类所有的科学成就黯然失色。所以，科学界对 SETI 的投入从未停止。

在人类难以想象的"极限生命环境"——几百摄氏度的海底热泉、几万米的高空、地下数千米的岩层中，都发现了活着的生物。生命的顽强，远远超出人们的想象，在考虑地外生命时，不应只关注宜居的环境。在行星上寻找生命时，应该先寻找水。在太阳系之内，研究者陆续在木星的木卫二、木卫三、木卫四以及土星的土卫六和土卫二上发现了辽阔的地下海洋，其中有的水体规模远大于地球上的海洋；2023 年欧洲空间局发射的冰质木卫探测器（JUpiter ICy moons Explorer，JUICE）将在 2031 年抵达木星系统之后，全力研究几颗大型木卫的地下海洋。自 2004 年"勇气号"与"机遇号"登陆火星开始，一系列火星车通过实地岩土采样分析，揭示了火星湿润的历史；而轨道探测器也不止一次在火星上发现了可能由当代液态水塑造的特征；2005 年美国航天局与欧洲空间局合作的"卡西尼 - 惠更斯号"成功入轨土星，"惠更斯"着陆土卫六，证实了水冰与烃的存在。在更大的尺度上，太阳只是银河系中的上千亿颗恒星之一，从 1986 年至今，天文学家借助高精度视向速度测量和掩星观测，已发现了数千颗位于太阳系以外的行星。地球极限生命环境、地外水和太阳系外行星系统这 3 个研究领域的进展，使 SETI 科学"升温"。

如果人类及其文明遵循哲学的"平庸法则"，按照弗兰克·德雷克（Frank Drake）提出的绿岸公式，我们应该有很多地外文明邻居，但为何我们从来没有收到过他们发出的信号呢？我们应该怎么去寻找？迄今为止在太阳系的其他行星上还没有发现生命印记，几乎可以断言，那里不存在复杂的生命形式。光速极限法则、恒星之间的遥远距离以及不可思议的能耗，使星际旅行变得遥不可及，主流科学不认为星际旅行是可行的。我们与地外文明通信的唯一可行方法是寻找来自地外的"人工"无线电信号。非热银河背景噪声、量子噪声及宇宙微波背景噪声是银河系中无处不在的 3 种噪声源，地外文明社会的工程师面临同样的电噪谱，他们可能会和我们想到相同的频率窗口（见图 1.1）。

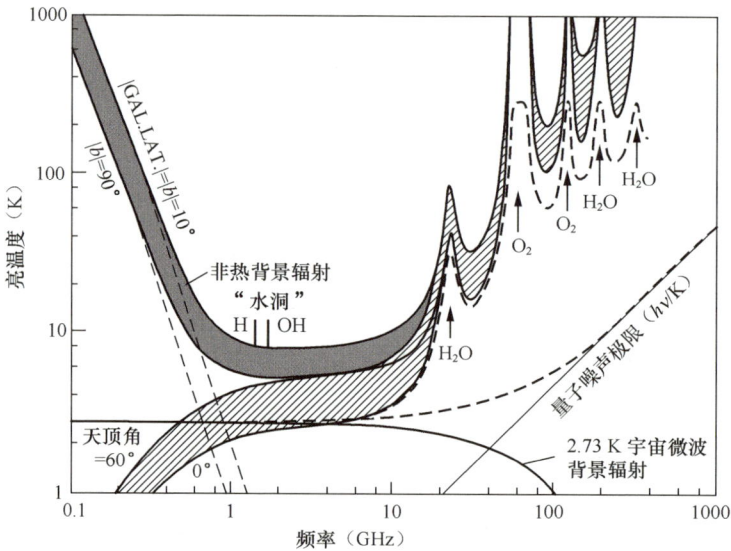

图 1.1　星际无线电通信窗口
（图片来源：Morrison et al., 1979, NASA）

　　SETI 专家认为，应该集中搜索 1 ～ 10 GHz 频段，尤其是中性氢 21 厘米谱线与 18 cm OH 线之间的频段。H 与 OH 结合得到 H_2O，因而这一狭窄频带又称为"水洞"。水对地球生命来说是最基本的成分，地外的"水族"可能也会自然地通过"水洞"寻找同类。

　　我们可以用地外发射机的等效全向辐射功率（Equivalent Isotropic Radiated Power，EIRP）量化 FAST 的地外文明探索能力。作为比较，一个典型电视台的 EIRP 大约为 1 MW，而地球上最强大的雷达发射功率约为 1000 GW。计算表明，如果使用的天线是无方向性的，使用的发射机功率为 1000 MW，澳大利亚 64 m 口径的帕克斯射电望远镜（Parkes Radio Telescope）的搜索距离约为 4.5 光年，只能观测一颗恒星——半人马 α；305 m 口径的阿雷西博射电望远镜的搜索距离可达 18 光年，可以观测 12 颗恒星；FAST 的搜索距离达 28 光年，可观测的恒星达 1400 颗。当 EIRP 增至 1 000 000 MW 时，帕克斯射电望远镜可观测目标的数量超过 5000 颗，FAST 可观测目标的数量可达 100 多万颗。

　　从节省能量的角度考虑，来自地外文明的信号发射应该是窄带的，看起来就像是谱线。根据时间 - 频率的不确定关系，窄带观测的时间分辨率不能很高。但搜索地外文明信号仍然是一种时间 - 频率的联合分析。只有测量到窄带信号频率随时间的变化符合行星绕恒星转动的规律，这个信号才能被看作一个可能的地外文明信号。鉴于宜居行星的轨道周期大多为数年甚至数十年量级，找到并确认一个地外文明信号需要长期坚持不懈的观测。

　　到目前为止，人类看到的地外文明候选信号最终都被证明来源于地球的射频干扰（Radio Frequency Interference，RFI）信号。这些观测通常是用单波束接收机进行的。而 FAST 多波束接收机为排除 RFI 信号提供了一种很好的途径。来自地球的 RFI 信号通常角分布很广，会进入多个波束，甚至所有波束，而来源于宇宙深处的信号通常只会进入一个波束。如果我们仅在一个波束中探测到了具有预期时频特征的窄带信号，这个信号起源于地外文明发射的可能性就更大。但迄今为止，还没有令人信服的地外文明信号被发现。

1.2　FAST 运行阶段开展的科学研究：时域科学

　　1.1 节介绍的是 FAST 建设阶段的科学目标。进入运行阶段后，FAST 是对全世界科学家开放的。各国科学家都可以申请利用 FAST 开展观测，围绕上述科学目标进行研究，也可以探索新的科学目标，寻求新的发现。1.2 节和 1.3 节将分时域科学和频域科学两部分，介绍 FAST 运行阶段开展的主要科学研究。

　　时域科学目标主要关心目标源的时间变化，对时间精度（包括时刻的精度和时间段长短的精度）要求相对较高，通常不太关心源的细节频谱。但用于时域科学目标的数据要求有一定的频率分辨率，以便改正星际介质造成的色散等效应。时域科学目标主要包括脉冲星搜索和计时、快速射电暴。

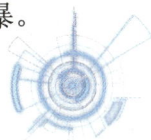

1.2.1　脉冲星搜索

脉冲星是中子星的一种，是大质量恒星死亡时的超新星爆发产生的。脉冲星的质量可以达到太阳质量量级，而特征半径仅有 10 km。因此，脉冲星是一种非常致密的天体。脉冲星上的 4 种基本相互作用[1]都很强，是难得的研究基本相互作用的天空实验室。

脉冲星磁极发出射电辐射，射电辐射束随着脉冲星转动，扫过地球时，我们就可以观测到射电脉冲，这也是脉冲星得名的原因。形象地说，脉冲星就像是宇宙中的灯塔。简单来看，似乎只需要测量连续谱强度的时间序列就可以观测到脉冲星。人类发现第一颗脉冲星的时候，确实是在射电连续谱强度的时间序列上直接看到了该天体的脉冲。这是因为这颗脉冲星的辐射很强，色散较小，而且当时进行的是窄带观测，色散效应没有将脉冲信号抹去。

实际上，大部分脉冲星的辐射比较弱，窄带观测的时间序列无法直接看到脉冲，需要通过增加带宽或积分时间提高观测信噪比。根据射电望远镜的灵敏度公式，增加带宽是不是就能观测到脉冲呢？情况没有那么简单。射电波在星际等离子体中传播的时候是存在色散的，高频射电波的传播速度快于低频射电波。进行宽带观测，如果不进行消色散处理，不同频率的脉冲相位不同，叠加起来也是看不到脉冲信号的。如果当年发现第一颗脉冲星时进行的不是窄带观测，可能也很难直接在时间序列上看到周期性的信号。

真正进行脉冲星搜索的时候，最基础的工作就是确定脉冲周期和星际电子产生的色散量：脉冲周期可以借助傅里叶变换找到，而色散量只能通过多次尝试来确定。对于一般的孤立脉冲星，确定了脉冲周期和色散量就初步得到了脉冲星的基本参数，经过进一步的长时间计时观测就可以确定这颗星的准确坐标和自转周期变化率。对于双星系统中的脉冲星，情况要复

1　4 种基本相互作用：强相互作用、弱相互作用、电磁相互作用和引力相互作用。

杂一些，除了确定脉冲周期和色散量，还需要正确拟合轨道参数。这是通过长时间计时观测来完成的。和孤立脉冲星类似，在此过程中也可以确定其准确的坐标和自转周期的变化率。

1.2.2 脉冲星计时

无论是孤立脉冲星还是双星系统中的脉冲星，在确定了基本参数后，都需要进行常规的计时观测。脉冲星计时是指确定脉冲星的脉冲到达时间。一方面，需要根据观测获得观测时间段内每一个脉冲被望远镜接收到的时间；另一方面，需要总结脉冲星脉冲到达时间的规律，预测不在观测时间段内的脉冲到达时间。

要获取给定观测时间段内的脉冲到达时间，需要对该脉冲星的辐射特征有详细的了解。由于脉冲星的每个单脉冲并不完全相同，且其辐射可能存在多种不同的模式，仅相同辐射模式的多个连续单脉冲叠加后生成的积分脉冲轮廓才能具有稳定性，所以单脉冲到达时间具有很大的不确定性。另外，单脉冲的信噪比较差，因此单脉冲到达时间的信噪比一般也比较低。在通常的脉冲星计时中，会将连续单脉冲的辐射叠加，使用积分脉冲轮廓代替单脉冲进行计时。这样做虽然丢失了单脉冲的信息，但能够大幅提高结果的信噪比与稳定度，可以更好地总结脉冲星的脉冲到达时间规律。单脉冲各不相同且具有一定程度的随机性，所以叠加生成的积分脉冲轮廓的稳定度会随着单脉冲数量的增加而增加，这部分不稳定度造成的计时噪声被称为跳变噪声（jitter noise）。当单脉冲信噪比较低时，系统噪声的影响在脉冲星计时中占主导；反之，当单脉冲信噪比较高时，跳变噪声的影响占主导。对 FAST 这样的大型望远镜来说，单脉冲信噪比大幅提高时，跳变噪声不可忽略。将某脉冲星同一辐射模式的单脉冲的脉冲数量无限增加，叠加生成的积分脉冲轮廓趋于收敛，最终得到的理想积分脉冲轮廓被称为标准脉冲轮廓。脉冲星计时过程中需要将观测获得的积分脉冲轮廓与标准脉

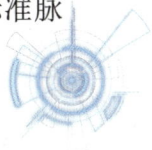

冲轮廓进行比对，从而获得观测脉冲轮廓到达望远镜的精确时间。但在实际中，标准脉冲轮廓难以获得，只能将多次的观测结果进行处理后获得近似的标准脉冲轮廓，这也给脉冲星计时带来了一定的误差。

对于脉冲到达时间的规律总结，是基于脉冲星的物理模型进行的。脉冲星作为一个观测概念，代表某种发出周期性脉冲信号的天体，本身不具有任何的实体意义。但通过对其辐射规律的总结，人们对脉冲星的辐射图景形成了一定程度的推断和共识。基于对脉冲星物理模型的共识，可以采用有限的参数对脉冲到达时间进行描述。比如，脉冲星的周期性辐射被认为是来自致密星体的周期性转动，而脉冲星脉冲周期的增长被认为是由致密星本身所带的强磁矩的强场电动力学过程引发的辐射导致的，因此角动量守恒定律将确保脉冲星的脉冲周期稳定，而辐射又伴随着一定的周期变化。由于致密星上的物理过程可以分为统计意义上的连续与跳变两种，所以可以采用周期及各阶导数来描述脉冲星内禀周期的连续变化，采用跳变参数来描述以上各参数的跳变过程。由于脉冲星可能不是孤立的系统，望远镜相对脉冲星系统并不保持相对静止，而脉冲星到达望远镜的传播过程中也存在多种效应，因此在描述脉冲到达时间的规律时，还需要增加相应的系统参数。如对于脉冲星双星，需要增加对双星系统转动参数的描述；对于多体系统，则需要增加更多的参数描述。这样的脉冲星系统参数需要针对每个脉冲星系统来单独确定。相对来说，望远镜所在的太阳系系统的质心较为稳定，能够根据地面或太空测量来进行精确测定，且与脉冲星系统无关，因此可以不计入脉冲星的参数中。但脉冲星的位置会与太阳系的参数在脉冲到达时间方面存在耦合，所以脉冲星的位置也是脉冲星计时中的重要参数之一。

综上，在脉冲星物理模式中存在 4 类参数：描述脉冲星内禀周期及其变化的参数、描述脉冲星所在系统的参数、描述脉冲星位置及其变化的参数，以及脉冲星到达望远镜的传播过程的参数。根据观测获得的脉冲到达时间的变化规律，可以总结出描述该脉冲星所需要的系统参数，从而进行拟合，获得相应的参数值。但由于模型本身的限制、信噪比限制以及某些参数间的简化合并，很难在有限的时间内精确获得描述脉冲星系统的全部有效计时参数，因此，使用修改计时模型、采用大型望远镜进行观测、增加观测时间成为研究脉冲星计时的有效方法。通过已知的脉冲星计时模型，可以对脉冲到达时间进行有效预测。另外，在观测脉冲星并叠加不同周期的单脉冲时，也需要使用脉冲星计时模型对不同周期的脉冲辐射进行相位对齐。因此，脉冲星计时模型的准确性也会反作用于积分脉冲轮廓，从而影响脉冲到达时间的计算。在实际脉冲星计时过程中，需要对脉冲到达时间计算与脉冲星计时模型获取进行重复迭代，从而获得最精确的计时结果。

望远镜观测脉冲星的信噪比正比于望远镜面积与观测时间的 0.5 次方的乘积，因此使用 FAST 观测 1 min 的效果等同于使用 60 m 口径望远镜观测 10 h 的效果。脉冲星计时对积分脉冲轮廓与标准脉冲轮廓的信噪比敏感，所以 FAST 特别适合用于脉冲星计时工作。

脉冲星计时工作的一个重要目的是研究脉冲星的转动变化机制。通常认为，大部分的脉冲星辐射能量是由转动能量转换的，因此脉冲星辐射会提取脉冲星自转能量，从而导致脉冲星减速。但脉冲星是否还有其他的制动机制（如星风制动机制或引力波制动机制）是人们所关心的问题。不同的制动机制所产生的影响会反映到脉冲星自转周期的高阶导数中。除此之外，某些脉冲星的转动参数还会突然发生变化，如周期突然增大或减小。这种周期突变现象及其可能存在的恢复过程也可以通过脉冲星计时进行测量并研究。

在脉冲星计时工作中，可以根据脉冲星物理模型获得脉冲星系统的运动参数。由于脉冲星计时具有极高的精度，由此获得的动力学参数也将具有极高的精度。事实上，完全基于动力学模型确定的参数比基于其他模型（如辐射模型）确定的参数具有更高的置信度，所以这些参数值得被进一步讨论。在这些参数中，最引人注目的是脉冲星本身的质量。按照现有的脉冲星结构模型，脉冲星质量的分布与上下限和强相互作用理论相关，甚

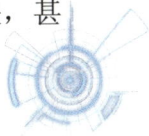

至会关联到克雷数学研究所提出的"千禧七问"中的杨 - 米尔斯方程问题。不同模型所预测的脉冲星质量范围是不同的，中子星模型所预言的脉冲星质量应当为太阳质量的 0.1 ～ 2.5 倍，而在奇异星模型的预言中，这一质量范围会更宽一些。而脉冲星质量分布涉及脉冲星的形成与演化理论。此外，更大的致密星质量还涉及质量间隙（致密星与黑洞质量之间的间隙）是否存在的问题。另外，脉冲星自转角动量方向与轨道角动量方向之间的耦合，可能与脉冲星诞生过程中的"踢出"（kick）过程有关。

目前公认的脉冲星物理模型认为脉冲星具有超高密度与超强磁场，因此脉冲星可以作为具有极端物理环境的天体实验室。在脉冲星计时的若干应用中，利用脉冲星计时来检验广义相对论也是非常重要的工作。广义相对论是目前获得最广泛认同的引力理论，它在相当长的时间尺度与相当大的空间尺度上都得到了精确认证，但这并不代表它就一定是完美的。目前也有很多与广义相对论并存的引力理论，如张量 - 标量理论等，它们在某些对称性上的预言与广义相对论存在一定的偏差。这些偏差只在强引力场中有明显的体现，而在弱引力场中无法区分。目前的脉冲星物理模型均认为脉冲星周围存在非常强的引力场，在不同的引力模型中，脉冲星的系统参数会存在不同，因此可以用它来检验不同的引力理论。

多颗脉冲星进行联合计时可以形成脉冲星计时阵，利用不同脉冲星计时结果的关联可以获得更加精准的信息。脉冲星计时阵结果的零阶空间关联体现的是脉冲星计时的整体结构特征，实际代表了计时所用的时间标准与绝对时间之间流逝速度的偏差。利用脉冲星计时阵的零阶关联，可以校准计时所用的时间，确定新的时间标准。按照目前的脉冲星计时精度进行估计，脉冲星时间标准在数十年内的时频精度将超过原子时间。脉冲星计时阵结果的一阶空间关联体现的是观测点位置的实际值与计时使用值的偏差，利用这一偏差可以校准望远镜的位置。如观测点在太阳系中，可进一步计算一阶关联与各行星运行轨道之间的相关性，用以测量、校准太阳系中各个行星的质量。综合考虑一阶关联与二阶关联，可以确定观测点的时空坐标，这一特性可用于深空探测器的导航。脉冲星计时阵结果的二阶空间关联体现的是观测点附近时空的各向异性，它代表观测点附近的时空被引力波弯曲的程度。因此，可以通过测量脉冲星计时阵结果中的二阶关联来探测引力波，从而探测产生引力波事件的遥远天体。

1.2.3　快速射电暴

快速射电暴是 2007 年新发现的一种射电波段的快速爆发现象（Lorimer et al., 2007）。最初发现的快速射电暴是不重复的，只能看到一个非常明亮的脉冲，这个脉冲在消色散后的本征时间宽度只有几毫秒。快速射电暴的色散量通常非常大，这表明它们来自宇宙深处，按照距离和亮度估计，它们的爆发光度非常大，几毫秒内释放的能量可能超过太阳数年释放的能量。

很长一段时间，因为没有观测到重复快速射电暴，所以关于它们的本质我们知之甚少。直到 2016 年，研究者才确认了第一个重复快速射电暴的存在（Spitler et al., 2016），从此快速射电暴的观测研究进入了新阶段。人们逐渐意识到，一部分快速射电暴可能并不是不重复，而只是重复爆发比较暗弱，需要用大口径望远镜才能探测到[1]。

FAST 的有效接收面积是阿雷西博射电望远镜的 1.8 倍，更适合搜寻重复快速射电暴。事实上，FAST 通过对阿雷西博射电望远镜发现的第一个重复快速射电暴——FRB 20121102A 的观测，积累了大样本的爆发事件，这使得我们第一次能够进行细致的统计分析。研究发现，这个快速射电暴确实存在很多次暗弱的重复爆发，这些爆发用百米口径的望远镜是看不到的。这进一步暗示，可能相当一部分快速射电暴都是重复的，只是需要我们用 FAST 这样的大口径射电望远镜去观测。

---

[1] 对于快速射电暴这样的短时间爆发现象，无法通过增加积分时间提高观测信噪比，主要依靠的是望远镜的绝对灵敏度（raw sensitivity）。因此，大口径射电望远镜适合在已知快速射电暴的方向搜寻重复爆发。

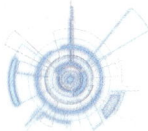

| 1.3　FAST 运行阶段开展的科学研究：频域科学 |

频域科学目标主要关心源的频谱形态，对频率分辨率和频谱形状有相对高的要求。相比之下，频谱的时间变化通常较慢，不需要较高的时间分辨率。由于定标和避免干扰的需要，频谱数据采样时间通常从 0.1 s 到 1 s 不等。

在 FAST 的频率范围内，中性氢 21 厘米谱线是最强、分布最广泛的谱线。这是因为氢是宇宙中丰度最高的元素，分布非常广泛；而中性氢原子也是除氢分子和电离氢（H II ）外，氢元素的又一种重要存在形式。因此，中性氢 21 厘米谱线是研究银河系星际介质分布、银河系结构和河外星系形态及相互作用的重要"探针"。

除了中性氢 21 厘米谱线，FAST 的探测频率范围内还有其他一些谱线，包括氢和碳的复合线以及分子谱线，这些谱线都是探测星际介质物理状态和化学过程的重要媒介。

1.3.1　河内中性氢

银河系是一个仍然存在恒星形成活动的星系，这意味着其中有大量气体存在。实际上，河内的中性氢成分几乎无处不在，为人们提供了研究银河系结构、运动和星际环境的重要手段。更具体地说，银河系中的中性氢成分在银道面附近最为致密，柱密度可达 $1 \times 10^{22}/cm^2$；在高银纬天区则较为稀疏。全天中性氢数量最少的地方是位于大熊座、银纬 53° 左右的洛克曼空穴（Lockman Hole），这里的中性氢柱密度比银道面的要小 3 个数量级左右。

自从河内中性氢的 21 厘米谱线辐射在 1944 年得到荷兰物理学家范德胡斯特的预言，并于 1951 年被哈佛大学的哈罗德·尤恩（Harold Ewen）和爱德华·珀塞尔（Edward Purcell）证实之后，这种辐射就成了射电天文学的重要研究对象。银河系中的中性氢成分大致可分为冷中性介质（Cold

Neutral Medium，CNM）和温中性介质（Warm Neutral Medium，WNM）两类，前者的特征温度不足 300 K，密度稍高（0.3/cm³），在形态上聚集成团；后者的特征温度超过 3000 K，密度略低（0.1/cm³），更趋向于弥散分布。更有相当一部分中性氢云因局部湍流或恒星演化等扰动因素的存在，处于 CNM 和 WNM 之间的不稳定中间状态。

在银盘上，中性氢云最重要的应用是银河系旋臂结构的辨认与星系自转曲线的测量。银盘上的中性氢分布具有团块状的特点，而每个团块都有不同的速度，由此对应的中性氢谱线相对 1420.4 MHz 的原始频率就产生了多普勒频移。从某个视线方向看去，我们往往可以看到呈多峰结构的中性氢谱线，其中不同的峰代表不同团块的贡献，这样就可以根据每个峰对应的频率，计算出各个峰的视向速度。通过这些测量，就可以把中性氢在银河系中的三维分布确定下来。

对于银心距小于太阳的氢云团块而言，只要知道了太阳系与银心的距离，借助简单的几何关系就能求得氢云团块与银心的距离，由此勾勒出银河系的自转曲线和中性氢云的整体分布，进而获知银河系的质量分布和旋臂结构。当然，类似的工作也可以在光学波段使用大质量恒星或长周期造父变星来完成，不过因为氢云的数量更多、分布更广，且星际介质对射电波的影响远远弱于光学，中性氢谱线在这一领域具有独到的优势。

河内的中性氢成分在不同尺度上的形态更是银河系及其卫星系动力学作用的表征，同时也反映了恒星生命的循环。比如，中性氢在银盘内的分布呈现显著的集中性，集中在 0.7 倍太阳轨道半径的区域内，标高只有 200 多秒差距（简称 pc，1 pc 约合 3.26 光年，从地球看去，位于 1 pc 之外的天体周年视差为 1″，故该单位称为"秒差距"），而气体盘的厚度随半径以指数形式急剧增大，同时银盘内中性氢的密度也随之下降，一直扩展到相当于恒星盘尺度 3 倍的地方。在卫星系大、小麦哲伦云的引力影响下，银盘不仅发生了翘曲，还表现出了北大南小的特点，与恒星、分子云、电离氢

云等示踪天体一样，银盘中的中性氢分布也反映了这一特点。

在更小的尺度上，大量位于高银纬天区、运动速度相对银河系自转偏差较大的云团被视作了解银河系演化的关键。这些云团通常由低温核心与温热的彗状包层组成，其中，偏差为 50 km/s 左右的被称作中速云（Intermediate-Velocity Cloud，IVC），偏差大于 100 km/s 的则是高速云，这样的差异相对太阳附近不超过 220 km/s 的银河系转速来说可谓惊人。所有中、高速云中含有的中性氢总量几乎与云团之外的整个银晕相当，而在光学波段并无对应现象。大部分中、高速云的起源至今无法确认。

图 1.2 所示为著名的高速云——史密斯云（Smith's Cloud）的射电图像。这处云团长达 11 000 光年，距离银盘 8000 光年，相对银河系背景的运动速度高达 200 km/s，最终它将撞入银盘。这样的高速云的起因众说纷纭，可能是银河系形成的残留，可能属于银河系吸积而来的星系际物质，也可能源自被超新星等现象激波加速并回落的银盘物质。

图 1.2　著名的高速云——史密斯云的射电图像（图片提供：Bill Saxton, NRAO/AUI/NSF）

银盘上氢云分布所表现出的小尺度泡状、管状和指状复杂结构，与恒星的生命循环密切相关，主要集中在银道面附近，分布规律与恒星大致相符的泡状结构可以被认为是由大质量恒星死亡时发生超新星爆发，或是恒星演化过程中星风同周边介质产生激波作用而塑造的。同时，超新星还可能使低密度泡沿中性氢密度梯度分布的方向上浮，其间在银盘中挖掘出管状空穴，最终使泡内的气体汇入银晕。这些过程通常还伴随着中性氢成分在 CNM 和 WNM 状态之间的切换，是银河系"生态环境"的重要组成部分。

考察河内中性氢分布最有效的方法是系统性的中性氢巡天。第一次实现全天 21 厘米谱线成图的莱顿 - 阿根廷 - 波恩（Leiden/Argentine/Bonn，LAB）巡天（Kalberla et al., 2005）当属上一代河内中性氢巡天的典范。但 LAB 巡天使用的望远镜口径只有 25 m 量级，对应的角分辨率约合 36′，无法识别小尺度结构，灵敏度也有限。随后，合并了北半球的埃菲尔斯伯格 - 波恩中性氢巡天（Effelsberg-Bonn HI Survey，EBHIS）和南半球的帕克斯河内全天巡天（Galactic All-Sky Survey，GASS）数据的中性氢 4π（HI 4π，HI4PI）全天巡天（Ben Bekhti et al., 2016）则借助 100 m 和 64 m 天线，将分辨率提升到了 9′（北天）和 16′（南天），从而解析出了更多的细节。图 1.3 所示为由河内中性氢巡天 HI4PI 项目获取的河内中性氢分布全天图。此外，305 m 口径的阿雷西博射电望远镜还从事过河内 ALFA（Galactic ALFA，GALFA）巡天（Haynes et al., 2011），虽然空间分辨率达到了约 4′，但覆盖天区受制于阿雷西博射电望远镜天顶角不能超过 20°的限制，连包括猎户分子云在内的一系列知名恒星形成区都难以覆盖，对南天更是几乎无法涉及。

FAST 开展河内中性氢观测的优势在于可以在一定程度上兼顾天区覆盖与分辨率。FAST 的可观测天顶角范围为 -40°～ +40°，这使得它的视野达到了阿雷西博射电望远镜的两倍左右，这就意味着，对猎户星云等重要恒星形成区的观测成为可能；300 m 的有效口径使其角分辨率和灵敏度都有了进一步的提升；凭借 FAST 后端的频谱分辨率，更多的谱线成分有望被解析出来，由此提供更多有关氢云运动的线索。可以预期的是，FAST 所进行的

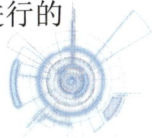

河内巡天将更完整、全面地给出高银纬天区的中性氢分布，从而让我们对河内星际介质的了解更进一步。

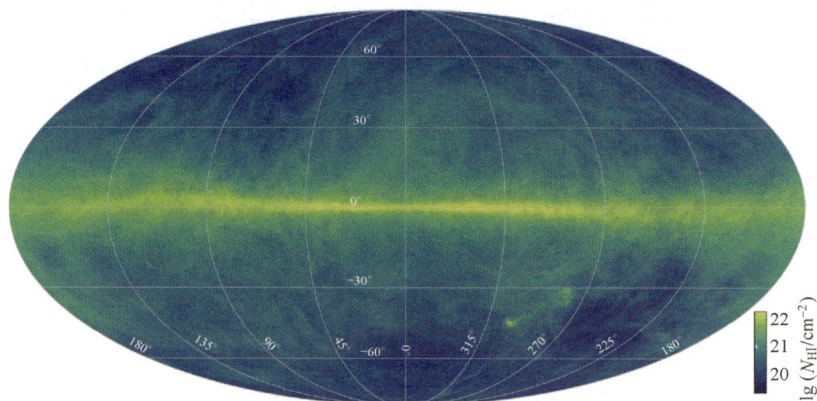

图 1.3　由河内中性氢巡天 HI4PI 项目获取的河内中性氢分布全天图
（图片来源：Ben Bekhti et al., 2016, ©ESO，经许可使用）

1.3.2　中性氢星系观测研究

富含中性氢气体的银河系是一个棒旋星系。不难想象，形态与银河系类似的河外旋涡或棒旋星系基本上都应该拥有中性氢成分，不规则星系也是如此。实际观测表明，哪怕是新鲜气体匮乏、较为古老的椭圆星系，也有可能具备可探测的 21 厘米谱线信号。

与银河系中的中性氢云类似，河外星系中的中性氢区也暗示了星系的运动和它们所经历的动力学历史。例如，观测中性氢的速度分布是测定河外星系自转的有效手段。此外，在相互作用的星系中，经常可以找到由彼此之间的潮汐作用拖出的大尺度中性氢尾迹或氢云团块，不过这样的相互作用很可能在光学波段完全不露痕迹。

图 1.4 所示为猎犬座旋涡星系 M51 及其伴星系的多波段合成图。图 1.4 中的红色和白色表示可见光辐射，主要来自星系中的恒星；蓝色表示中性氢 21 厘米谱线辐射。可见两个星系之间的相互作用拖出了一道光学不可见的中性氢长尾。

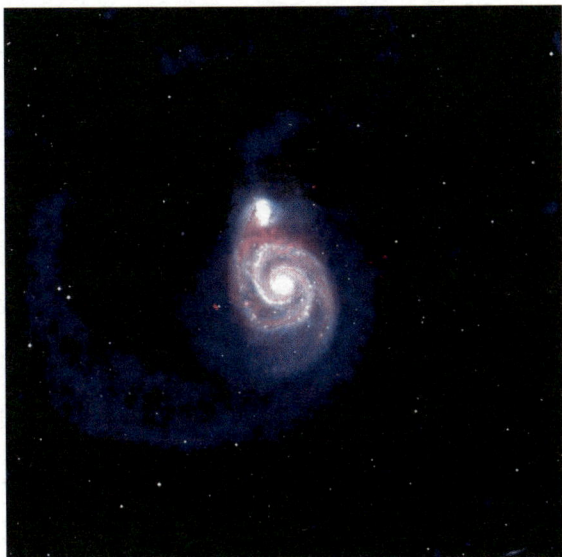

图 1.4　猎犬座旋涡星系 M51 及其伴星系的多波段合成图
（图片来源：B. Saxton, NRAO/AUI/NSF; 原始数据提供：J. Hibbard）

利用 FAST 的高分辨率、高灵敏度开展河外中性氢观测，不仅可以直接揭示星系中性气体分布，还可以获得河外星系不可见介质的分布和动力学图像，为暗物质的存在提供强有力的证据。

下面具体介绍两个 FAST 正在执行的重大和优先项目：中性氢星系巡天和 M31 成图观测。

1. 中性氢星系巡天

利用 FAST 的高分辨率、高灵敏度开展大规模中性氢星系巡天，对近域宇宙的中性氢分布进行系统研究，获得大样本的中性氢星系，研究星系演化的关键问题。这是 FAST 立项时就确立的主要科学目标。

近年来，从低红移到高红移的大型多波段星系巡天观测，如 SDSS、星系与物质组装（Galaxy And Mass Assembly，GAMA）、宇宙演化巡天（Cosmic Evolution Survey，COSMOS），以及哈勃空间望远镜（Hubble Space Telescope，HST）开展的一系列巡天，提供了数以百万计的高质量光学数据，这使得对星系各种性质的详细研究，以及研究它们随时间的演化成为

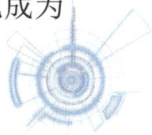

可能。基于这些数据，宇宙学理论框架已经基本确立，基于暗物质的宇宙大尺度结构的数值模拟也取得了巨大的成功。在此基础上，为了研究进一步形成星系的过程，基于重子的物理过程必须加入暗物质晕的框架中。在星系形成之前，重子几乎完全以气体的形式存在。随着宇宙大尺度结构的演化，重子流入暗物质晕中心，并进一步冷却和塌缩形成分子气体云，从而开始形成恒星和星系。然而，由于重子物理过程（如恒星形成和反馈）非常复杂，现在的数值模拟还不能完全准确地模拟出观测到的星系的诸多性质（Baugh，2006），也不能清楚地解释控制星系形成和演化的诸多过程的相对重要性。

对于星系中的气体（特别是中性冷气体）的含量，理论认知与观测限制都是不足的，但中性冷气体对我们理解星系的形成和演化异常重要。这是因为该成分是恒星形成的燃料，并且参与了很多重要的物理过程，如星系气体的流入 / 流出、各种反馈过程、与星系所处环境的相互作用，以及星系间的相互作用等。因此，为探索和建立星系的恒星部分、气体部分及其暗物质晕之间的重要关系和相互作用，我们需要研究星系中的冷气体（主要是中性氢）的含量和它们在星系中的分布情况，以及它们随星系的环境和红移的变化。这将帮助我们更清楚地理解星系形成和演化的完整物理图像。然而，由于过去射电观测设备的限制，我们对星系中性氢气体的观测长期受设备灵敏度的制约。世界上主要的单口径望远镜都把巡天作为重要的科学目标，并已经取得了不少进展。

在目前已经完成的河外中性氢巡天计划中，最早全面实现南、北天全覆盖的是帕克斯中性氢巡天（HI Parkes All Sky Survey，HIPASS，Barnes et al., 2001）与焦德雷中性氢巡天（HI Jodrell All Sky Survey，HIJASS，Lang et al., 2003），但灵敏度最高的还是阿雷西博射电望远镜的中性氢星系巡天（ALFALFA，Haynes et al., 2018）。图 1.5 展示了 ALFALFA 巡天探测到的位于银道面以北的河外中性氢源分布（蓝色的数据点）与斯隆数字化巡天（SDSS，红色的数据点）的比较，其中上图涵盖的红移范围为 0 ～ 0.06，下图涵盖的红移范围为 0 ～ 0.03。此外，图 1.5 中只描绘了 ALFALFA 巡天记录下的约 10% 的 HI 源。中性氢星系巡天发现的近域宇宙大尺度结构和光学的相似，但不是完全重合。

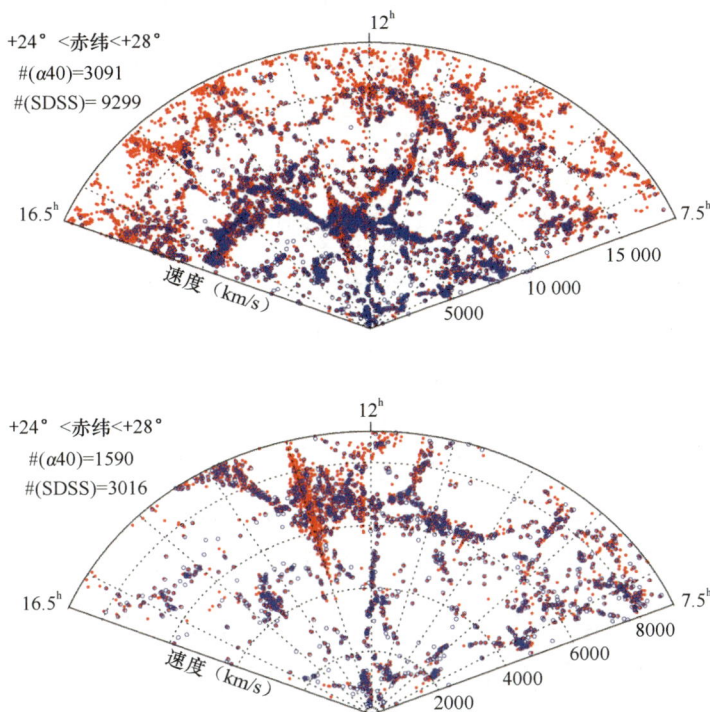

图 1.5　ALFALFA 巡天探测到的位于银道面以北的河外中性氢源分布与斯隆数字化巡天的比较
（图片来源：Haynes et al., 2011，图 5，©AAS，经许可使用，原图标注文字为英文，图中改为本书作者的汉译版本，AAS 不对译文负责）

ALFALFA 巡天最终辨认出的河外中性氢辐射体达到 3 万余个，其中不乏之前被遗漏的低质量中性氢星系；星系主序（galaxy main sequence）上的大质量恒星形成星系的中性氢探测率比较高，达 80% 以上。但对于小质量恒星形成星系，或恒星形成率偏低的星系，中性氢探测率普遍很低，在 30% 以下，尤其对红移小于 0.05 的银河系质量的绿谷过渡星系的探测率低于 15%。这对我们研究中小质量星系中气体的性质非常不利，因为这些星系中大部分的中性氢都没有被 ALFALFA 巡天观测到。目前在恒星质量分布方面最接近完备的中性氢星系样本——GASS，也仅将探测极限延伸到过

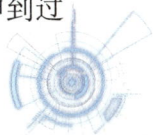

渡星系，且样本整体仅包含不到 1000 个星系。中性氢探测的不完备性极大地阻碍了我们对星系如何衰老和走向死亡的认知。

　　FAST 是目前世界上最大的具有主动反射面的射电望远镜，能以比阿雷西博射电望远镜更高的巡天效率，探测到大量暗弱的中性氢星系，这对于我们了解星系气体随红移的演化和小质量星系中的气体性质具有重要作用，进而可以帮助我们回答星系中的气体在物质循环中的关键问题，包括星系如何获得中性氢气体、星系如何失去中性氢气体、星系的中性氢含量和星系性质的关系等。

　　另外，通过统计大批星系的中性氢成分，可获得 HI 质量函数（HI Mass Function，HIMF），此函数用于描述给定质量的中性氢星系的数量。而 HIMF 的具体形式以及随红移的演化自然可以加深我们对星系演化以及宇宙历史的认知。星系中中性氢成分与恒星的关系也是一个值得研究的话题，虽然中性氢气体本身不能直接形成恒星，但为未来的恒星形成活动提供了物质储备。如果能够针对较多的星系样本，分析其中的中性氢气体含量同恒星形成速率之间的关联，则有望揭示中性氢在星系恒星形成历史中所扮演的角色。而某些富含气体但恒星数量远少于正常星系的样本，则是对星系形成主流理论的有效补充。

　　图 1.6 所示为美国阿雷西博射电望远镜的 ALFALFA 巡天覆盖的天区（蓝色部分）和 SDSS 光学巡天覆盖的天区（红色部分）的比较。

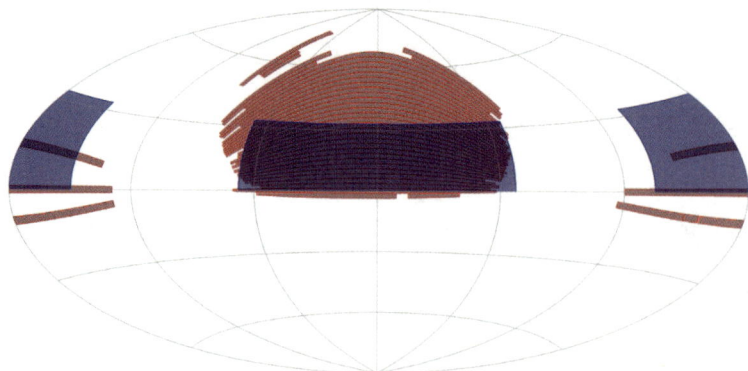

图 1.6　美国阿雷西博射电望远镜的 ALFALFA 巡天覆盖的天区（蓝色部分）和
SDSS 光学巡天覆盖的天区（红色部分）的比较
（图片来源：M.P.Haynes, B.R.Kent and the ALFALFA Team）

图 1.7 所示为 FAST 中性氢星系巡天计划覆盖的天区（深蓝色部分）。在全面覆盖 ±40° 天顶角的情况下，FAST 巡天将扫描大约 22 800 deg^2（平方度）。

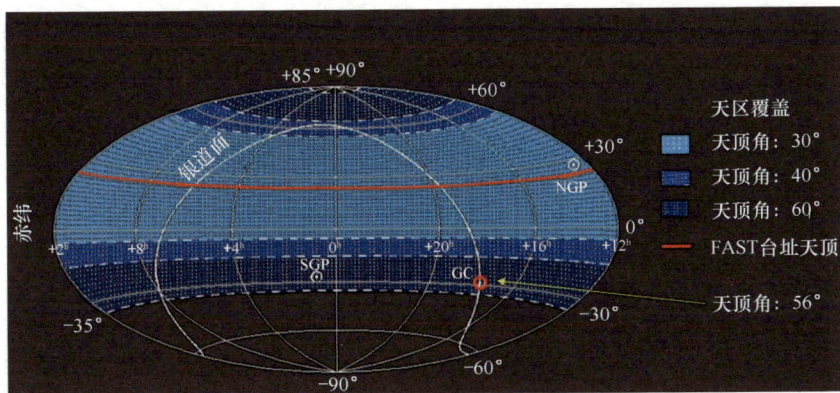

注：GC 为 Galactic Center，银心；SGP 为 South Galactic Pole，南银极；NGP 为 North Galactic Pole，北银极。

图 1.7　FAST 中性氢星系巡天计划覆盖的天区（深蓝色部分）

预期 FAST 河外中性氢巡天所能发现的星系样本可以达到 ALFALFA 巡天的数倍，还可将最大红移拓展到 0.35 左右，从而揭示可能的演化效应。除了发射线，由这样的巡天项目所发现的河外中性氢吸收体数量也有望达到上千个，这意味着，将此类天体的样本规模足足扩大了一个数量级，毕竟当前已知的河外中性氢吸收体总数不过百余个。此外，对于中性氢含量较少的星系（如年老的椭圆星系）来说，FAST 因高灵敏度而具有独到的优势，对它们开展探测将促进人们对星系演化以及气体成分在其中所扮演角色的了解。

2．M31 成图观测

FAST 因具有高灵敏度、较好的空间解析度，非常适合对近域宇宙的弥散源进行探测。M31 作为最邻近的类似银河系的星系，对它及其晕区的了解将极大地帮助我们理解银河系的形成和演化。而国际上对于 M31 的观测，无论是干涉阵列还是单面望远镜，都不足以对该星系整个晕区的物理展开细致研究。同时，目前在银河系和大、小麦哲伦云外还没有探测到射电脉冲星。为此 FAST 将开展对于 M31 的中性氢成像研究和脉冲星搜寻。首先，

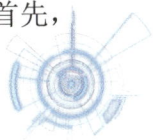

FAST 将对 M31 晕区进行中性氢巡天，并首次实现对整个 M31 晕区的中性氢分布做出精确刻画，其间 M31 周边的矮星系以及邻近的 M33 星系也可以被系统地顾及。然后还将对 M31 中的 HVC 质量函数、矮星系中性氢质量函数、中性氢与恒星分布的相关性、M31 与矮星系的互动关联、M31/M33 系统中性氢的质量与恒星形成活动的关联等前沿课题开展研究。随后，FAST 要对 M31 恒星盘做深度积分，完成中性氢成像，并协同多波段数据展开相关分析，理解恒星盘恒星形成方式与规律，并争取在脉冲星搜寻上做出突破性贡献。此外，对 M31 以及邻近的特殊矮星系展开细致研究，有助于理解前沿领域的诸多热点问题。

图 1.8 所示为 M31 天区的中性氢分布图。左图是中性氢柱密度分布，右图是速度场分布。

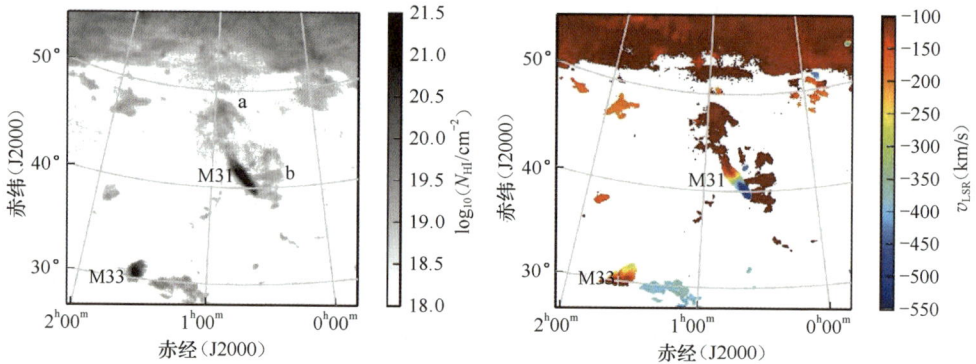

图 1.8　M31 天区的中性氢分布图
（图片来源：Effelsberg-Bonn HI Survey, Kerp et al., 2016, ©ESO，经许可使用）

1.3.3　射电复合谱线与分子脉泽

射电复合谱线（Radio Recombination Line，RRL）起源于具有较大主量子数 n 的原子所发生的邻近主量子数跃迁，其命名通常采用"元素名 + 主量子数 + 希腊字母"的方式，其中 α 代表从主量子数（$n+1$）到 n 的跃迁，β 代表从（$n+2$）到 n 的跃迁，以此类推，如 H180 α 指的就是氢原子从主量子数 181 跃迁至 180 时对应的谱线。在整个 FAST 的观测频段内，氢元素 Hn α 复合线的 n 值范围是 164 ～ 186。作为比较，氢元素为人熟知的光学巴耳末系只是从 $n>2$ 的高能级跃迁至 $n=2$ 的能级时发出的。

在天文环境下，射电复合谱线通常起源于新生大质量恒星周边的 HⅡ 区，且其行为与 HⅡ 成分的密度、温度等条件密切相关，不同的谱线反映了 HⅡ 的不同性质，因此描绘出了 HⅡ 区不同的物理机制和结构。与光学谱线相比，射电波具有不受星际尘埃影响的优势，因此能够更加精准地确定 HⅡ 区的性质。但在 FAST 所能涵盖的频率范围，特别是作为天文观测主力的 19 波束接收机的覆盖频段（1.05 ～ 1.45 GHz）内，因为各类元素的复合谱线辐射强度普遍较弱，受制于先前望远镜的性能，已知的射电复合谱线发射体样本数量并不多（Anderson et al., 2011）。FAST 自然可以凭借其高灵敏度的优势，在更多的 HⅡ 区内系统地开展射电复合谱线相关观测，从而加深人们对恒星形成过程以及星际介质中电离气体成分的认知。又由于河内 HⅡ 区大多集中在银盘上，尤其是旋臂之中，这样的研究也有望为解析银河系结构带来新的线索。

分子脉泽则是微波波段的受激辐射，可以看作激光在射电波段的对应现象。天体的脉泽辐射具有高亮度、高偏振、谱线窄、时变和辐射区成团块分布等特点。在 FAST 的覆盖频段内，最重要的一组脉泽线来自 OH，频率包括 1612 MHz、1665 MHz、1667 MHz、1720 MHz 等。OH 脉泽往往对应恒星形成过程或是恒星级剧变产生的激波，因此辐射源的种类也极为丰富，从彗星等太阳系小天体到超新星遗迹，从年老恒星再到银河系内外的恒星形成区，不一而足，其频谱形态也呈现多样化。其他有待 FAST 探测的分子脉泽线来自 CH_3OH、甲醛（HCHO）等有机物，它们往往也是恒星形成区中主序前星质量外流等过程的表征。不过由于当前 FAST 主要使用 19 波束接收机进行观测，无法涵盖河内 OH 脉泽线所在的频率，因此相关研究更多会关注河外星系中的脉泽源。

|参考文献|

ANDERSON L D, BANIA T M, BALSER D S, et al., 2011. The Green Bank Telescope HII Region Discovery Survey. II. The source catalog[J]. The Astrophysical Journal Supplement Series, 194(2): 32.

BARNES D G, STAVELEY-SMITH L, DE BLOK W J G, et al., 2001. The HI Parkes All Sky Survey: southern observations, calibration and robust imaging[J]. Monthly Notices of the Royal Astronomical Society, 332(3): 486-498.

BAUGH C M, 2006. A primer on hierarchical galaxy formation: the semi-analytical approach[J]. Reports on Progress in Physics, 69(12): 3101-3156 .

BEN BEKHTI N B, FLÖER L, KELLER R, et al., 2016. HI4PI: a full-sky HI survey based on EBHIS and GASS[J]. Astronomy & Astrophysics, 594: A116.

HAYNES M P, GIOVANELLI R, MARTIN A M, et al., 2011. The Arecibo Legacy Fast ALFA survey: the α. 40 HI source catalog, its characteristics and their impact on the derivation of the HI mass function[J]. The Astronomical Journal, 142(5): 170.

HAYNES M P, GIOVANELLI R, KENT B R, et al., 2018. The Arecibo Legacy Fast ALFA survey: the ALFALFA extragalactic HI source catalog[J]. The Astrophysical Journal, 861(1): 49.

KALBERLA P M W, BURTON W B, HARTMANN D, et al., 2005. The Leiden/Argentine/Bonn (LAB) Survey of Galactic HI. Final data release of the combined LDS and IAR Surveys with improved stray-radiation corrections[J]. Astronomy & Astrophysics, 440(2): 775-782.

KERP J, KALBERLA P M W, BEN BEKHTI N, et al., 2016. A survey of HI gas toward the Andromeda galaxy[J]. Astronomy & Astrophysics, 589: A120.

LANG R H, BOYCE P J, KILBORN V A, et al., 2003. First results from the HI Jodrell All Sky Survey: inclination-dependent selection effects in a 21-cm blind survey[J]. Monthly Notices of the Royal Astronomical Society, 342(3):

738-758.

LORIMER D R, BAILES M, MCLAUGHLIN M A, et al., 2007. A bright millisecond radio burst of extragalactic origin[J]. Science, 318(5851): 777-780.

MORRISON P, BILLINGHAM J, WOLFE J, 1979. The search for extraterrestrial intelligence (SETI)[M]. Washington D. C.: National Aeronautics and Space Administration.

PEEK J E G, BABLER B L, ZHENG Y, et al., 2018. The GALFA-H I survey data release 2[J]. The Astrophysical Journal Supplement Series, 234(1): 2.

SPITLER L G, SCHOLZ P, HESSELS J W T, et al., 2016. A repeating fast radio burst[J]. Nature, 531(7593): 202-205.

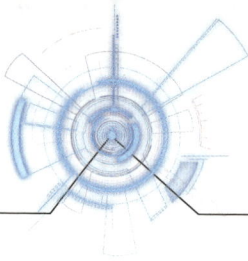

第 2 章　科学数据处理

数据是射电望远镜观测的初级产品。只有准确、高效、合乎标准地记录和分析数据，才能有力保障射电望远镜的科学产出。合理、高效地存储数据是这些工作的基础。

| 2.1　数据记录 |

经过傅里叶变换，接收机系统将记录的电压时间序列转换为满足各种观测模式要求的不同格式的数据。这些操作是在数据采集卡和服务器上完成的。满足要求的数据通过网络传输到数据存储服务器上。

2.1.1　脉冲星数据

脉冲星数据本质上是一种高时间分辨率的频谱数据，但通道数不会太多，因此每个通道的带宽都不算太窄，这本质上是由时间 – 频率不确定关系造成的。因为脉冲星观测需要高时间分辨率的数据，典型的采样时间约为 50 μs，由时间 – 频率不确定关系以及信噪比的要求可得，500 MHz 带宽通常只能达到 4096 通道的量级。

具体来说，FAST 采集的脉冲星数据的通道数有 1K、2K、4K 和 8K 这 4 种选择，带宽为 500 MHz，采样时间可以选择 49.152 μs、98.304 μs 和 196.608 μs，其中 8K 通道模式只有 98.304 μs 和 196.608 μs 两种采样时间。脉冲星搜索常用的是 4K 通道模式、49.152 μs 的采样时间。1K 和 2K 通道模式在明确知道脉冲星性质、需要节省存储空间的情况下使用。

19 波束接收机的脉冲星后端系统由 12 台可重新配置开放体系计算硬件（Reconfigurable Open Architecture Computing Hardware，ROACH）组成，其中 10 台用于观测数据的记录（前 9 台各接收 2 个波束的数据，第 10 台只记录 19 号波束的数据），2 台用于备份。

ROACH 的输出数据格式采用脉冲星 FITS（Pulsar FITS，PSRFITS）文件，这是在天文学通用的 FITS（Flexible Image Transport System，普适图像传输系统）格式的基础上，针对单天线脉冲星观测数据的特点而开发的文件格式。PSRFITS 的文件头由主头和扩展头组成，每"行"数据均为含有头信息与主体数据的结构体，其内容为某个子时间段（subinterval）内的观测记录，每个子时间段的记录又由若干时间段（interval）的数据组成。当前 19 波束接收机输出的每个 PSRFITS 文件的大小约为 2 GB，文件名为 source_mode_Mnn_XXXX.fits，其中，source 为源名，mode 指观测模式（如跟踪或漂移扫描等，具体可参见 FAST 官网的介绍），M 之后的两位数表示波束号，其后的 XXXX 表示文件序号。文件内的数据结构体元素见表 2.1。但要特别提醒的是，因脉冲星数据体量庞大，部分原始 PSRFITS 文件（尤其是巡天观测记录的 PSRFITS）在集群上的保存时间非常有限，之后将一律被压缩为其他格式存储。

表 2.1　PSRFITS 文件内的数据结构体元素

数据结构体元素名	字节数	数据类型	含义
TSUBINT	8	double	该行对应子时间段的持续时间
OFFS_SUB	8	double	子时间段开始时刻相对中心时刻的偏移
LST_SUB	8	double	子时间段中心时刻的地方恒星时
RA_SUB	8	double	子时间段中心时刻的赤经（J2000）
DEC_SUB	8	double	子时间段中心时刻的赤纬（J2000）
CLON_SUB	8	double	子时间段中心时刻的银经（单位：°）
CLAT_SUB	8	double	子时间段中心时刻的银纬（单位：°）
FD_ANG	4	float	子时间段中心时刻的馈源角度（单位：°）
POS_ANG	4	float	子时间段中心时刻的馈源姿态角（单位：°）
PAR_ANG	4	float	子时间段中心时刻的星位角（单位：°）

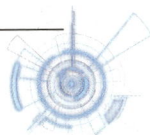

续表

数据结构体元素名	字节数	数据类型	含义
TEL_AZ	4	float	子时间段中心时刻的望远镜方位角（单位：°）
TEL_ZEN	4	float	子时间段中心时刻的望远镜天顶角（单位：°）
DAT_FREQ	$4 \times N_{CHAN}$	float	每个频谱通道的中心频率（单位：MHz）
DAT_WTS	$4 \times N_{CHAN}$	float	每个频谱通道的权重
DAT_OFFS	$4 \times N_{CHAN} \times N_{POL}$	float	每个频谱通道的偏置量
DAT_SCL	$4 \times N_{CHAN} \times N_{POL}$	float	每个频谱通道的数据比例因子
DATA	$1 \times N_{BIN} \times N_{CHAN} \times N_{POL} \times N_{SBLK}$	int	观测数据

注：double 表示"双精度浮点数"，float 表示"浮点数"，int 表示"整型"。

其中，衡量 DATA 等元素体量的参数 N_{BIN} 表示每次采样期间的"分段"数量，与待测脉冲星周期有关，表示折叠后每个脉冲轮廓图中所包含的时间段数量，默认观测已知脉冲星时为 1，搜寻模式时为 0，具体数值可以通过 PSRFITS 扩展头的"NBIN"一行读出。参数 N_{CHAN} 表示频谱通道数量，FAST 的接收机默认值为 4096，具体数值记录在扩展头的"OBSNCHAN"一行中。参数 N_{POL} 表示偏振分量的个数，默认值为 2，也就是记录 AA（0）与 BB（1）两个分量，但有需要时也可以记录所有 4 个分量 AA、BB、CR、CI，具体数值记录在扩展头的"NPOL"一行中。参数 N_{SBLK} 表示每"行"（即每个子时间段）所包含的时间段数量，默认值为 1024，具体数值记录在扩展头的"NSBLK"一行中。而每个文件中，子时间段的总数则由扩展头的"NAXIS2"提供，默认值为 256，但对于观测开始或结束时记录的或最后一个文件而言，其体量往往小于默认值，而且在记录全偏振分量时，这个参数的数值会减半。

至于每个文件的具体记录时间，则记录在 FITS 主头的"STT_IMJD"和"STT_SMJD"两项中。其中，STT_IMJD 表示开始记录时刻当日世界时零点的简化儒略日期（Modified Julian Date，MJD，也就是儒略日期减去 2 400 000.5 天），STT_SMJD 则表示开始记录时刻相对当日世界时零点的秒数。再结合扩展头中的 NSBLK 以及每个子时间段数据头中的 TSUBINT、

OFFS_SUB、LST_SUB 等信息，就可以给出每个时间段对应的时刻。每个时间段默认的积分时间对跟踪观测而言是 8192 × (5+1) = 49 152 ns，而漂移扫描观测通常采用 4 倍于此的时间。因此，后文将要介绍的谱线后端的一个典型采样周期等于 20 480 倍跟踪观测时的 ROACH 积分时长，也就是 20 个子时间段的时长，或者 ROACH 数据漂移扫描模式下 5 个子时间段的典型长度。因为在同时记录脉冲星和谱线数据的多目标观测期间，校准噪声的注入周期是两个脉冲星后端的积分时长，这样安排有利于在同时观测脉冲星和谱线、从而需要高频噪声注入的场合实现校准信号的准确切分。

2.1.2　谱线数据

与力求提高时间分辨率，以图解析出短时标光变的脉冲星观测相比，谱线数据的特点在于追求精细的频谱分辨率，从中识别出谱线轮廓的精细结构。FAST 的 19 波束接收机谱线后端在这个指标上堪称同类设备中的佼佼者，在 1000 ～ 1500 MHz 频段内，其典型的频谱通道数高达 65 536，如果分辨率全开，则频谱通道数可以达到 1 048 576（1024K）。不过由于天体背景下射电谱线（尤其是 HI 谱线）的流量和轮廓通常在较长时间内保持稳定，所以谱线数据在采集时并不要求具备太高的时间分辨率，只要能够有效抑制天空背景噪声或射频干扰的波动，满足后续流量校准的需要即可，对于因展源多而对校准要求更高的河内观测来说，典型的采样时间通常选在 0.1 s 左右；以点源观测为主的河外研究的采样频率只要设为大约 1 s 采样一次就可以了。

除了 19 波束接收机，在 FAST 落成之初，FAST 团队还使用过超宽带接收机，配合 CRANE 数字后端以及美国是德科技公司（Keysight Technologies）出品的商用频谱仪进行谱线观测。考虑在处理历史观测时，也会遇到相应的数据文件，因此本章会介绍由这两台仪器获取的数据的格式。

1. 19 波束接收机的谱线后端

由澳大利亚联邦科学与工业研究组织（Commonwealth Scientific and

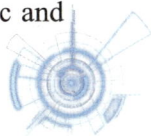

Industrial Research Organisation，CSIRO）研制的 19 波束接收机是当前 FAST 从事谱线观测的主要设备。这台接收机基于图形处理单元（Graphics Processing Unit，GPU）芯片搭建的数字谱线后端输出的观测文件采用了 SDFITS（Single-Dish FITS）格式（Garwood，2000），这是一种专门面向单口径射电望远镜频谱观测数据存档的格式。与 PSRFITS 格式类似，单天线 FITS（SDFITS）文件存储的内容也是二进制数据表，而非图像。SDFITS 的文件头包括一个扩展头。扩展头中以"EXTNAME＝'SINGLE DISH'"表示文件存储遵循 SDFITS 的约定，也就是文件主体为数据表，表中的每一"行"观测记录包括数据主体以及相应的头信息，而头信息的具体定义记录在 SDFITS 文件本身的扩展表中。

19 波束接收机各个波束的观测结果分别记录在不同的文件中，考虑到现有便携式 USB 存储设备多数采用 FAT32 格式，不支持体量过大的文件，所以每个文件最大不超过 2 GB。这些文件的名称通常为 source(_mode)_Mnn_W/N/F_XXXX.fits，其中 W/N/F 分别表示宽带、窄带和全分辨率观测，对应的带宽分别为 500 MHz、31.25 MHz 和 500 MHz，频谱通道数依次为 64K（65 536）、64K 以及 1024K（1 048 576）；其他关键词的含义与 ROACH 获取的数据保持一致。

在谱线后端输出的 SDFITS 文件数据表中，每行都代表在一个积分时间内所获取的频谱信息。每行所包含的内容见表 2.2，其中的 SDFITS 核心参数（CORE Column）以黑体字表示，这些可以被认为是数据处理过程必备的数据（表中的 MJD 代表简化儒略日期）。

表 2.2　SDFITS 文件数据表中每行所包含的内容

数据结构体元素名	字节数	数据类型	含义
OBSNUM	8	64 bit int	观测序列号
SCAN	8	64 bit int	扫描序列号（如 210607140001）
OBSTYPE	16	char	观测模式（ON/OFF/CAL）
QUALITY	1	logical	数据质量（稳定或不稳定，用"1""0"表示）

续表

数据结构体元素名	字节数	数据类型	含义
UTOBS	8	double	观测时间（世界时，以 MJD 表示）
DATE_OBS	24	char	观测日期（世界时，YYYY-MM-DDThh:mm:ss.xxxZ）
OBJ_RA	8	double	待测源赤经
OBJ_DEC	8	double	待测源赤纬
OFF_RA	8	double	赤经方向的偏差（单位：°）
OFF_DEC	8	double	赤纬方向的偏差（单位：°）
TSYS	8	double	数据处理后得出的系统温度（单位：K）
EXPOSURE	8	double	积分持续时间（单位：s）
NCHAN	8	64 bit int	频谱通道数
FREQ	8	double	第一个频谱通道的中心频率（单位：MHz）
CHAN_BW	8	double	每个频谱通道的步长（单位：MHz）
BEAM_EFF	8	double	望远镜的波束效率
PRESSURE	8	double	环境大气压（单位：Pa）
TAMBIENT	8	double	环境气温（单位：K）
WINDSPD	8	double	环境风速（单位：m/s）
WINDDIR	8	double	风向（东：0°，南：90°）
DATA	$4 \times N_{CHAN}$	float	频谱观测数据

注：int 表示"整型"，char 表示"字符串"，logical 表示"逻辑变量"，double 表示"双精度浮点数"，float 表示"浮点数"。

在 SDFITS 文件的扩展数据表中，每行记录中作为主体的 DATA 元素即频谱信息本身，这是一个二维单精度浮点型数组，第一维（"列"）代表偏振方向，依次表示 4 种偏振信息。为了便于带通校准，这里选用 AA、BB、CR 与 CI，而非式（2.1）所示的斯托克斯（Stokes）分量。

$$I = AA + BB$$
$$Q = AA - BB$$
$$U = 2\,\text{Re}(AB^*) = 2CR \tag{2.1}$$
$$V = -2\,\text{Im}(AB^*) = -2CI$$

式中，A 与 B 分别代表接收机极化器输出的两组正交线偏振波的电场振幅，Re 和 Im 分别代表复数的实部和虚部，* 代表复共轭操作。第二维（"行"）代表频谱通道数。全分辨率采样为 1024K 通道；当前宽带数据选用 65 536

个通道，每个通道的信号读数由 16 个相邻原始通道相加而得，频率定义为原始通道对应频率的中值。而同时输出的窄带数据总带宽会收窄为 31.25 MHz，通道数仍为 65 536，实质上也就是从原始采样中按照所设的中心频率，直接截取 1/16。考虑到单个文件不超过 2 GB 的要求，当前进行观测时，普通宽、窄带模式中的每个文件最多存储 2048 次谱线观测的记录，直接记录原始 1024K 通道采样时则最多存储 128 次记录（具体次数存储在文件头的"NAXIS2"一栏中）。在两种分辨率设置下，单次数据记录的典型积分时间均持续 1.006 632 96 s（相当于脉冲星跟踪观测时默认采样周期的 20 480 倍，合计为该模式下 PSRFITS 文件中 20 个子时间段的长度，这是出于协调 FAST 同时观测脉冲星与谱线所需的高频噪声注入的考虑），但观测期间可以通过修改后端控制脚本的方式对积分时长进行调整，所以具体数值应该从 UTOBS 或 DATE_OBS 元素中直接读取。

图 2.1 给出了 19 波束接收机谱线后端的原始数据示例，图 2.1（a）为宽带模式频谱示例，图 2.1（b）为窄带模式频谱示例，可见图 2.1（a）的读数水平约为图 2.1（b）的 16 倍。这是因为，图 2.1（a）由原始 1024K 通道采样的每 16 个相邻原始通道的采样累加而来；图 2.1（b）则直接截取自原始采样数据。

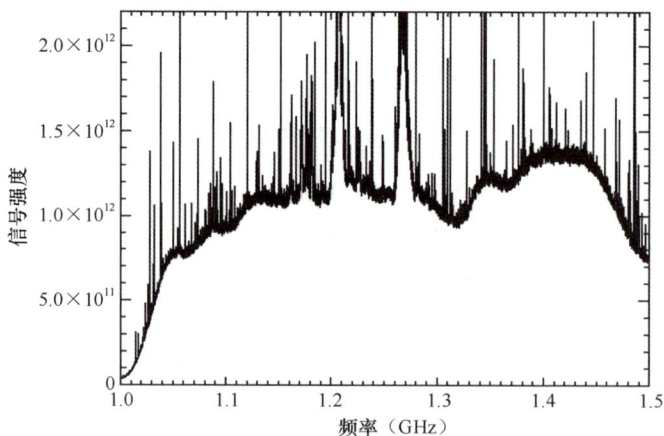

（a）谱线后端宽带模式频谱示例

图 2.1　19 波束接收机谱线后端的原始数据示例

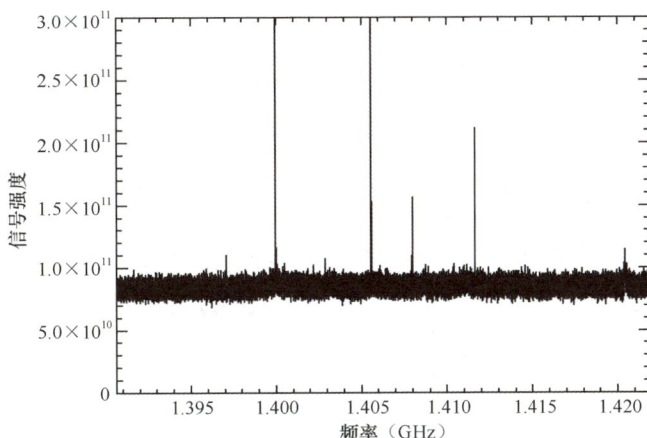

（b）谱线后端窄带模式频谱示例

图 2.1　19 波束接收机谱线后端的原始数据示例（续）

2．商用频谱仪

在 FAST 的早期科学阶段（使用单波束的超宽带接收机）以及 19 波束接收机使用的最初几个月，谱线观测使用是德科技公司出品的 N9020A MXA 商用频谱仪（信号分析仪），以满足临时之需。这是一台基于超外差原理的设备，也就是说，输入的信号要先经过本振的混频之后才被采样（正式的谱线后端是对信号直接进行带通采样）。商用频谱仪输出的是 MATLAB 的 *.mat 文件和 FITS 文件，数据处理过程通常使用后者。这些 FITS 文件的命名格式通常为 YYYYMMDD_(purpose)_source_(mode)_(observer)/fits/data_YYYYMMDDThhmmss.fits，其中 YYYY、MM、DD、hh、mm 和 ss 依次代表相应的年、月、日、时、分、秒（北京时间）；purpose 代表此次观测的目的，主要有 total_power、HI 和 OH 这 3 种情况，其中后两种用于谱线观测，分别对应中性氢谱线和 OH 谱线（但有时不注明此项）；source 是待测源名；mode 是观测模式；observer 是当天值班的观测者的姓名或姓名缩写。

商用频谱仪的每个 FITS 文件内包含一条单偏振方向上的频谱数据。由于在早期科学阶段，FAST 只安排了一台频谱仪用于谱线观测，所以这台仪器并不能提供全部的偏振信息。另外，由于商用频谱仪所能应对的动态范

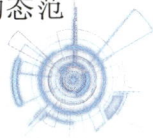

围远比射电天文专用后端的更大，为了减轻计算负担，其工作模式是在预设的观测频带上执行扫频操作，逐段按预设的分辨率采样并进行傅里叶变换，之后将各段的变换结果拼合成一条完整的频谱，并输出到一个新的文件中。这个过程根据采样总通道数的多少，耗时一般为几秒至十余秒，所以同一条谱中不同频段的信息并非同一时刻的记录，而且实际的积分时间只有观测持续时长的若干分之一。频谱仪得到的每个 FITS 文件大小约为10 KB，内里的文件头所含信息量也极少，如下所示。

```
SIMPLE  =                    T / file does conform to FITS standard
BITPIX  =                  -64 / number of bits per data pixel
NAXIS   =                    2 / number of data axes
NAXIS1  =                    1 / length of data axis 1
NAXIS2  =                 2001 / length of data axis 2
EXTEND  =                    T / FITS dataset may contain extensions
COMMENT  FITS (Flexible Image Transport system) format is defined in 'Astronomy
COMMENT   and Astrophysics', volume 376, page 359; bibcode: 2001A&A...376..359H
END
```

这样的文件头只能说明文件格式遵从 FITS 标准，每个数据点都以 64 bit（8 字节）双精度浮点数的形式存储，而且数据内容是一个第一维长度为 1、第二维长度为 NAXIS2 的数组（这个例子中是 2001）。但观测时间、观测频率等必要信息都不具备，需要从其他来源读取。

观测时间记录在 FITS 文件名中。观测频率则需要读取观测时控制频谱仪数据记录的 MATLAB 源代码文件 b51_get_spec_HI_RF_save_fits.m，打开文件后可见如下几行代码。

```
fa = 1419.5; %MHz
fb = 1421.5; %MHz
rbw = 4*1000; %Hz
vbw= 1;%Hz
npt = 2001; %40001 max, 4001/2001 good for plot
istest =0 %0 or 1
```

其中，fa 和 fb（单位为 MHz）分别代表观测频带的下限和上限；rbw 是分辨率带宽（resolution bandwidth，单位为 Hz），可以理解为频谱仪每个采样窗的宽度；npt 是最终的频谱通道数，等同于 FITS 文件头中的 NAXIS2 参量。一般 npt 会设为整数 +1，以保证频带间隔的规则性。根据奈奎斯特原理，为了兼顾采样的完整性与效率，最好保证 rbw×npt > 2×(fb−fa)，所以当带宽加大、频谱通道数减少时，应增大 rbw 的数值。而 vbw 和 istest 两个参数则与仪器设置有关，数据处理工作并不需要用到它们。

商用频谱仪记录的原始数据的单位为 dBm，表示仪器记录下的信号功率相对 1 mW 的分贝数，也就是接收信号的相对强度（属于机器读数的一种）。由于以 dBm 为单位表示的数据不能直接进行加、减、乘、除运算，因此在进行数据处理之前，应该先按式（2.2）将所有的谱线数据 x（单位为 dBm）转换为以 mW 为单位的机器读数 P：

$$x=10\lg P \tag{2.2}$$

3. CRANE 数字后端

CRANE 数字后端是 FAST 在早期科学阶段配合超宽带接收机使用的一台基于现场可编程门阵列（Field Programmable Gate Array，FPGA）的多功能数字后端（Zhang et al., 2020），输出的数据格式是 SDFITS。CRANE 数字后端的输出文件名格式为 YYYY-MM-DD-hh-mm-ss_source_mode/spectrum_YYYY-MM-DDThh-mm-ss.fits，其中的 YYYY、MM、DD、hh、mm 和 ss 依次代表以世界时表示的年、月、日、时、分、秒，其他命名的约定与 19 波束接收机的谱线后端情况相同。

CRANE 数字后端将总观测频带切分为 4 段，其输出的每个文件最大为 508 MB，文件的主体部分存储有 127 次观测记录，历次记录的间隔约为 1 s（与 19 波束接收机谱线后端的典型采样周期并不相等）。CRANE 数字后端的每个观测记录包含观测时间、仪器位置、天体坐标等数据，其中的 SUBFREQ 数组给出了各个子频带的中心频率；(CRPIX1−1)×2 给出了每个子频带的通道数（通常为 65 536）；CDELT1 给出了每个子频带的带宽（通常为

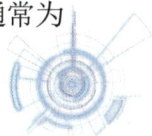

31.25 MHz）。因此，各子频带覆盖的频率范围是 (SUBFREQ[i]−CDELT1/2, SUBFREQ[i]+CDELT1/2)。三维单精度浮点数组 DATA 的第一维的长度为 (CRPIX1−1)×2，表示每个子频带的通道数；第二维是频带数，通常为 4；第三维是 4 路斯托克斯分量，通常也为 4。表 2.3 列出了头信息的详细内容。

表 2.3　头信息的详细内容

数据结构体元素名	字节数	数据类型	默认值	含义
TIME	8	double	—	系统时间（简化儒略日期）
TIMECNTR	4	32 bit int	—	FPGA 包头给出的积分开始时刻
INTEGNUM	4	32 bit int	—	积分次数的编号（从 0 开始计数）
EXPOSURE	4	float	—	积分 EXPOSURE 个频谱后输出
OBJECT	16	char	—	待测源名称
AZIMUTH	4	float	0.0	天线方位角，如未给出则默认为 0（单位：°）
ELEVATIO	4	float	0.0	天线仰角，如未给出则默认为 0（单位：°）
BMAJ	4	float	0.0	波束长轴长度，如未给出则默认为 0（单位：°）
BMIN	4	float	0.0	波束短轴长度，如未给出则默认为 0（单位：°）
BPA	4	float	0.0	波束位置角，如未给出则默认为 0（单位：°）
ACCUMID	4	32 bit int	0	记录频谱的累加器号（0～7）
STTSPEC	4	32 bit int	—	第一条记录的频谱的 SPECTRUM_COUNT
STPSPEC	4	32 bit int	—	最后一条记录的频谱的 SPECTRUM_COUNT
SUBFREQ [nsubband]	8× $n_{subband}$	double	—	每个子频带的中心频率，$n_{subband}$ 一般为 4
CRPIX1	4	float	n_{chan}/2+1，n_{chan} 为通道数，即快速傅里叶变换点数	
CRVAL1	8	double	0.0	子频带的中心频率（系统保留，默认为 0）
CDELT1	8	double	31.25	每个子频带的带宽（单位：MHz）
CRVAL4	8	double	0.0	天线指向赤经，如未给出则默认为 0（单位：°）
CRVAL5	8	double	0.0	天线指向赤纬，如未给出则默认为 0（单位：°）

2.1.3　基带数据

基带数据是原始采样的信号强度时间序列，未进行傅里叶变换等操作，后续可以处理成各种频率分辨率和时间分辨率的数据。一些观测需要非标

准频率和 / 或时间分辨率，通常的脉冲星和谱线后端无法提供，这时可以使用基带数据自行生成所需的数据文件。

FAST 输出的基带数据是二进制文件，通常每个数据文件的大小约为 2 GB，内容纯粹是以有符号的 8 bit（取值范围为 -128 ~ 127）整数表示接收机记录的电压信号序列（属于原始机器读数），而相应的数据记录时间需要对照系统中数据文件的生成时间来提取。需要注意的是，以 19 波束接收机的典型原始采样率（每个波束、每个偏振分量均为 1 GB/s 左右）计算，基带数据的体量极为庞大。因此，除非在设置观测参数时额外声明，否则 FAST 默认不记录这类文件；而且 FAST 数据中心也不提供基带文件的远程数据访问服务，处理这些数据需要前往 FAST 台址完成。

2.1.4 记录望远镜指向的测控文件

出于安全性的考虑，当前负责 FAST 姿态测控的计算机与存在互联网连接的数据记录后端是独立的，因此 SDFITS（或 PSRFITS）数据文件本身不能提供方位信息（文件中相应的数据一律写为 0），望远镜的指向需要依靠测控部门提供的测控数据来推算。本小节将说明测控数据文件的格式。望远镜指向的具体推算方式将在 2.2.3 小节进行详细介绍。

2019 年 2 月，FAST 的融合测量系统正式上线，测控数据均使用 Excel 表格的形式提供，表格中的主要内容是接收机的指向和姿态。表格的文件名格式为 source_YYYY_MM_DD_hh_mm_ss.xlsx，其中 YYYY、MM、DD、hh、mm 和 ss 分别代表北京时间的年、月、日、时、分、秒。表格内有两个表单，分别为"整控—馈源舱数据"以及"测量数据"。每个表单的第一列均为 SysTime（两个表单的数值保持一致），表示望远镜总控系统获取其后各列中各个参数的时间（北京时间），相对实际的测量时间最多存在 100 ms 的时延。实际的测量时间填写在"测量数据"表单的 SwtDTime 一项中，早期以 MJD×1000 的形式表示，但有时会变更为自世界时 1970 年 1 月 1 日

0 时起的累计毫秒数，所以实际数据处理建议直接使用 SysTime。“测量数据”表单中的 SwtDPos_X、SwtDPos_Y 与 SwtDPos_Z 这 3 项分别表示接收机中心波束相位中心的望远镜大地测量坐标系实测坐标（单位为 m）；接收机下平台码盘相对正西方向的实际旋转量 $\phi_{receiver}$ 则由“整控—馈源舱数据”表单的 SDP_AngleM 一栏提供（单位为 rad，以 2 号波束硬件向南旋转为正）。

图 2.2 所示为“测量数据”表单中的馈源相位中心坐标示例，坐标参数 SwtDPos_X/Y/Z 右侧表列记录的 SwtDPose_1 至 SwtDPose_9 共 9 项，代表斯图尔特平台（Stewart platform）的欧拉旋转矩阵分量。

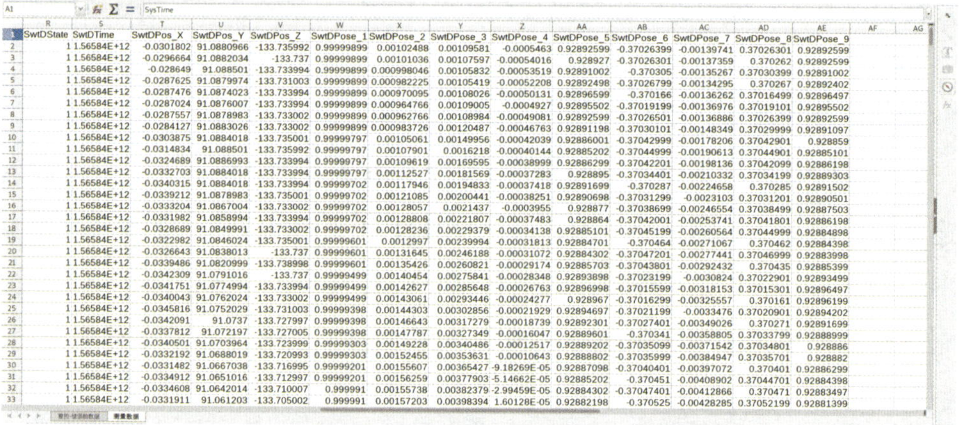

	R	S	T	U	V	W	X	Y	Z	AA	AB	AC	AD	AE	AF	AG
1	SwtDState	SwtDTime	SwtDPos_X	SwtDPos_Y	SwtDPos_Z	SwtDPose_1	SwtDPose_2	SwtDPose_3	SwtDPose_4	SwtDPose_5	SwtDPose_6	SwtDPose_7	SwtDPose_8	SwtDPose_9		
2	1	1.56584E+12	-0.0301802	91.0880966	-133.735992	0.99999899	0.00102488	0.00109581	-0.0005463	0.92892599	-0.37026399	-0.00139741	0.37026301	0.92892599		
3	1	1.56584E+12	-0.0296664	91.0882034	-133.737	0.99999899	0.00101036	0.00107597	-0.00054016	0.928927	-0.37026301	-0.00137359	0.370262	0.92892599		
4	1	1.56584E+12	-0.028649	91.088501	-133.733994	0.99999899	0.000998046	0.00105832	-0.00053519	0.92891002	-0.370305	-0.00135267	0.37030399	0.92891002		
5	1	1.56584E+12	-0.0287625	91.0879974	-133.731003	0.99999899	0.000982225	0.00105419	-0.00052208	0.92892498	-0.37026799	-0.00134295	0.370267	0.92892402		
6	1	1.56584E+12	-0.0287476	91.0874023	-133.733994	0.99999899	0.000970095	0.00108026	-0.00050131	0.92896599	-0.370166	-0.00136262	0.37016499	0.92896497		
7	1	1.56584E+12	-0.0287024	91.0876007	-133.733994	0.99999899	0.000964766	0.00109005	-0.0004927	0.92895502	-0.37019199	-0.00136976	0.37019101	0.92895502		
8	1	1.56584E+12	-0.0287557	91.0878983	-133.733002	0.99999899	0.000962766	0.00108984	-0.00049081	0.92892599	-0.37026501	-0.00136886	0.37026399	0.92892599		
9	1	1.56584E+12	-0.0284127	91.0883026	-133.733002	0.99999899	0.000983726	0.00120487	-0.00046763	0.92891198	-0.37030101	-0.00148349	0.37029999	0.92891097		
10	1	1.56584E+12	-0.0303875	91.0884018	-133.735001	0.99999797	0.00105061	0.00149956	-0.00042039	0.92886001	-0.37042999	-0.00178206	0.37042901	0.928859		
11	1	1.56584E+12	-0.0314834	91.088501	-133.735992	0.99999797	0.00107901	0.0016218	-0.00040144	0.92885202	-0.37044999	-0.00190613	0.37044901	0.92885101		
12	1	1.56584E+12	-0.0324689	91.0886993	-133.733994	0.99999797	0.00109619	0.00169595	-0.00038999	0.92886299	-0.37042201	-0.00198136	0.37042099	0.92886198		
13	1	1.56584E+12	-0.0332703	91.0884018	-133.733994	0.99999797	0.00112527	0.00181569	-0.00037283	0.928895	-0.37034401	-0.00210332	0.37034199	0.92889303		
14	1	1.56584E+12	-0.0340315	91.0884018	-133.733994	0.99999702	0.00117946	0.00194833	-0.00037418	0.92891699	-0.370287	-0.00224658	0.370285	0.92891502		
15	1	1.56584E+12	-0.0339212	91.0878983	-133.735001	0.99999702	0.00121085	0.00200441	-0.00038251	0.92890698	-0.37031299	-0.0023103	0.37031201	0.92890501		
16	1	1.56584E+12	-0.0333204	91.0867004	-133.733002	0.99999702	0.00128057	0.0021437	-0.0003955	0.928877	-0.37038699	-0.00246554	0.37038499	0.92887503		
17	1	1.56584E+12	-0.0331982	91.0858994	-133.733994	0.99999702	0.00128808	0.00221807	-0.00037483	0.928864	-0.37042001	-0.00253741	0.37041801	0.92886198		
18	1	1.56584E+12	-0.0328689	91.0849991	-133.733002	0.99999702	0.00128236	0.00229379	-0.00034138	0.92885101	-0.37045199	-0.00260564	0.37044999	0.92884898		
19	1	1.56584E+12	-0.0322982	91.0846024	-133.735001	0.99999601	0.0012997	0.00239994	-0.00031813	0.92884701	-0.370464	-0.00271067	0.370462	0.92884398		
20	1	1.56584E+12	-0.0326643	91.0838013	-133.737	0.99999601	0.00131645	0.00246188	-0.00031072	0.92884302	-0.37047201	-0.00277441	0.37046999	0.92883998		
21	1	1.56584E+12	-0.0339486	91.0820999	-133.738998	0.99999601	0.00135426	0.00260821	-0.00029174	0.92885703	-0.37043801	-0.00292432	0.370435	0.92885399		
22	1	1.56584E+12	-0.0342309	91.0791016	-133.737	0.99999499	0.00140454	0.00275841	-0.00028348	0.92893898	-0.37023199	-0.0030824	0.37022901	0.92893499		
23	1	1.56584E+12	-0.0341751	91.0774994	-133.733994	0.99999499	0.00142627	0.00285648	-0.00026763	0.92896998	-0.37015599	-0.00318153	0.37015301	0.92896497		
24	1	1.56584E+12	-0.0340043	91.0762024	-133.733002	0.99999499	0.00143061	0.00293446	-0.00024277	0.928967	-0.37016299	-0.00325557	0.370161	0.92896199		
25	1	1.56584E+12	-0.0345816	91.0752029	-133.731003	0.99999398	0.00144303	0.00302856	-0.00021929	0.92894697	-0.37021199	-0.0033476	0.37020901	0.92894202		
26	1	1.56584E+12	-0.0342091	91.0737	-133.727997	0.99999398	0.00146643	0.00317279	-0.00018739	0.92892301	-0.37027401	-0.00349026	0.370271	0.92891699		
27	1	1.56584E+12	-0.0337812	91.072197	-133.727005	0.99999398	0.00147787	0.00327349	-0.00016047	0.92889601	-0.370341	-0.00358805	0.37033799	0.92888999		
28	1	1.56584E+12	-0.0340501	91.0703964	-133.723999	0.99999303	0.00149228	0.00340486	-0.00012517	0.92889202	-0.37035099	-0.00371542	0.37034801	0.928886		
29	1	1.56584E+12	-0.0332192	91.0688019	-133.720993	0.99999303	0.00152455	0.00353631	-0.00010643	0.92888802	-0.37035999	-0.00384947	0.37035701	0.928882		
30	1	1.56584E+12	-0.0331482	91.0667038	-133.716995	0.99999201	0.00155607	0.00365427	-9.18269E-05	0.92887098	-0.37040401	-0.00397072	0.370401	0.92886299		
31	1	1.56584E+12	-0.0334912	91.0651016	-133.712997	0.99999201	0.00156259	0.00377903	-5.14662E-05	0.92885202	-0.370451	-0.00408902	0.37044701	0.92884398		
32	1	1.56584E+12	-0.0334608	91.0642014	-133.710007	0.999991	0.00155738	0.00382379	-2.99459E-05	0.92884302	-0.37047401	-0.00412866	0.370471	0.92883497		
33	1	1.56584E+12	-0.0331911	91.061203	-133.705002	0.999991	0.00157203	0.00398394	1.60128E-05	0.92882198	-0.370525	-0.00428285	0.37052199	0.92881399		

图 2.2 “测量数据”表单中的馈源相位中心坐标示例

2.2 科学数据处理

2.2.1 数据校准

望远镜记录的原始数据都是以机器读数的形式呈现的。来自天体的电磁波经过接收系统时，原本的信号在振幅与相位方面都会发生变化，因此原始机器读数不具备直接的物理意义。流量校准的目的是将机器读数与物理单位对应起来，以反映天体源的辐射性质。对以 HI 为代表的射电谱线观测而言，由于待测辐射在源区通常不是偏振依赖的，因此往往只考虑流量校准。这一操作一般分两步处理，首先是将原始机器读数转换为温度 T_A（单位为 K），然后将 T_A 通过增益系数转换为源的物理流量密度［单位为央斯基，简称"央"或 Jy，1 Jy = 10^{-26} W/(m^2·Hz)］。本小节将参照 O'Neil（2002）介绍的思路，结合 FAST 的特点，对数据校准过程进行详细的介绍。

1. 天线温度 T_A 的确定

射电源的亮温度 T_{source} 可以认为是对源区辐射水平的衡量。根据黑体辐射定律（即普朗克定律），一个辐射源的亮度 B［单位为 W/(m^2 · Hz · rad^2)，也可以换算成 Jy/rad^2］为

$$B = \frac{2h v^3}{c^2} \frac{1}{e^{h v / kT} - 1} \tag{2.3}$$

式中，$h = 6.63 \times 10^{-34}$ J · s，是普朗克常数；$k = 1.38 \times 10^{-23}$ J/K，是玻尔兹曼常数；T 是黑体温度；v 是辐射频率。假设接收到的辐射源于热辐射，根据式（2.3），只要亮度 B 已知，即可计算出等效的亮温度 T。又因为射电波段的频率较低，满足 $hv \ll kT$ 的条件，一般情况下，式（2.3）可以用瑞利 - 金斯定律（Rayleigh-Jeans law）进行线性近似，也就是

$$B \approx \frac{2kT v^2}{c^2} = \frac{2kT}{\lambda^2} \tag{2.4}$$

式中，λ 代表辐射波长。因此，对于所张立体角为 Ω_s 的射电源来说，流量密度 S 可以通过源的亮温度 T_{source} 表示为

$$S = \int_{\Omega_s} B(\theta, \phi) \mathrm{d}\Omega = \frac{2k}{\lambda^2} \int_{\Omega_s} T_{source}(\theta, \phi) \mathrm{d}\Omega \tag{2.5}$$

在辐射相对立体角均匀分布的情况下，可将式（2.5）化简为

$$S = \frac{2kT_{source}}{\lambda^2} \Omega_s \tag{2.6}$$

需要特别注意的是，因为来自天体的绝大部分射电辐射的性质是非热

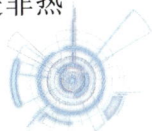

的，所以上各式中，T_source 的数值并不等于源的真实温度。

但望远镜记录的信号实际为目标源辐射与各种背景信号的总和，因此在对准源区观测时，仪器记录的系统温度 T_rec 由两种成分构成（我们用下角标 ON 表示在源区测得的总辐射，用下角标 OFF 表示来自源区之外的成分，后者一般通过观测源附近的空白天区来确定）。

$$T_\text{rec,ON}(\alpha,\delta,\text{az},\text{za}) = T_\text{rec,OFF}(\alpha,\delta,\text{az},\text{za}) + \frac{A_\text{e}}{\lambda^2}\int_{\Omega_\text{s}} T_\text{source}(\theta,\phi)P_\text{n}(\theta,\phi)\text{d}\Omega \qquad (2.7)$$
$$= T_\text{rec,OFF}(\alpha,\delta,\text{az},\text{za}) + T_\text{A}(\alpha,\delta,\text{az},\text{za})$$

式中，T_A 表示源的天线温度，也就是由非理想接收系统测得的源区辐射等效温度；A_e 和 P_n 分别表示天线的有效接收面积和归一化功率方向图；$T_\text{rec, OFF}$ 与 T_A 和天线指向相关，从而依赖源的赤道坐标（α 与 δ 分别代表赤经和赤纬）与地平坐标（az 与 za 分别代表方位角和天顶角）。而 $T_\text{rec, OFF}$ 的组成比较复杂，式（2.8）的右边各项依次表示来自望远镜接收系统、地面辐射、大气辐射、宇宙微波背景辐射和天空前景 / 背景的贡献。

$$T_\text{rec,OFF}(\alpha,\delta,\text{az},\text{za}) = T_\text{RX} + T_\text{ground}(\text{az},\text{za}) + T_\text{atm}(\text{za}) + T_\text{CMB} + T_\text{BG}(\alpha,\delta) \qquad （2.8）$$

由于 $T_\text{rec, OFF}$ 的成分复杂多样，直接进行准确的测量几乎是不可能的。所以在 L 波段（1000～2000 MHz）或更低频段，射电观测的主流做法是借助温度已知的噪声二极管来进行系统定标，确定 $T_\text{rec, OFF}$ 的准确数值，然后借助 ON（指向源所在位置）/OFF（指向源附近的空白天区）法来观测天体，得出目标源亮温度 T_source 的大小。

在定标观测期间，理想情况下，望远镜要指向源附近的空白天区。这里我们用小写的 on 和 off 表示定标测量，以同真正的天文观测区分开。令噪声二极管开启时接收系统记录下的机器读数为 on_CAL，表示噪声二极管辐射与天空 / 接收系统背景辐射的总和；噪声二极管关闭时的机器读数为 off_CAL。由于噪声二极管的温度 T_CAL（单位为 K）是预先测得的，关闭噪声二极管后的背景辐射温度 T_off（单位为 K）可通过式（2.9）求出：

$$T_{\text{off}} = \frac{\text{off}_{\text{CAL}}}{\text{on}_{\text{CAL}} - \text{off}_{\text{CAL}}} \times T_{\text{CAL}} \tag{2.9}$$

而只要知道了 T_{off} 的大小，再将其同特定源的 ON/OFF 观测相比较，就可以算出相应的源区天线温度 T_{A}，$T_{\text{A}} = T_{\text{ON}} - T_{\text{OFF}}$。

$$T_{\text{A}} = \frac{T_{\text{rec,ON}} - T_{\text{rec,OFF}}}{T_{\text{rec,OFF}}} T_{\text{off}} \tag{2.10}$$

又由于射电频段的辐射亮度和温度之间存在线性关系，所以式（2.10）完全可以改写成

$$T_{\text{A}} = \frac{\text{ON} - \text{OFF}}{\text{OFF}} T_{\text{off}} \tag{2.11}$$

再结合 A_{e} 和 $P_{\text{n}}(\theta, \phi)$，从理论上可反推出源的亮温度 T_{source}（虽然通常校准的目的并非求得 T_{source}）。这里的 ON 和 OFF 正是对目标源进行 ON 和 OFF 观测时获取的机器读数。如果是展源成图观测或盲扫巡天，难以定义明确的 ON 和 OFF 点，那么温度转换只需根据式（2.9），将接收到的信号转换成系统温度 T_{rec} 即可，背景扣除则可以通过后续的基线拟合来实现（参见 2.2.3 小节）。

在实际操作中，受制于仪器的稳定性，噪声二极管定标最高可以达到百分之几的精度。通常噪声谱的形态是定期测得的已知信息，自然也是与频率、偏振方向以及多波束接收机的波束号相关的。由此，这种定标方法需要考虑全波段，且对每个偏振和波束分别进行校准。图 2.3 所示为高温模式下 FAST 19 波束接收机的内置噪声二极管在所有波束和两个偏振分量中表现出的噪声谱示例，可见各波束的谱形基本一致但也存在小差别；具体温度虽然存在宽为 10 ~ 20 MHz 的波纹状起伏，不过整体水平都在 12 K 左右（相当于约 20 K 的接收机本底水平的一半多），只是在 1350 MHz 之上的高频区略有下降。

（a）A偏振高温噪声谱

（b）B偏振高温噪声谱

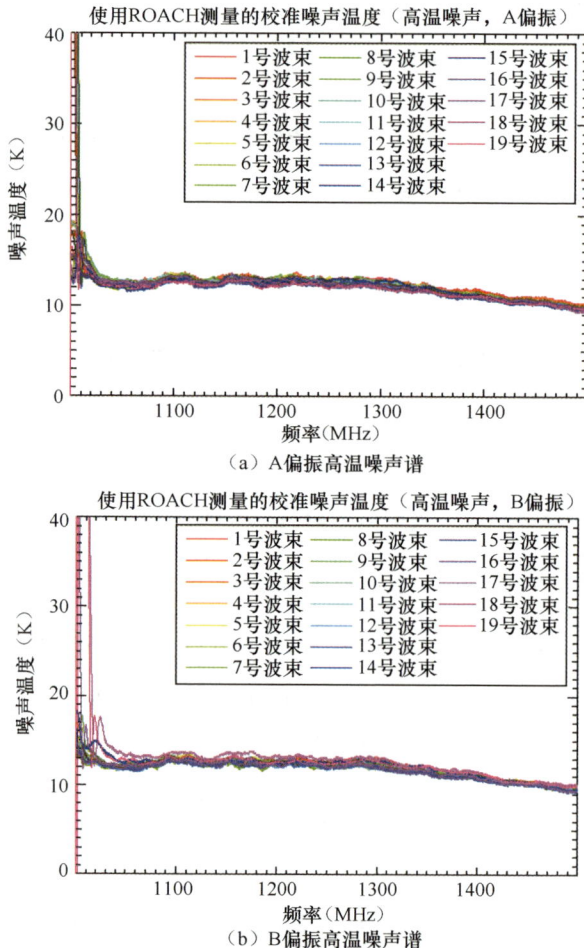

图 2.3　高温模式下 FAST 19 波束接收机的内置噪声二极管在所有波束和两个偏振分量中表现出的噪声谱示例

图 2.4 所示为低温模式下同一台噪声二极管的噪声谱，可见典型温度略高于 1 K，且谱形轮廓的走向（连同其中的波纹状结构）与高温模式接近。

以上两组数据均测于 2018 年 9 月 8 日，测试方法是先降下馈源舱，再使用准黑体温度 T_{BB} 约为 300 K 的微波吸收体充当热负载，将馈源喇叭全部覆盖。这样接收机记录下的信号 $T_{off,hot\ load}$ 除自身的系统温度 $T_{receiver}$（注意：这里的 $T_{receiver}$ 并不等同于前文的 T_{RX}，因为后者还包括望远镜接收系统除接收机之外其他组件的贡献）和来自噪声二极管的 T_{CAL} 外，就只有吸收体辐射了。T_{receiver} 是在实验室中预先测得的已知量，而 T_{BB} 可以通过使用温度计现场测量吸收体获知。由此只需比较开、关噪声二极管时的机器读数 on 和 off，就可以根据式（2.12）求出 T_{CAL}：

$$T_{\text{CAL}} = \frac{\text{on} - \text{off}}{\text{off}} \times T_{\text{off,hot load}} = \frac{\text{on} - \text{off}}{\text{off}} \times (T_{\text{BB}} + T_{\text{receiver}}) \qquad (2.12)$$

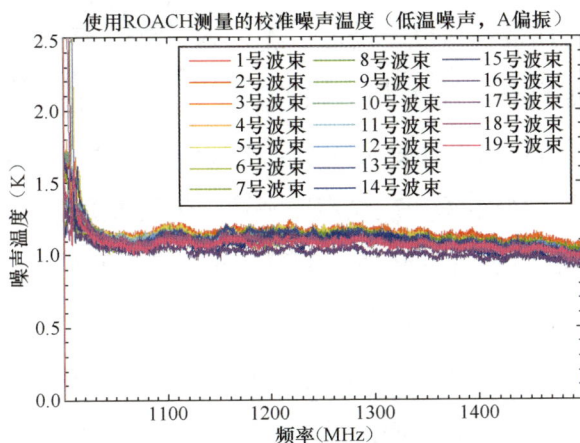

（a）A偏振低温噪声谱

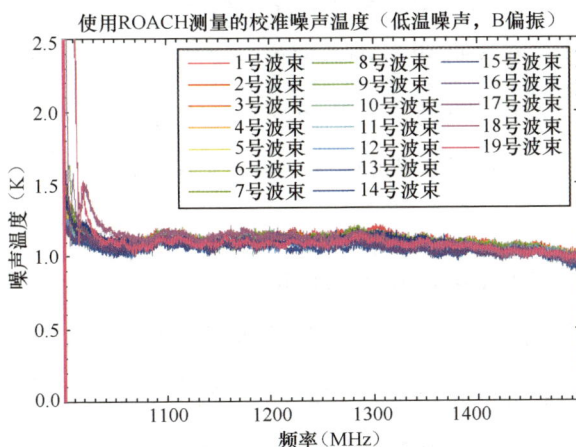

（b）B偏振低温噪声谱

图 2.4　低温模式下同一台噪声二极管的噪声谱

图 2.5 所示为借助热负载法测量噪声二极管温度的工作照片，装在木质托盘中的蓝色三角锥簇即吸收体，在其上方可见 19 波束接收机的白色外框。2018 年之后进行的多次热负载测试表明，高温模式下噪声二极管的性

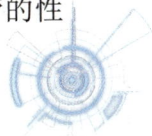

质较稳定，历次测量结果的差异不超过
5%。但初期低温噪声的稳定性较逊色，
不同测量具有高达约 20% 的区别（可能
与当时的数据处理方法欠妥有关），不过
现在低温噪声的稳定性已得到显著改善。
如果使用高温噪声进行校准，会在一定
程度上增大数据的均方差，从而降低信

图 2.5　借助热负载法测量噪声二极管
温度的工作照片

噪比，因此弱源的观测更宜采用低温噪声，而高温噪声则适合强源。现在
FAST 团队每半年至少组织一次噪声二极管的热负载测量，并将测试报告和
高、低温噪声谱刊载于官方网站。由于历次热负载测量给出的温度结果有
所差别，在校准时应尽量参照最新的 T_{CAL} 数据。

从噪声谱形态图可知，无论高温、低温，谱中都存在成因尚不明确的
波纹结构，不同频段的波纹间距从 20 MHz 到 50 MHz 不等，且历次测量
到的峰谷位置相对稳定。除了噪声二极管本身的特性，在实验室中使用冷、
热负载测量的 19 波束接收机系统本底温度 $T_{receiver}$，以至于馈源喇叭的反射、
透射系数等内禀特性都随频率存在波动，整个系统的数据链路也可能存在
各种反射，噪声波纹的真实成因可能会比较复杂，当前只能将这种现象的
存在视为事实。

图 2.6 所示为 19 波束接收机出厂前，在实验室中测量的各波束传输系
数谱与接收机系统温度谱，二者均表现出了宽度为数十兆赫兹的波纹状起
伏。不过从元器件性质的角度来看，一台噪声二极管在不同频率上的温度
就算有区别，也应该是缓变的。换句话说，在不同频率测得的温度数值理论
上只会存在大尺度的平滑变化，而不应表现出相邻通道的尖锐起伏。但从实
测数据可见，接收机测量到的噪声谱形态在温度轴上具有一定的宽度，这缘
于相邻通道读数的随机涨落；而且，如图 2.7 所示，这种涨落的幅度取决于
FAST 后端的频谱分辨率和注入噪声的温度，温度越低、分辨率越高，则相邻

通道上的波动就越剧烈。如果使用 FAST 的谱线后端全分辨率模式（500 MHz
带宽，1024K 个通道）或窄带模式（31.25 MHz 带宽，65 536 个通道）进行测量，
高温噪声谱相对特征温度的涨落幅度可达 30% ～ 40%，低温噪声谱涨落更是
高达 100%。出现这种涨落的原因是系统本身存在随机性，而且在后端采样过
程中也无法避免随机因素的存在。在同样的观测带宽内，后端的频谱分辨率越
高、采样频率越快，就意味着在一个采样周期内落到每个通道中的样本事例越
少，自然也就越容易受随机过程的支配。类似地，噪声温度越低，同一套接收
系统（具有相同的本底水平）中的机器读数值也就越小，也越容易被影响。

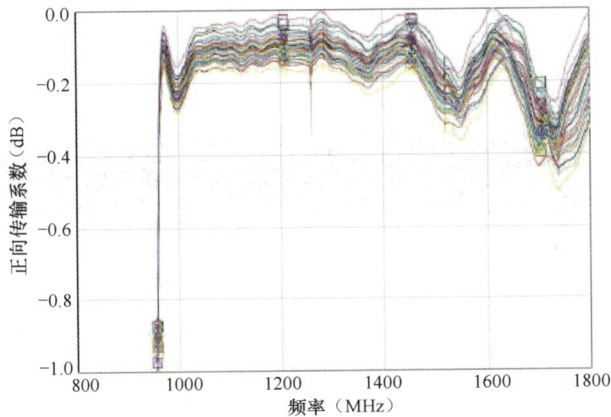

（a）各波束传输系数谱

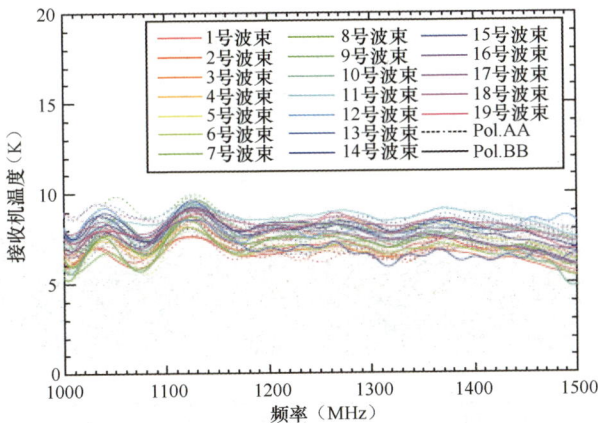

（b）接收机系统温度谱

图 2.6　19 波束接收机出厂前，在实验室中测量的各波束传输系数谱与接收机系统温度谱
（原始数据提供：Alex Dunning）

  图 2.7 所示为使用 FAST 的不同后端仪器测得的噪声谱形态比较，图 2.7(a) 所示为高温噪声，图 2.7(b) 所示为低温噪声。图中的蓝色曲线表示谱线后端窄带模式（31.25 MHz 带宽，65 536 个通道，等同于全频段全分辨率模式的频率解析能力）测得的结果；绿色曲线表示谱线后端宽带模式（500 MHz 带宽，65 536 个通道）测得的结果；红色曲线表示 ROACH 后端（500 MHz 带宽，4096 个通道）测得的结果。

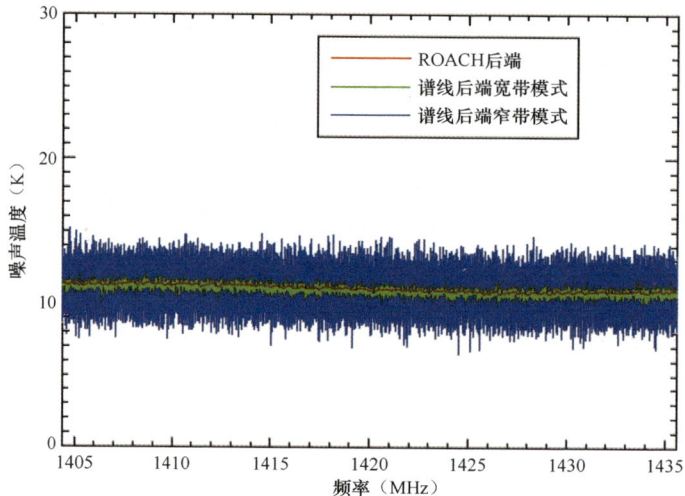

（a）高温噪声，A 偏振

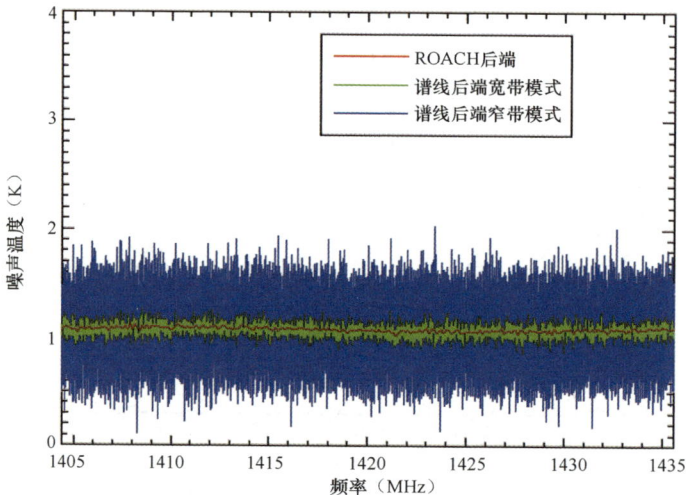

（b）低温噪声，A 偏振

图 2.7 使用 FAST 的不同后端仪器测得的噪声谱形态比较

噪声谱数据中，这种由随机因素导致的相邻通道读数发生涨落的方向是随机的。在校准过程中，如果不能抑制这样的涨落，得到的结果不仅不可信，还会抹掉观测数据中原本真实存在的谱线特征。因此，在实际操作中，对于谱线数据校准所使用的噪声谱，其分辨率没有必要一味求高。经试验，将脉冲星 ROACH 后端的测量结果对频谱通道进行插值并予以充分平滑，就足以满足要求；而如果是依据谱线后端宽带模式测得的噪声谱（这也是目前由 FAST 团队定期在官网提供的噪声谱形式）进行校准，对谱形进行充分的平滑操作更是必需的。倘若要校准分辨率最高的窄带或全分辨率谱线数据，建议直接对低分辨率噪声谱进行插值和平滑处理，而不需要使用内禀随机噪声极强的同分辨率噪声谱。

具体来说，若要校准带宽为 500 MHz、分辨率为 65 536 个通道的宽带谱线数据，可以先将 ROACH 后端测得的噪声谱插值到 64K 个通道上，再对插值结果进行宽度约为 100 个通道甚至更宽的平滑操作，之后才能代入式（2.9）和式（2.11）进行温度校准（使用谱线后端测得的宽带噪声谱，则应将平滑宽度按比例调至 1500 个通道以上）。之所以选择这样的宽度，是因为可以有效抹平噪声谱中的随机因素，同时保持本身宽度的固有波纹结构。另外，计算时，对式（2.9）的分母部分也需要进行宽度不低于噪声谱本身的平滑。

图 2.8（a）所示为未经噪声二极管校准的河外吸收源 SDSS J153437.6+251311.4 的原始数据，可见 1374.1 MHz 附近有一对吸收线；图 2.8（b）所示为使用 ROACH 测量的噪声谱插值并进行平滑得到的温度谱，同时也对式（2.9）的分母部分进行平滑，最终保留了吸收线的结构；图 2.8（c）所示为直接将谱线后端测量的噪声谱以及目标天体的机器读数谱代入式（2.9）进行校准的产物，可见随机涨落占据了绝对主导地位，目标谱线不再可见。

另外，在使用高温噪声时，观测数据中往往会表现出同噪声开启与否强相关的驻波变化。FAST 最明显的驻波成分源于信号（包括延迟进入接收系统的天体辐射，以及馈源舱内设备辐射可能的泄漏等成分）在反射面和馈源舱之间的反射，当主信号与次级反射信号满足干涉条件时，就会在数据

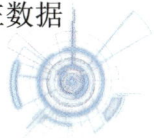

(a)未经温度校准的原始数据

(b)使用ROACH测量的噪声谱插值并进行平滑得到的温度谱

(c)使用谱线后端测量的噪声谱进行校准得到的温度谱

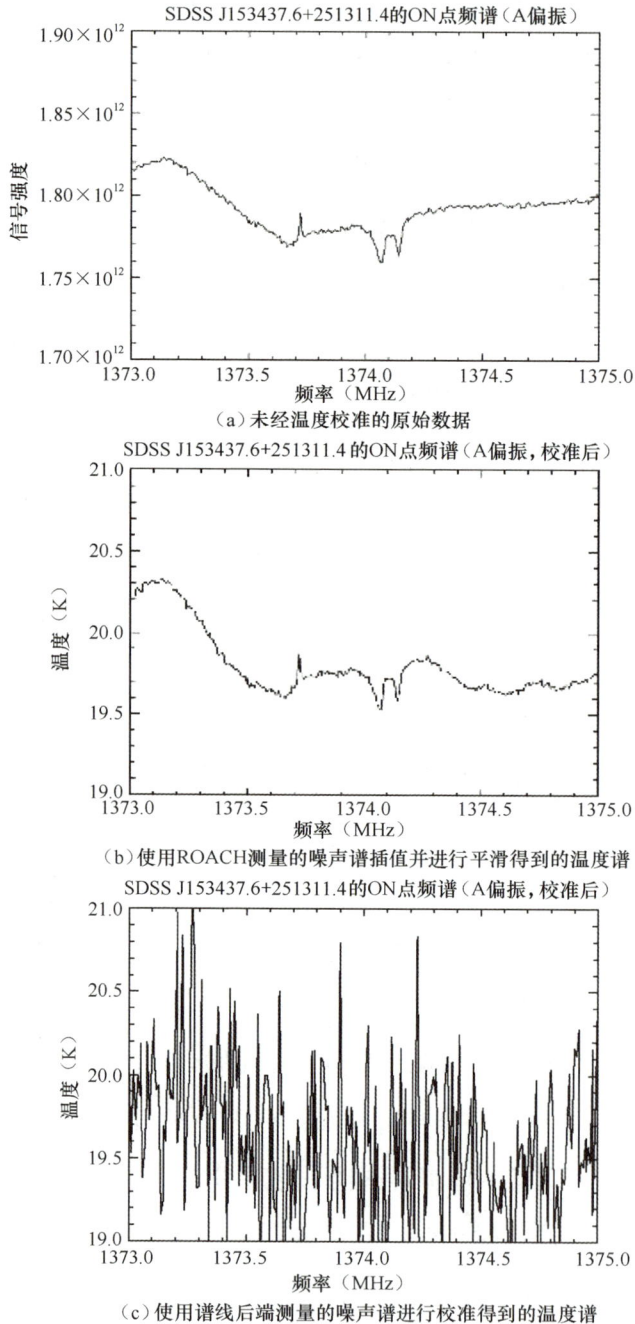

图2.8　使用不同的校准方法处理 SDSS J153437.6+251311.4
吸收线数据所得的效果示例

的连续谱背景中产生波纹。由于望远镜的指向和设置，FAST 当前的驻波水平低者几乎不可见，但高者可达数 K，相对约 20 K 的系统温度水平而言还是比较可观的。而且 FAST 的焦距约为 138 m，因此该成分对应的波纹间距为 $\delta v = c/2f$（约 1.1 MHz），相当于河外 HI 谱线的典型宽度（除了 1.1 MHz 驻波，FAST 数据中有时还会出现波纹宽度约为 20 MHz、50 MHz 等的多种驻波成分，它们可能源自不同长度导线的信号反射）。加注高温噪声导致的驻波变化包括最高可达数倍的振幅改变（增强或减弱均可能出现）以及更为常见的波纹相位漂移乃至反转。以下是两组实例，图 2.9 中以红线代表未开启噪声时的原始频谱，蓝线代表开启高温噪声时的频谱，为了便于比较，对后者的纵轴读数进行了调整。

图 2.9（a）、（b）所示为 2019 年 5 月 17 日获取的河外星系 HATLAS J083601.5+002617 的 OFF 点频谱图，可见 A 偏振驻波强度受噪声影响较小，但噪声开闭状态的波纹相位几乎相反；B 偏振噪声的开启反而大大抑制了驻波水平；图 2.9（c）、（d）所示为 2018 年 9 月 5 日对河外 HI 吸收源 CGCG 049-033 的观测结果，可见两个偏振的驻波水平在噪声开启时均出现了数倍的增强，且驻波相位都发生了逆转。

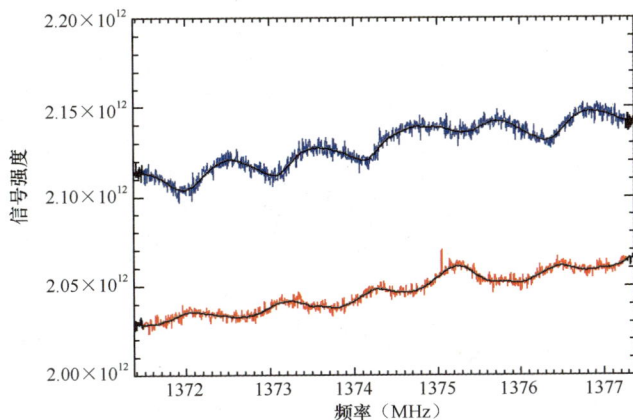

（a）HATLASJ083601.5+002617的OFF点频谱图（A偏振）
（原始数据提供：程诚）

图 2.9　噪声二极管开闭对驻波形态的影响示例

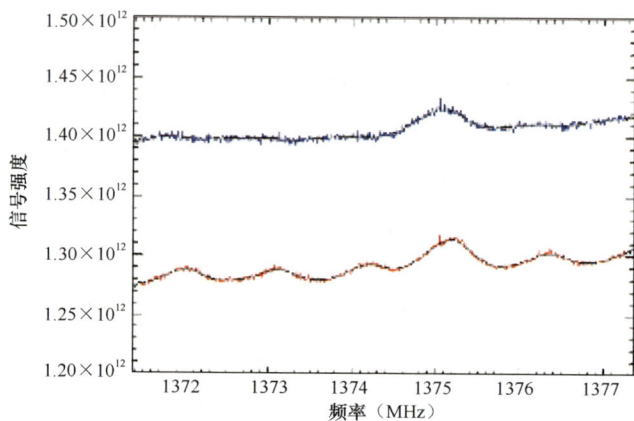

（b）HATLASJ083601.5+002617的OFF点频谱图（B偏振）

（原始数据提供：程诚）

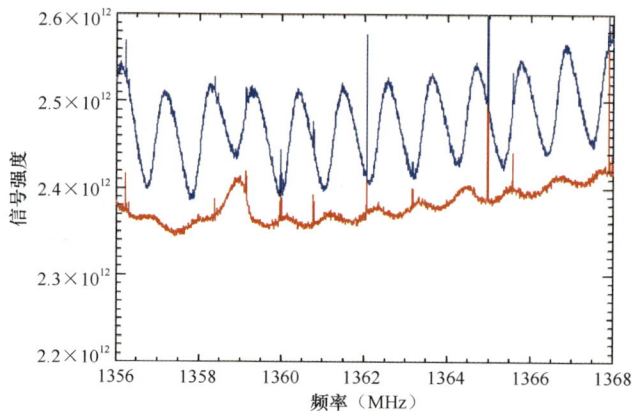

（c）CGCG 049-033频谱图（A偏振）

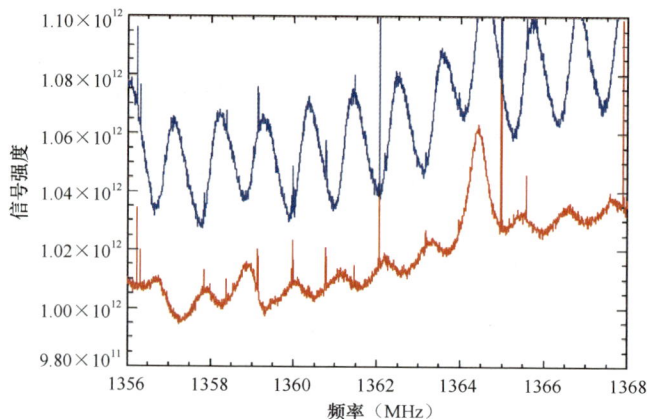

（d）CGCG 049-033频谱图（B偏振）

图2.9　噪声二极管开闭对驻波形态的影响示例（续）

如图 2.10 所示，由开启噪声导致的驻波水平 / 相位变化会严重干扰校准工作的进行，甚至淹没本来存在的微弱天体信号。对于这一现象，一种可行的解决方案是先对机器读数 on_{CAL} 和 off_{CAL} 进行充分的预平滑，以抑制波纹结构并提取出二者的总体走向趋势，之后将平滑后的数据代入式（2.9）的分母部分（对分子中的 off_{CAL} 无须进行平滑）。考虑到对于谱线后端 64K 个通道、500 MHz 带宽的观测模式而言，1.1 MHz 的波纹宽度相当于约 144 个通道，平滑宽度不宜小于它（全分辨率或窄带观测的频谱分辨率相当于宽带观测的 16 倍，因此平滑通道数也应该在以上数字的基础上乘以 16，下同）。实践表明，在将机器读数谱代入式（2.9）之前，以及完成 $on_{CAL}-off_{CAL}$ 的计算之后，分别进行一次宽度为 150 ～ 200 个通道的平滑，所得效果也优于单次平滑。但考虑到平滑计算可能引发的不确定性，建议该操作由人工介入检查，需要时由人力设置各次平滑的参数，不宜完全依靠程序自动实现。

图 2.10（a）所示为河外星系 HATLASJ083601.5+002617 的 ON 点无噪声原始频谱（黑色），可见 1375 MHz 附近的 HI 发射线信号，其附近的背景比较平坦，驻波也不是很明显。不过需要说明的是，根据阿雷西博射电望远镜的观测，这个星系的 HI 谱线其实应该呈双峰结构，从 1373.5 MHz 附近一直延伸到 1376 MHz 附近，在图 2.10（a）中只能看到高频峰。与图 2.9 所示 CGCG 049-033 的数据类似，这次观测的 A 偏振分量在开启噪声后也激起了明显的驻波（蓝色，纵轴读数有调整）。图 2.10（b）所示为不对 on_{CAL} 和 off_{CAL} 进行预平滑操作，直接将其代入式（2.9）后的效果，可见此时驻波占据了主导地位，原本较为清晰的星系谱线已经变得难以觉察。图 2.10（c）所示为先对 on_{CAL} 和 off_{CAL} 的原始读数分别进行 200 个通道宽度的预平滑操作，然后利用平滑后的数据求出 $on_{CAL}-off_{CAL}$，再对此式进行宽度为 200 个通道的平滑操作所得的结果，不仅保留了谱线信号，而且背景中的驻波也不像图 2.10（b）中的那样强烈。

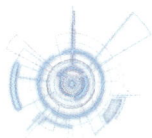

HATLASJ083601.5+002617的ON点频谱图（A偏振）

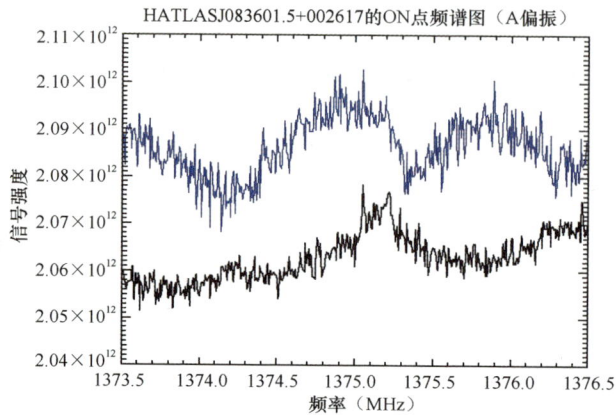

（a）河外星系HATLASJ083601.5+002617的ON点频谱图
（黑色曲线和蓝色曲线分别表示噪声关闭和开启的情形）

HATLASJ083601.5+002617的ON点频谱图（A偏振，校准后）

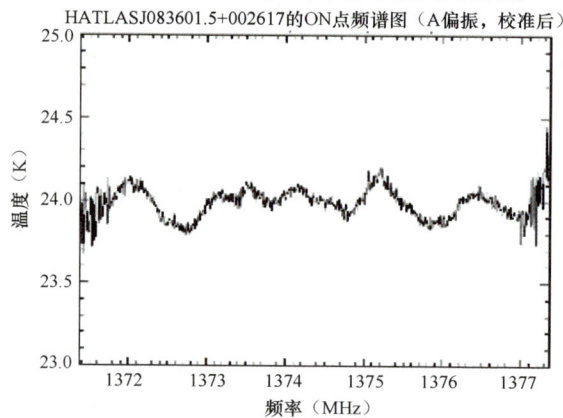

（b）对图（a）的数据不进行预平滑操作，直接校准的效果

HATLASJ083601.5+002617的ON点频谱图（A偏振，校准后）

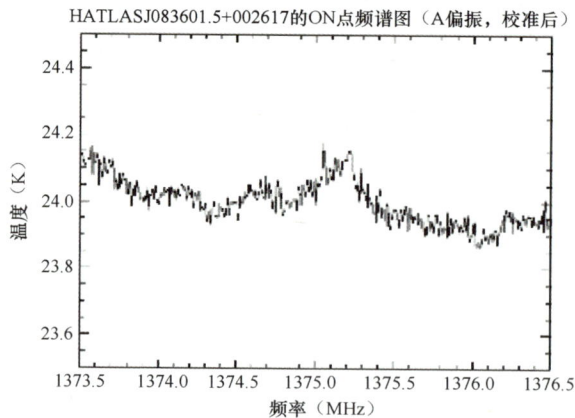

（c）对图（a）的数据先进行预平滑操作，再校准的效果（效果最佳）

图 2.10 使用不同方法对 HATLASJ083601.5+002617 的观测数据进行温度校准的效果示例
（原始数据提供：程诚）

另外，校准之前，先对原始数据进行傅里叶变换，并依照驻波特性对变换后的傅里叶数据进行合适的滤波，是抑制驻波的另一种可行的解决方案。经测试，滤波不仅能在一定程度上抑制驻波，更有望揭示原本淹没在背景中的真实信号，且无论是先滤波再进行式（2.9）的校准计算，还是先校准再滤波，均可取得一定的效果。不过由于滤波过程同样涉及众多可调参数，包括最合适的傅里叶分量过滤范围、滤波函数的形式等，还需要更多的测试才能确定。因此，当前这部分的计算也不宜一味追求自动化，必须有人工介入。

图 2.11 所示为通过滤波法抑制仪器驻波的效果示例。图 2.11（a）所示为 FAST 采集的原始数据，波纹间距约 1.1 MHz 的驻波波纹清晰可见；图 2.11（b）是在傅里叶空间先对数据进行高斯滤波，再进行逆傅里叶变换后的效果，波纹强度已大大减弱。

以上步骤介绍了按照常规方式注入噪声（也就是将噪声注入周期设置为后端采样周期的数倍）时观测数据的校准方式。不过 FAST 还配备了一种独特的高频噪声注入模式，它是为了应对 FAST 开展多科学目标同时扫描巡天的需求而专门设计的。

传统的谱线观测一般选择秒级噪声注入周期，而脉冲星观测（尤其是脉冲星搜索观测）对流量校准的要求不如谱线那么高，甚至在很多情况下不需要开启噪声。但如图 2.12 所示，倘若要同时开展脉冲星和谱线观测，秒级噪声信号的存在一是会破坏同期高速采集的脉冲星数据的时间连续性，二是噪声也会在傅里叶空间诱发一系列的明亮谐波，干扰后续周期性脉冲成分的辨认。可是在处理脉冲星数据时，又很难将噪声注入期间采集的那一部分完全移除掉。因此，为了突破传统噪声注入模式的局限性，FAST 团队与 19 波束接收机的生产方一起开发了全新的高频噪声注入方案。

图 2.12 所示为有（红色）/ 无（黑色）校准噪声注入时，脉冲星观测数

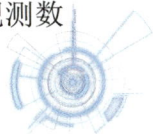

据的傅里叶功率谱示例。其中，图 2.12（a）为完整功率谱，图 2.12（b）为低频端放大图。图中观测的脉冲星脉冲信号频率为 3.43 Hz，噪声注入频率为 0.5 Hz，校准噪声的强度相当于系统温度的 1%。可见这种模式的噪声注入会引入大量的高频谐波，影响脉冲星的观测和搜索。需要注意的是，以上测试是使用澳大利亚的帕克斯射电望远镜进行的。对 FAST 而言，校准噪声相对系统温度的强度更高，哪怕是低温噪声，注入的信号也可以达到本底 5% 左右的水平，因此带来的影响只会比图 2.12（a）中呈现的更严重。

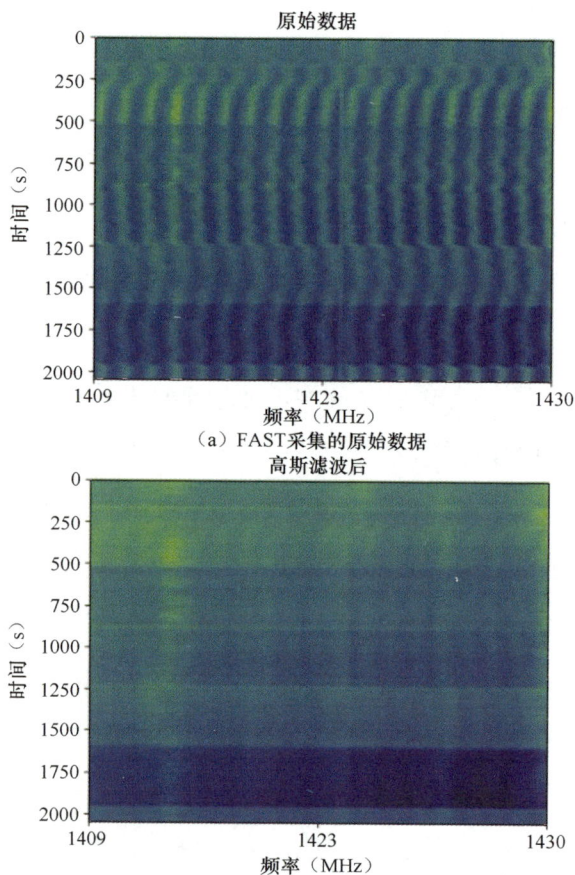

（a）FAST采集的原始数据

（b）在傅里叶空间对数据进行高斯滤波，再进行逆傅里叶变换后的效果

图 2.11　通过滤波法抑制仪器驻波的效果示例
（图片来源：Wang et al., 2020，经 SPIE 许可使用）

帕克斯射电望远镜的校准噪声测试功率谱

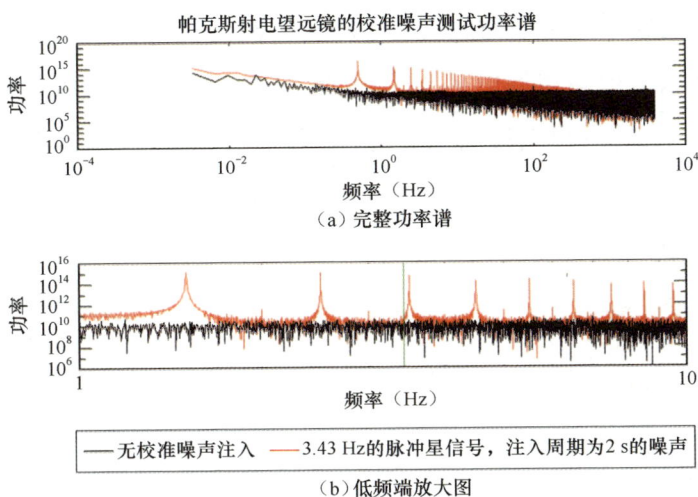

（a）完整功率谱

—— 无校准噪声注入　　—— 3.43 Hz的脉冲星信号，注入周期为2 s的噪声

（b）低频端放大图

图 2.12　0.5 Hz 校准噪声对脉冲星功率谱产生的影响
（图片来源：Li et al., 2018，经 IEEE 许可使用）

如图 2.13 所示，在高频噪声注入模式下，一个完整的噪声注入周期通常设置为脉冲星后端 ROACH 采样周期的 2 倍，其中开启（$on_{CAL,ROACH}$）与关闭（$off_{CAL,ROACH}$）状态各占一个采样周期（最短为 49.152 μs）。经傅里叶变换后，噪声信号只会出现在傅里叶谱最高频的通道中，几乎不会影响脉冲信号的搜寻。在实际操作中，为了保证噪声二极管开启状态的信号不至于外溢到关闭状态的数据中，一个周期内的噪声二极管开启时间（$t_{on,ROACH}$）通常设置为脉冲星后端采样周期的 90% 左右；同时，还要结合从 FAST 现场总控室到馈源舱整条信号链路的长度，合理设置噪声注入的相位时延，以在信号质量与避免溢出之间取得平衡（这种时延约为数十微秒，但具体数值可能会随天气状况或设备调整而变化，实际使用时应以最新测量值为准；另外，对于传统的秒级噪声注入周期，由于噪声开启时长远远大于几十微秒，因此这种延迟效应可以忽略不计）。为了不使脉冲星观测数据的信噪比因额外噪声的引入而明显下降，高频噪声的温度通常应选用 1 K 左右的低温模式。

按照上述设定，ROACH 后端最终给出的噪声开启状态的数据实际上是对整个采样周期中所有 $on_{CAL,ROACH}$ 以及少量噪声关闭状态的 $off_{CAL,ROACH}$

读数取平均的结果（如果如前文所述，一次 $on_{CAL,ROACH}$ 的时长选为采样周期的 90%，那么等效噪声温度 $T_{CAL,equiv}$ 就是 $0.9T_{CAL}$）；而采样周期至少为 0.1 s 左右、远较 ROACH 的采样周期更长的谱线后端数据更是对多组 $on_{CAL,ROACH}$ / $off_{CAL,ROACH}$ 的平均，其背景温度相当于系统本底再加上 $0.45T_{CAL}$。谱线后端当然无法解析如此高频的噪声信号，所以此时就需要依赖脉冲星后端来进行谱线观测的温度转换。

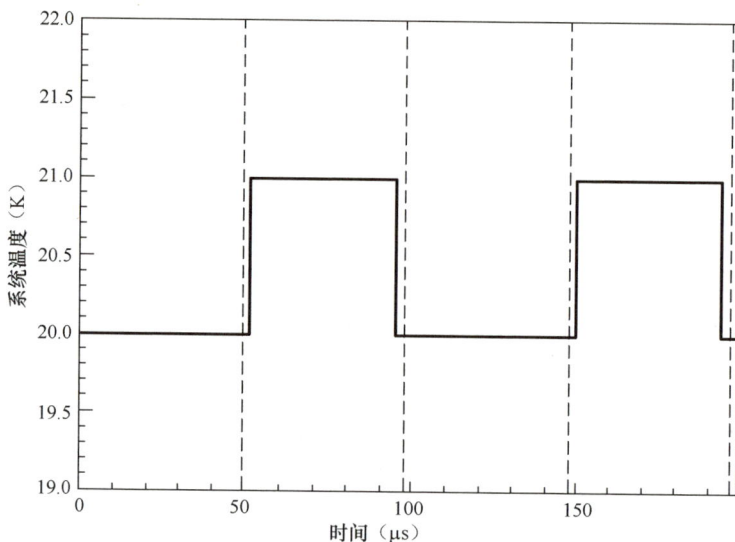

图 2.13　高频噪声注入模式下噪声二极管的开闭周期示意

使用脉冲星后端来校准谱线观测结果的最大问题在于，两套后端系统输出数据的机器读数水平差距极大（将近 10^{10} 的数量级）。为了解决这个问题，需要先对谱线后端的原始输出数据 spec 进行频率合并及平均，得到频率分辨率与 ROACH 数据保持一致（4096 个通道）、读数水平与原始谱线数据相当的 $spec_{bin}$；然后对同期采集的 ROACH 数据——$on_{CAL,ROACH}$ 与 $off_{CAL,ROACH}$ 取平均，并将结果除以 $spec_{bin}$，求出两套后端系统机器读数之间的转换系数：

$$C_{ROACH2spec}(\nu) = \frac{\overline{on}_{CAL,ROACH}(\nu) + \overline{off}_{CAL,ROACH}(\nu)}{2spec_{bin}(\nu)} \qquad （2.13）$$

之后计算谱线数据采样期内相应的 ROACH 原始数据从机器读数转换

为温度的系数：

$$C_{\text{ROACH}}(v) = \frac{\overline{\text{on}}_{\text{CAL,ROACH}}(v) - \overline{\text{off}}_{\text{CAL,ROACH}}(v)}{T_{\text{CAL,equiv}}(v)} \tag{2.14}$$

同时，结合式（2.13），计算谱线后端从机器读数转换为温度的系数：

$$C_{\text{spec,bin}}(v) = \frac{\text{spec}_{\text{bin}}(v)}{T_{\text{rec}}(v)} = \frac{C_{\text{ROACH}}(v)}{C_{\text{ROACH2spec}}(v)} \tag{2.15}$$

最后对式（2.15）的结果进行插值处理，扩展到谱线后端原本的通道数上，得到最终的全分辨率校准系数谱 $C_{\text{spec}}(v)$，并利用 $C_{\text{spec}}(v)$ 完成谱线数据的温度转换，最终求出所需的温度谱 $T_{\text{rec}}(v)$。

当然，上述操作只有在 ROACH 与谱线后端的本底温度水平相当，且带通轮廓（也就是观测仪器的频率响应，详见 2.2.3 小节）走向一致的前提下才是切实可行的。好在现代射电望远镜所使用的数字后端基本不会向数据中引入额外的信号，所以前述要求大抵能够满足，由此，如何同时进行脉冲星与射电谱线的观测而不让二者互相干扰这一长期困扰射电天文学家的问题得到了解决，从而大大提升了 FAST 的巡天效率。

最后，对 FAST 而言，还有一点需要特别注意。根据式（2.1），理论上，总流量 I 的计算需要将 AA、BB 两个偏振校准后的数据相加。但使用 FAST 团队提供的噪声谱完成数据校准后，应按照 $I = (AA + BB)/2$ 处理。也就是说，两个偏振校准后读数的平均值才是系统温度，这是沿袭了 19 波束接收机出厂文档中的约定。

2．从亮温度到流量的转换

如式（2.7）所示，对于非理想的真实接收系统而言，根据观测数据转换而得的天线温度 T_A 并不能直接等同于天体实际的亮温度 T_{source}，而是 T_{source} 经望远镜接收系统作用后的结果。所以望远镜接收到的流量密度 S_A（单位为 Jy）同测得的 T_A 以及源的真实亮温度之间的关系满足式（2.16），它不能直接等同于源的真实流量 S。

$$S_A = \frac{2k}{\lambda^2}\int_{\Omega_s} T_A \mathrm{d}\Omega = \frac{2k}{\lambda^2}\frac{\int_{\Omega_s} T_{source}(\theta,\phi)P_n(\theta,\phi)\mathrm{d}\Omega}{\int_{\Omega_s} P_n(\theta,\phi)\mathrm{d}\Omega} \tag{2.16}$$

如果观测主要涉及的对象属于点源（展宽远小于天线主瓣的半高全宽），在整个立体角范围内，可以近似认为天线的功率方向图 $P_n(\theta, \phi)$ 约为 1，此时为了将 T_{source} 转换为研究所需的真实流量 S，需要乘以一个增益系数（单位为 Jy/K），它代表了天线的响应能力，数值越小，响应越佳。不过实际使用的增益一般会表示为前述系数的倒数（单位为 K/Jy），所以计算时应该用系统温度除以增益，得到天体流量密度。对于口径为 d、半径为 r 的圆形天线而言，其理想增益 Gain_{max} 可以通过式（2.17）估算：

$$\mathrm{Gain}_{max} = \frac{\pi r^2}{2k} \tag{2.17}$$

式中，分母中的系数 2 对应双偏振情形，据此增益校准时需要先将两个偏振的亮温度取平均，再乘以增益数值；k 是玻尔兹曼常数。在实际情况中，由于存在反射面面型误差、接收机波束不均匀照明等因素，望远镜实际增益只会低于 Gain_{max}。因此，一般会引入一个天线效率因子 $\eta = \mathrm{Gain}/\mathrm{Gain}_{max}(\approx A_e/A)$ 来衡量望远镜的真实增益与理想值的差异（这里的 A 是指天线的总接收面积）。考虑到接收系统的照明必然是不均匀的，即使在反射面形态完美的前提下，天线效率最高也只能达到约 0.85。而如果认为一副天线的波束主瓣形态可以用高斯函数来描绘，那么根据瑞利－金斯定律，望远镜实际增益 Gain 的上限可以表述为

$$\mathrm{Gain} = \frac{T}{S} \leqslant \frac{\lambda^2}{2k\Omega_b} = \frac{\lambda^2}{2k}\frac{4\ln 2}{\pi(\mathrm{FWHM})^2} \tag{2.18}$$

式中，λ 是观测波长；$\Omega_b = \pi(\mathrm{FWHM})^2/(4\ln 2)$，指高斯型波束主瓣所张的立体角，FWHM 对应波束主瓣的半高全宽。根据电磁波的衍射理论，满足 FWHM = $1.22\lambda/d$（单位为 rad），将此关系代入式（2.18）中，得到

$$\mathrm{Gain} \leqslant \frac{2\ln 2}{1.22^2 k\pi}d^2 \approx 2.15\times 10^{-4} d^2 \tag{2.19}$$

式中，d 的单位为 m。对有效口径 $d = 300$ m 的 FAST 来说，Gain 小于等于 19.3 K/Jy，对应 η 的上限是 0.75 左右。

不过与系统温度类似，实际天线效率 η 以及增益的大小取决于望远镜接收系统的加工建造精度、观测频段（由于高频观测对望远镜反射面面型的精度要求更高，因此通常来说，频率越高，天线效率越低，增益因而也就越小）、偏振分量等诸多因素，而且多波束系统每个子馈源的位置在一定程度上决定了增益的大小（越靠近中心的喇叭，其增益越高），所以真实的 η 一般会比根据式（2.17）和式（2.19）估计的结果低，国内外主流大型射电望远镜的效率通常保持在 0.5 ~ 0.7 的水平。

另外，增益也与天线指向密切相关。就传统的全可动式望远镜来说，由于天线的焦点机构与反射面的相对关系是固定的，且无论观测哪个天体，使用的反射面面板也是一致的，天体的位置差异可以等同于天顶角的差异。不同天顶角的天体辐射在抵达接收系统前，所穿过的大气厚度有差别，因此，理论上说，对特定望远镜、特定频率、特定偏振、特定馈源喇叭而言，以 K/Jy 为单位的系统增益随天顶角 za 增大而呈指数形式衰减，可以用式（2.20）较好地描述。

$$\text{Gain} = G \times e^{-\frac{\tau}{\cos(\text{za})}} \qquad (2.20)$$

式中，G 是特定的系数，代表正对天顶时望远镜的增益；τ 是大气光深。通常来说，全可动天线的增益实测结果与理论偏差不大。但是，对 FAST 这样的固定式射电望远镜而言，增益不仅取决于天顶角 za，也可能依赖方位角 az，还不排除存在跳变的可能性。这是因为，这类望远镜在观测不同目标时，使用的是不同的面板，而且焦点处的机械结构相对反射面的关系也是时时变化的，从而改变了外部干扰信号的混入情况。因此，想要确定此类望远镜的增益，最佳方法就是逐点测量，然后对各点中间的区域进行插值。

由于影响天线效率的因素复杂且多样，测量望远镜在不同指向、不同频率上的增益通常会使用所谓的自举（bootstrapping）法，也就是借助一

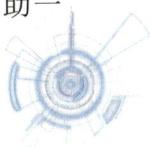

系列流量已知的校准源测得转换系数。校准源的选取通常要满足展宽远小于波束（满足点源近似条件）、流量适中且稳定的条件，常用的源包括 3C147、3C196、3C286、3C295 等［其流量描述参见 Perley & Butler（2017）］。在进行这样的校准之前，需要明确的是望远镜的聚焦质量、指向精度、波束（含旁瓣）形态，还有反射面的彗差和像散情况，否则无法精准校准。

有了特定位置的增益 Gain(az, za) 之后，就可以通过式（2.21）求出待测天体的流量 S 了。

$$S = T_A / \text{Gain(az, za)} = \frac{\text{ON} - \text{OFF}}{\text{OFF}} \times T_{\text{off}} / \text{Gain(az, za)} \qquad （2.21）$$

此外，多波束接收机的增益还取决于波束的位置。从理论上说，轴对称位置上的所有波束增益应该是相近的，距离中心越远，增益越低。但增益的具体数值可能因为生产加工误差等并不完全对称，需要实际测量。FAST 的 19 波束接收机的波束排列方式（下视）如图 2.14 所示，图中的方向在硬件上对应上南下北、左西右东。

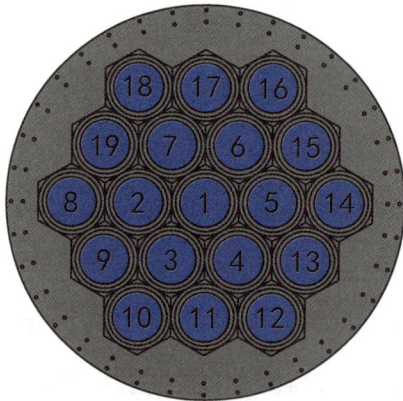

图 2.14　FAST 的 19 波束接收机的波束排列方式（下视）

当前，FAST 每月都会借助校准源进行增益测量。总的来说，在天顶附近，19 波束接收机外围喇叭的增益变化并不严格符合接收机的结构对称性，而且所有馈源喇叭都具有增益数值随观测频率增加而持续降低的特性。鉴于望远镜反射面的绝对精度是固定的，面型相对波长的误差在高频处显然要大于在低频处，因此后一个特点不难理解。考虑到不同时间测得的增益数据存在较为显著的波动（最高可达 10%），校准时应尽量选用最新的天顶增益数据；增益随天顶角的变化趋势可参考 Jiang et al.（2020）中的式（5）以及表 3。另外，鉴于测量误差的存在，对于望远镜增益数据，只要不是实测值出现明显跳变，通常来说，只需拟合测量结果的变化趋势用于校准即可，而无须直接代入各个指向 / 频率的实测值进行计算。

图 2.15 所示为 2021 年 6 月 14 日借助标准源 3C286，使用自举法测量的 19 波束接收机各喇叭的增益曲线。这些测量都是在该源上中天前后完成的，源本身的辐射谱形态参考了 Perley & Butler（2017）中的表 6。由于源 3C286 的赤纬是 $30°30'32.96''$，对应的中天天顶角不到 $5°$，可以认为相应结果反映了 FAST 在天顶附近的性能表现。总体来看，此次测得的 1 号（中心）波束增益较 Jiang et al.（2020）提供的数据高，但外围波束的情况与后者大体一致。作为参考，根据式（2.19）估算的增益上限约为 19.3 K/Jy。

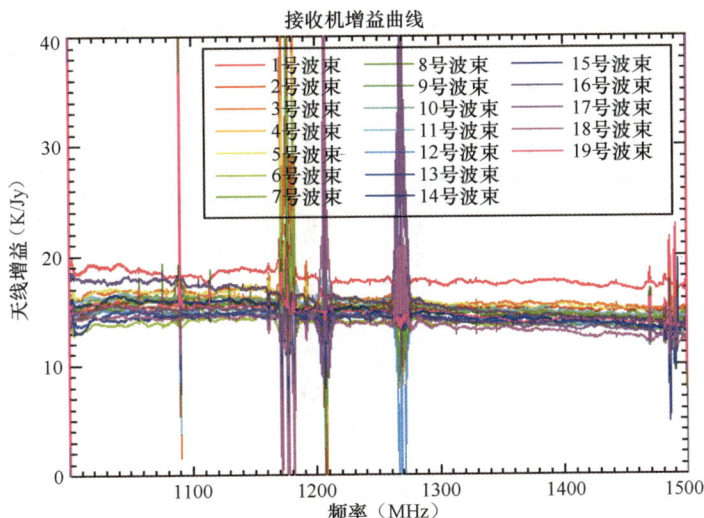

（a）19 波束接收机所有波束增益的比较图

图 2.15　2021 年 6 月 14 日借助标准源 3C286，使用自举法测量的
19 波束接收机各喇叭的增益曲线

接收机增益曲线（内圈波束）

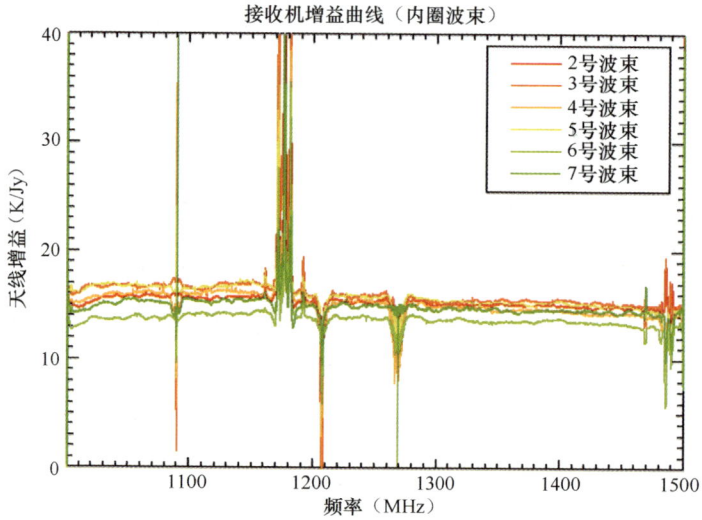

（b）内圈波束的增益图

接收机增益曲线（外圈偶数号波束）

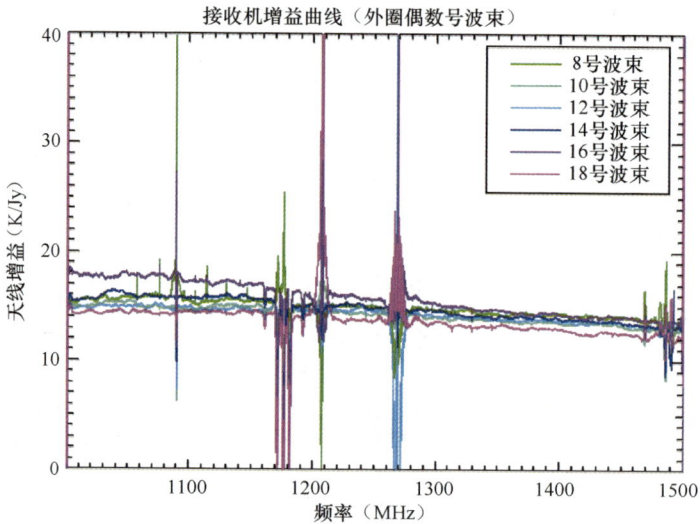

（c）外圈位于六边形顶角处的偶数号波束的增益图

图 2.15   2021 年 6 月 14 日借助标准源 3C286，使用自举法测量的
19 波束接收机各喇叭的增益曲线（续）

（d）外圈位于侧边上的奇数号波束的增益图

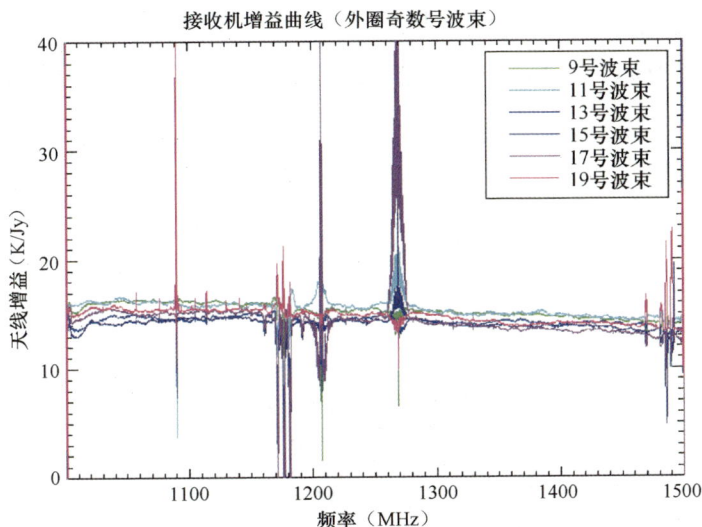

图 2.15　2021 年 6 月 14 日借助标准源 3C286，使用自举法测量的
19 波束接收机各喇叭的增益曲线（续）

　　另外，只要天顶角小于 26.4°，FAST 的增益变化就不算太大，甚至还存在增益随天顶角增加而稍稍增加的情况。不过如式（2.20）所示，天线的理论增益在天顶角不足 45° 的情况下随 za 的变化很小，FAST 的可观测天区（天顶角 40° 以内）并未超出此范围。而考虑到 FAST 的反射面中央存在一个直径达十余米的孔洞，在一定程度上会降低天线效率；孔洞的位置越靠近望远镜实际照明口径的中心（对应的观测天顶角越小），直观地看，对效率的影响自然也就越为明显，这可能是 FAST 的实测增益表现略有反常的原因之一。但在大天顶角观测的情况下，反射面边缘区域的索网无法完全变形到位，由此就导致了实时抛物面有效口径有所减小。再加上接收机回照带来的效率降低，导致天线增益随天顶角的增大而迅速下降。

　　图 2.16 所示为 FAST 使用 19 波束接收机的 1 号（中心）波束在 1400 MHz 附近频段进行观测时，天线效率 η 随天顶角的变化情况。由图可见，在小天顶角观测时，天线效率基本能够保持在 60% 左右，随天顶角的变化可以忽略不计；但一旦天顶角大于 26.4°，需要回照接收机时，天线效率明显

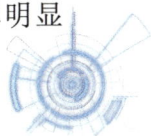

降低。对应的天线增益可以根据式（2.17），用 Gain = $\eta \times \pi r^2/(2 \times 1380)$ ～ $\eta \times 25.6$ K/Jy 来计算，其中 1380 是相应场景下的玻尔兹曼常数，分母处的 2 表示公式适用于双偏振情形。

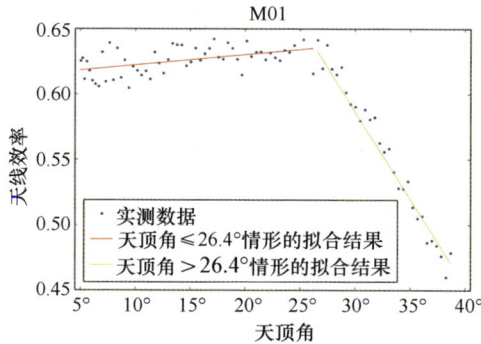

图 2.16　FAST 使用 19 波束接收机的 1 号（中心）波束在 1400 MHz 附近频段进行观测时，天线效率随天顶角的变化情况（图片来源：Jiang et al., 2020）

现在 FAST 团队每月都会利用自举法测量天线在天顶附近的增益。考虑历次增益测试之间存在较大的起伏，最大达到了百分之十几甚至更高，实际的数据处理建议以最新的测试结果作为依据。

总之，如果观测时采取定期开关噪声二极管的模式，那么流量校准的流程大致如下。

第一步，对于每个波束、每个偏振方向，分别截取噪声二极管开启和关闭时的给定时长数据，将其视作对应波束和偏振分量的 on$_{CAL}$ 和 off$_{CAL}$（机器读数）。on$_{CAL}$ 和 off$_{CAL}$ 数据的具体长度可以根据噪声注入的持续时长进行调整。

第二步，在相应波束、偏振的每个频谱通道 ν 上，结合预先测定的噪声二极管温度 $T_{CAL,beam,\nu}$，计算各个噪声注入时刻接收到的信号从机器读数转换为温度的系数 $C_{beam,pol,\nu} = (on_{CAL,beam,pol,\nu} - off_{CAL,beam,pol,\nu})/T_{CAL,beam,pol,\nu}$。注意，这里要对计算结果进行平滑，如有强驻波存在，还可以先对 on$_{CAL,beam,pol,\nu}$ 和 off$_{CAL,beam,pol,\nu}$ 进行频域的预平滑或滤波处理。

第三步，拟合各个 $C_{beam,pol,\nu}$ 随时间 t 的演化，并确保这个参数无跳变发生。

第四步，根据式（2.9）以及 $C_{\text{beam,pol},\nu}$，将原始机器读数转换为温度 $T_{\text{rec,beam,pol},\nu}=\text{Power}/C_{\text{beam,pol},\nu}$（这里 Power 代表未开启噪声二极管，且不与 on_{CAL} 相邻的那一部分机器读数），并记录不同时刻的系统温度 T_{rec}，观察其是否存在跳变。

第五步，如果系统温度与 $C_{\text{beam,pol},\nu}$ 均无异常跳变，即可根据望远镜指向 (az,za) 和预先测定的增益表，通过插值等方法求出当前位置上特定波束和偏振的增益 Gain(az,za,beam,pol)，再根据式（2.21）求得观测数据对应的真实物理流量 $S = T_{\text{rec}}/\text{Gain} = \text{Power}/(\text{Gain}\times C)$，完成流量的转换。如果有跳变，可以使用跳变前后的平滑部分对跳变区域进行插值处理。

上述校准流程适用于所有观测模式，既包括跟踪观测，也包括天空背景水平时刻存在变化的各种扫描观测。不过，如果是针对特定目标的跟踪观测，源区（ON 点）与天空背景（OFF 点）的流量水平在整个观测时间内保持不变，那么校准过程还可以简化如下。

第一步，如果一次跟踪观测的持续时间较长，考虑到设备的稳定性，首先应将原始数据按时间拆分，以每段持续若干分钟为宜。

第二步，对于每个时间段内的每个波束、每个偏振方向，提取噪声二极管各次开启时的数据以及开启前后噪声二极管关闭状态下的数据，分别计算平均值 $\overline{\text{on}}_{\text{CAL}}$ 和 $\overline{\text{off}}_{\text{CAL}}$，并酌情对 $\overline{\text{on}}_{\text{CAL}}$ 和 $\overline{\text{off}}_{\text{CAL}}$ 进行适当的平滑处理，然后计算由原始数据机器读数转换为温度的平均系数 $\overline{C}_{\text{beam,pol},\nu} = (\overline{\text{on}}_{\text{CAL,beam,pol},\nu} - \overline{\text{off}}_{\text{CAL,beam,pol},\nu}) / T_{\text{CAL,beam,pol},\nu}$，并对系数谱进行平滑。

第三步，利用平滑后的平均转换系数谱，对该时间段内相应波束和偏振方向的每一条频谱完成温度转换，也就是 $T_{\text{rec,beam,pol},\nu} = \text{Power} / \overline{C}_{\text{beam,pol},\nu}$。

第四步，根据式（2.21）和望远镜的增益表，完成该时间段内跟踪观测数据的流量转换。

如果选择了高频噪声注入模式，那么根据脉冲星后端 ROACH 采集的数据来校准谱线观测的方式如下。

第一步，根据 $on_{CAL,ROACH}$ 与 $off_{CAL,ROACH}$ 持续长度的相对比值以及预先测定的噪声二极管温度 T_{CAL}，求出等效噪声温度 $T_{CAL,equiv} = \dfrac{t_{on,ROACH}}{(t_{on,ROACH} + t_{off,ROACH})/2} \times T_{CAL}$。

第二步，考虑电子元器件的稳定性，建议弃用 ROACH 开机后记录的第一组 on/off 数据。

第三步，根据观测时选择的校准噪声开启/关闭时长以及相位时延，确定整个噪声注入过程的时间序列形式，并据此对 PSRFITS 文件其余的数据记录进行相应的标记或拆分。2.1.2 小节已经介绍过，为了便于校准数据的拆分，FAST 谱线后端的采样周期长度已经被设为 ROACH 子时间段长度的整数倍，因此不会出现谱线数据与脉冲星数据无法对齐的现象。

第四步，根据第三步的标记结果，挑选谱线后端某一组数据记录时间内由 ROACH 记下的 on/off 数据，并根据式（2.13）计算每个波束、每个偏振分量从 ROACH 到谱线后端的机器读数水平转换系数 $C_{ROACH2spec,beam,pol,\nu}$，根据式（2.14）计算每个波束、每个偏振分量从 ROACH 的机器读数到温度的转换系数 $C_{ROACH,beam,pol,\nu}$（两套系数对应的通道数均为 4096）。

第五步，在 $C_{ROACH2spec}$ 与 C_{ROACH} 两套转换系数的基础上，利用式（2.15）以及插值法计算将谱线后端记录的机器读数转换为温度的系数谱 $C_{spec,beam,pol,\nu}$，并据此对该组谱线数据进行温度校准。

第六步，对其他谱线数据也进行同样的操作。

第七步，根据式（2.21）和望远镜的增益表，将温度转换为流量，完成全部校准工作。

最后还要就校准过程作两点说明。

一是噪声温度的选择。除了图 2.9 中已经说明的高温噪声的开启可能会导致驻波水平或相位变化的情况，这种模式还会向观测数据中引入更多的背景起伏，从而降低待测目标的信噪比，因此观测弱源或使用高频噪声注入时不建议设置高温噪声。但是，同时也需要注意的是，如图 2.17 所示，低温噪声的温度水平与望远镜记录下的信号涨落幅度比较接近，因此校准信号有可能被淹没在天空背景之中，导致某次的 on_{CAL} 读数水平比某些 off_{CAL} 水平还要低。根据低温噪声进行数据校准时，最好采用对多组 on_{CAL} 与 off_{CAL} 取平均的方式，减小短时标随机因素的影响。同时，在进行天空背景时刻存在着变化的扫描类观测时，低温噪声的设置和使用也应慎重。

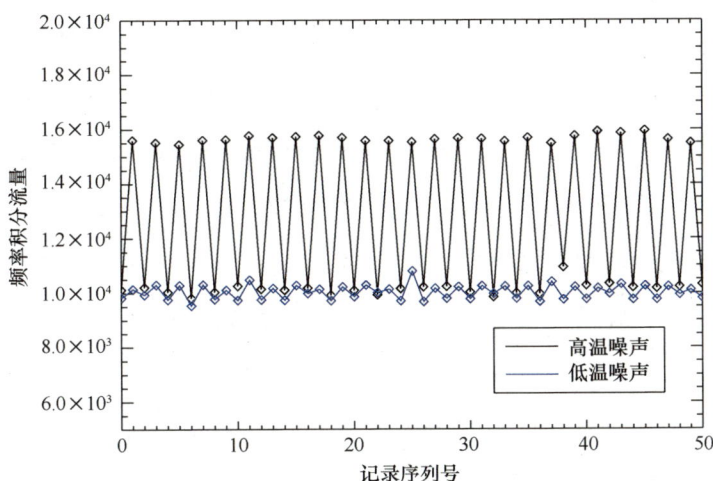

图 2.17　周期性注入校准噪声时，频率积分流量随时间的变化示例

　　二是由于当前提供的数据只有双偏振的整体增益，并无 A、B 偏振各自的增益，因此上述过程的第五步（也就是增益转换）不应在校准期间完成，而要等到数据处理过程的后续步骤，即当信号提取完毕、合并双偏振结果之后才能进行。

2.2.2　脉冲星数据处理

1. 脉冲星数据预处理

　　FAST 目前观测的脉冲星均使用搜寻模式记录，需要经过折叠、消色散与数据校准才能生成脉冲星科学通用的折叠模式的射电脉冲星数据。

（1）折叠与消色散

对脉冲星数据进行折叠与消色散，需要知道准确的脉冲星星历参数，包括描述脉冲星内禀周期及其变化的参数、描述脉冲星所在系统的参数、描述脉冲星位置及其变化的参数以及脉冲星到望远镜传播过程的参数。这几种参数可以通过脉冲星计时来获得。

第一步，将观测获得的脉冲星数据所对应的时间序列转换为太阳系质心时间。观测脉冲星记录的时间是由 FAST 台址的原子钟提供的，该钟的示数与绝对时间存在一定的偏差，需要层层溯源，经过全球定位系统（Global Positioning System，GPS）时间→协调世界时（Coordinated Universal Time，UTC）时间→国际原子时（Temp Atomique Internationale，TAI）时间→地球时（Terrestrial Time，TT）时间，最终获得地球时，它是以旋转大地水准面上的国际单位制的 s 为单位的时间标准。之后，利用望远镜地理坐标位置和地球相对于太阳系质心的相对速度计算出狭义相对论效应导致的望远镜时间与太阳系质心的时间差，以及利用太阳和太阳系各天体质量计算出引力效应导致的望远镜时间与太阳系质心的时间差，将地球时归算为太阳系质心坐标时。

第二步，利用脉冲星位置与太阳系天体位置，计算对应观测时间的脉冲星辐射到达太阳系质心理想位置的时间（即不受太阳系影响的纯粹辐射传播时间）。利用脉冲星位置与望远镜位置，可以计算出太阳系质心指向望远镜的矢量在脉冲星方向的投影长度，考虑到望远镜以及脉冲星的位置可能存在变化，该投影长度会随时间发生变化。同时，还需要考虑太阳系内的星际介质与太阳系内天体的引力效应导致的辐射时间延迟，以及地球大气层在望远镜指向脉冲星方向的辐射时间延迟。将以上效应迭代去除后，能够获得脉冲星辐射到达太阳系质心理想位置的时间。

第三步，去除星际介质中的传播效应所造成的延迟（即色散效应），将脉冲星辐射到达太阳系质心理想位置的时间追溯为脉冲星系统质心的时间

（忽略径向距离与运动，并将脉冲星周期及其变化归因于脉冲星内禀效应）。脉冲星辐射在传播过程中会穿过星际介质，这些星际介质会使脉冲星辐射的传播产生延迟。一般来说，由星际介质导致的时延与辐射频率的二次方成反比，但对于星际介质分布不均匀导致的统计效应以及某些分子或离子导致的色散关系变化，这个二次方反比关系并不总是成立，还有可能存在其他函数关系。在确定相应的传播效应参数后，即可确定脉冲星辐射离开脉冲星系统质心的时间。

第四步，考虑脉冲星系统因素，将时间继续溯源至脉冲星星体质心。脉冲星可能存在于双星系统或多体系统中，其中脉冲星的位置变化会使辐射时间发生一定的延迟。如果脉冲星处于三星系统或是由更多成员星组成的多体系统中，那么脉冲星的位置演化将难以确定，即使通过计时也很难获得其轨道参数。事实上，大部分已发现的脉冲星为单星，不需要考虑这一部分延迟效应，剩下的脉冲星绝大部分也身处双星系统，所以只需要考虑双星系统的轨道效应即可。如果只考虑牛顿引力，那么双星轨道为椭圆形，描述沿这一轨道的运动在视线方向的投影需要 5 个独立参数，通常使用的参数为轨道周期、轨道半长轴投影、偏心率、升交点位置及脉冲星过近心点的时间。考虑广义相对论效应时，则需要后牛顿参数，包括以上几个参数的导数及高阶导数，以及引力效应导致的辐射传播的时延。以上效应被扣除后，时间将溯源至脉冲星质心。

第五步，考虑脉冲星内禀周期及其变化，可根据对应时间计算脉冲相位。需要先考虑脉冲星周期的跳变及恢复过程，在扣除这些效应之后，通过脉冲星的周期和周期导数计算对应时间与参考时间点的脉冲相位的差值。根据计算所得的脉冲相位，可对不同频率的脉冲星数据进行折叠与消色散，获得折叠模式的脉冲星数据。

（2）数据校准

观测获得的脉冲星数据均为通过望远镜系统的后端记录的数值（机器

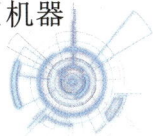

读数），其与真实辐射之间存在一定的差别。一方面，望远镜记录的数值并不等同于辐射流量；另一方面，望远镜系统本身会对辐射造成一定的影响。

　　射电望远镜系统的机器读数包括两部分：一部分代表望远镜电路中的噪声信号；另一部分代表电路通过电磁感应原理收集到的信号。这些信号在望远镜系统的后端经过数字化后再进行处理与记录。在数据校准过程中，需要去除代表噪声信号的数据，并将剩余数值所代表的辐射强度计算出来。这个过程需要两个媒介，其中一个用来确定无外部信号时的机器读数，另一个用来确定机器读数所对应的辐射强度。实际操作过程中，会将望远镜指向待校准源附近的无源冷空，记录数据作为本底强度，然后将待校准源数据与之相减，剩余值即为该源的辐射数据。除此之外，再将望远镜指向已知强度的辐射源，获得辐射强度与机器读数（或根据机器读数和噪声二极管转换而来的温度）的比例系数，即可计算待校准源的辐射强度。

　　脉冲星作为强偏振辐射源，它的辐射场在两个不同的电场方向上具有不同的强度，且两个方向的场强具有一定的相关性。因此，望远镜在接收信号时，也需要分两路进行信号接收。两路信号在望远镜系统内部传递时有各自的信号增益与传播时延，而且两路信号在传播过程中会由于互感而相互影响。值得庆幸的是，绝大多数天体的射电信号相对于望远镜系统的设计阈值都是弱信号，处于电路的线性区间内，因此这些系统效应可被视为线性变换，通过琼斯矩阵或穆勒矩阵可对这些变换进行描述。在望远镜前端输入已知信号，即可对这一线性变换的参数进行求解，并对未知信号的偏振特性进行校准。校准的具体方式已在 2.2.1 小节做了详细介绍，本小节主要关注其他处理步骤。

　　FAST 当前只能记录搜索模式的观测数据。数据以 PSRFITS 格式存储。以国际通用的脉冲星搜索程序 PRESTO（PulsaR Exploration and Search TOolkit，脉冲星探索与搜寻工具包）为例，解释观测数据的基本检查过程。

　　首先，使用命令 `readfile().fits` 查看文件头信息，输出示例信息如下。

```
1: From the PSRFITS file 'J0058+3759_tracking_0001.fits':
                    Telescope = FAST
                     Observer = Somebody
                  Source Name = J2000-1234
                     Frontend = 19BEAM
                      Backend = MB4K
                   Project ID = my project
              Obs Date String = 2020-01-24T08:51:11.514
    MJD start time (DATE-OBS)= 58872.36888326388889
      MJD start time (STT_*)= 58872.39583333333333
                     RA J2000 = 12:34:56.7890
               RA J2000 (deg)= 188.736620833333
                    Dec J2000 = -12:34:56.7890
              Dec J2000 (deg)= -12.5824413888889
                    Tracking? = True
                Azimuth (deg)= 0
             Zenith Ang (deg)= 0
            Polarization type = LIN
              Number of polns = 2
           Polarization order = AABB
             Sample time (us)= 49.152
           Central freq (MHz)= 1250
           Low channel (MHz)= 1000
          High channel (MHz)= 1499.8779296875
         Channel width (MHz)= 0.1220703125
          Number of channels = 4096
        Total Bandwidth (MHz)= 500
                         Beam = 0 of 1
            Beam FWHM (deg)= 0.000
          Spectra per subint = 1024
              Starting subint = 0
            Subints per file = 256
            Spectra per file = 262144
       Time per subint (sec)= 0.050331648
        Time per file (sec)= 12.884901888
              bits per sample = 8
          Are bytes signed? = True
            bytes per spectra = 8192
          samples per spectra = 8192
            bytes per subint = 8388608
          samples per subint = 8388608
                  zero offset = 0
            Invert the band? = False
      PSRFITS Specific info:
                         HDUs = primary, SUBINT
                FITS typecode = 11
```

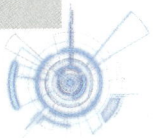

```
        DATA column = 17
     Apply scaling? = False
     Apply offsets? = False
     Apply weights? = False
```

文件头中包含观测需要的采样时间、通道数、偏振等，须与观测设置保持一致。在观测时间方面，除 STT_* 随每个文件变化而变化外，其余不变。FAST 大约每采集 2 GB 数据就生成一个文件，因此往往一次观测会产生数十个甚至上百个文件。总观测时长为

$$（文件总数-1）×（Time\ per\ file）+（Time\ per\ file\ from\ the\ last\ file）\qquad（2.22）$$

式中，Time per file 为每个文件对应的观测时长，Time per file from the last file 为最后一个文件的观测时长。

实际观测中，由于最后一个文件在尚未达到标准的记录时长时观测就停止了，因此最后一个文件的对应时长可能和其他文件不同，需要单独处理。而且由于数据记录后端不记录观测时望远镜指向的赤经和赤纬数据，因此文件头中的 RA/DEC 没有实际意义。如需核对观测指向，请参考 2.1.4 小节对测控文件的介绍。

2. 搜索脉冲星

FAST 观测数据可以使用 PRESTO 之类的程序直接读取，并进行脉冲星搜索。目前已经有大量新脉冲星被 FAST 发现。脉冲星搜索会大量消耗计算资源和存储资源，一般建议配置不低于16核的处理器和128 GB的内存，双星搜索则需要更大的内存。下面以 PRESTO 为例介绍基本的搜索流程。

FAST 的高灵敏度使得非常微弱的 RFI 也会影响弱信号的搜索。因此，一般需要识别数据中的干扰部分。示例命令如下。

```
rfifind -time(a number in the unit of seconds)-o(output filename)./
*.fits
```

消色散之前，可以使用 DDplan.py 来预估方案。以 19 波束接收机为例，示例命令如下。

```
DDplan.py -l 0 -d 3000 -f 1250 -b 500 -n 4096 -t 0.000049152 -r 0.2
```

其中，-r 是时间分辨率，单位为 ms。如不需要搜索毫秒脉冲星，则可适当降低时间分辨率，也就是增大命令中 -r 后的数值，以减少运算量。根据估算结果，对数据进行消色散操作，示例命令如下。

```
prepdata -o(output filename)-dm(DM value)-mask(the .mask file
from rfifind) ./*.fits
```

或者尝试进行批量消色散操作，示例命令如下。

```
prepsubband -o(output filename)-lodm(start DM)-dmstep(DM trial
step) -numdms (how many DM values) -mask (.mask file) -nsub (number
of channels used for observation) ./*.fits
```

对于具备消息传递接口（Message Passing Interface，MPI）并行功能的计算机，可以用 mpiprepsubband 代替 prepsubband 来节约时间。

注意：

● prepdata 仅处理一个色散，prepsubband 可以处理一批色散，输出文件名后会加上"_DMxx.xx"，其中 xx.xx 为消色散数值；

● 如报 tempo 错误，可尝试加上 -nobary；

● prepsubband 消色散参数举例。如需要的色散为 0.1/0.2/0.3/…/99.9/100.0，则设置 -lodm 为 0.1，-dmstep 为 0.1，-numdms 为 1000，注意，-numdms 的数值不要超过系统限制的最大文件数，建议不大于 1000；

● mpiprepsubband 需要设置 CPU 内核数，一般取 -numdms 数值的某个因数加 1，且不大于系统总核数。如 -numdms 为 100，16 核，则 CPU 内核数可以取 11。

由于消色散需要以较小的步长尝试一系列可能的色散量取值，因此操作非常耗时。

消色散后的时间序列可以用 realfft 进行变换后再搜索，也可以直接用于搜索。对于观测时间过长的，必须先使用 realfft 进行变换，示例命令如下。

```
realfft().dat
```

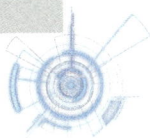

周期信号搜索使用 `accelsearch`，单脉冲搜索使用 `single_pulse_search.py`，示例命令分别如下。

```
accelsearch -zmax 0 -numharm 8().fft
single_pulse_search.py().dat
```

其中，`accelsearch` 的选项 `-zmax` 若不为 0，则可补偿轨道运动等原因导致的脉冲周期观测值的变化，可用于脉冲双星的搜索，通常当积分时间长于双星轨道周期的 10% 时，需要进行此设置，并根据需要选择。与 `-zmax` 取 0 相比，将 `-zmax` 设置成大于 0 的数字会大大增加搜索用时，对内存的需求也比 `-zmax` 取 0 的情况高得多。`single_pulse_search.py` 用于搜索单脉冲，结果由 PS 文件呈现。

生成脉冲星疑似信号图片，示例命令如下。

```
prepfold -mask(the rfifind output .mask file)-nsub(number of subband) -dm(DM value) -accelcand (candidate index) -accelfile (.cand file) ./*.fits
```

需要注意的是，除非明确知道周期，不然必须使用 `-accelcand` 和 `-accelfile` 来指定信号周期信息，否则会遗漏可能的双星信号：`-accelcand` 为脉冲星疑似信号在列表中的序号，`-accelfile` 为 `accelsearch` 输出的 .cand 文件；必须使用 `-mask`，否则信号会受 RFI 的影响。`-nsub` 是通道数的一个因数。

图 2.18 所示为 PRESTO 搜索脉冲星的输出结果示例。图片上方的文字部分总结了本次搜索的基本情况，包括观测设备、站心和质心（分别以角标 topo 和 bary 表示）时间（Epoch，以 MJD 表示）、找到的脉冲星候选体位置（RA_{J2000} 和 DEC_{J2000}）、候选体的站心和质心脉冲周期（P）、周期的一 / 二阶导数（P′ 和 P″）、色散（DM）等基本参数，还有计算结果的约化 χ^2（χ^2_{red}）。其中，约化 χ^2 是待处理数据与随机噪声相似度的衡量，等于 1 意味着数据就是纯粹的噪声，数值越大，则相对噪声的偏离越明显。在脉冲星搜索工作中，PRESTO 输出的双星轨道参数（"Binary Parameters"）部分通常不需要参考。图 2.18 左侧的图展示的是目标脉冲星的脉冲轮廓图以及相

位 - 时间图，表示该脉冲星辐射的时间连续性：如果脉冲星候选体遭遇了比较明显的闪烁效应，那么在以灰度表示的相位 - 时间图中，纵向线条的颜色深度就不再均匀；如果候选体存在脉冲消零现象，这些线条可能会出现局部中断；而如果候选体处在双星系统中，又或者星体本身的脉冲存在相位漂移，线条走向都有可能出现弯折。相位 - 时间图右侧的曲线是在搜索过程中计算出的约化 χ^2 相对积分时间的变化情况。图 2.18 中间的图反映了脉冲星辐射频率连续性，如果星际闪烁比较强烈，同样以灰度表示的相位 - 频率图中垂直于相位轴的暗线也会变得不再均匀（但通常不会完全中断）。相位 - 频率图下方描绘了约化 χ^2 随候选体 DM 变化的曲线。图 2.18 右侧的图的下半部分是周期 - 周期导数图（右下，图中的颜色代表约化 χ^2 大小，由紫到红，χ^2 数值依次增大），上半部分是约化 χ^2 相对周期和周期导数的曲线。如果在 PRESTO 的输出结果中看到了类似图 2.18 中的信号，那么很可能搜索到了一颗脉冲星。

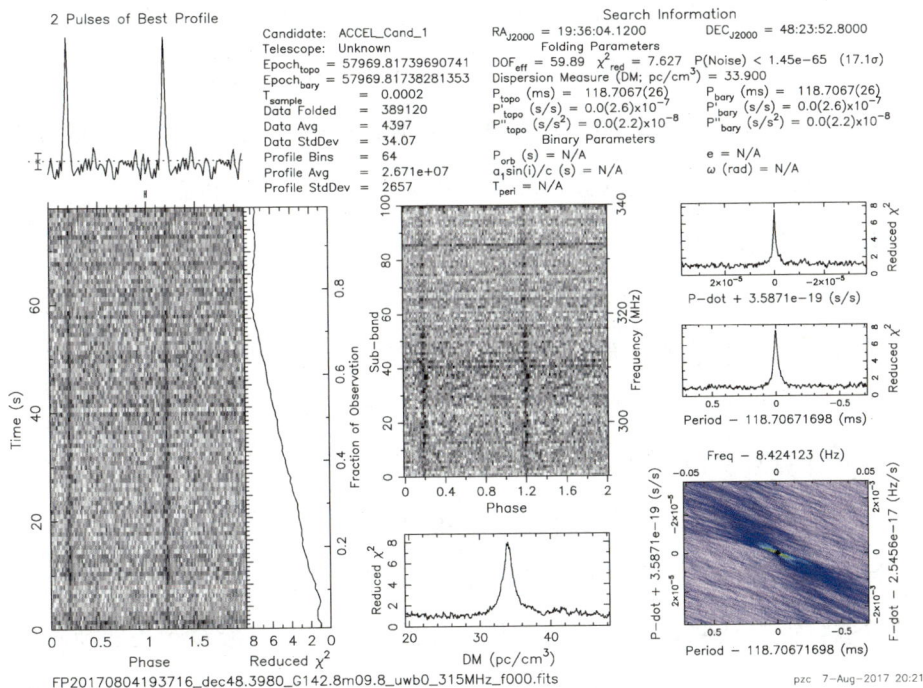

图 2.18　PRESTO 搜索脉冲星的输出结果示例
（图中展示的是 FAST 最早发现的一颗脉冲星，发现时间为 2017 年 8 月上旬）

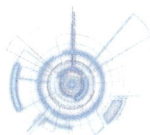

需要注意的是，PRESTO 会将大量假信号（如人工 RFI 等）辨认为脉冲星候选体。或者更确切地说，在 PRESTO 辨认出的所有候选体中，只有极少一部分（不足 1%）属于真正的脉冲星。除了相位 - 时间图以及相位 - 频率图应具备一定的连续性之外，判断一颗真实的脉冲星还要参考以下几个方面：一是脉冲轮廓清晰，且表现为明显的尖峰状；二是约化 χ^2 的数值随积分时间（至少是在存在脉冲辐射的时间段内）增加而大致呈线性增加；三是约化 χ^2 相对 DM 的分布应该明显集中在一个峰值上，而且峰值处的 DM 数值也应大于 0；四是在周期 - 周期导数图中，代表约化 χ^2 峰值的红色亮斑位于图片正中，且两侧具有左上 - 右下走向的双极状结构；五是约化 χ^2 相对周期和周期导数的分布也均应具备明显的中央峰。从候选体中筛选出真实存在的脉冲星需要经验的积累，传统上也是一种极其耗费人力和时间的工作。现在为了提高搜索效率，研究者已经开始尝试借助机器学习等新型手段，在 PRESTO 的输出结果中进一步甄别真正的脉冲星信号，FAST 团队及该望远镜的部分关键用户也参与了相关算法的开发工作（如 Wang et al., 2019；Cai et al., 2023）。另外，如果最终需要确认某颗脉冲星的存在，必须进行后续观测，且在相应的数据中搜索各种参数相近的候选体，只靠单次观测是远远不够的。

3．脉冲星计时

脉冲星计时包括两步。第一步，要根据观测，获得观测时间段内每一个脉冲被望远镜接收到的时间。第二步，总结脉冲星脉冲到达时间的规律，预测不在观测时间段内的脉冲到达时间。这两步缺一不可。

（1）计算观测时间段内的脉冲到达时间需要先获得标准脉冲轮廓，然后将观测脉冲轮廓与之进行比对，获得脉冲到达时间。

标准脉冲轮廓通常是长时间观测累积获得的积分脉冲轮廓，或者由此提取的轮廓特征。从原理上来说，根据已知的脉冲星系统参数对长期观测的脉冲星数据进行折叠，并按照脉冲相位进行叠加后，即可获得相应的标准脉冲轮廓。然而，由于脉冲星系统参数不准确，以及脉冲星观测的误差，这样获得的标准脉冲轮廓存在一定的问题。为了修正脉冲星系统参数不准确导致的偏差，需要先针对各个时段观测获得的脉冲轮廓，通过测量脉冲位置或相关方法进行对齐，再将对齐后的脉冲进行叠加，获得积分脉冲轮廓。另外，为了消除观测中的系统噪声，可以采用函数拟合方式消除积分脉冲轮廓中的白噪声。在目前的脉冲星计时过程中，通常使用多峰拟合获得标准轮廓特征。

　　将观测脉冲轮廓与标准脉冲轮廓进行比对，即可获得观测脉冲轮廓所对应的脉冲到达时间。最容易想到的比对方法是将两个脉冲轮廓进行关联，找到最大相关值对应的位置。然而，由于数字化的脉冲轮廓具有一定的时间分辨率，因此在进行相关计算时需要进行插值。在上述计时方法中，数据的时间分辨率和不同的插值方法都会影响计时结果。当然，如果不进行关联，也可直接计算两个脉冲轮廓的平均位置（一阶中心矩），然后将两个平均位置进行比对，获得脉冲到达时间。将这一方法进行推广，可计算更高阶中心矩进行比对，然后将不同阶的比对结果按照计算误差进行平均，即可获得脉冲到达时间。上述过程可以使用傅里叶变换结果的辐角进行快速计算，因此也称为傅里叶相位梯度法；也可通过马尔可夫链蒙特卡洛方法进行贝叶斯分析获得结果。除此之外，通过拟合偏振位置角随相位变化的曲线也可获得脉冲到达时间。

　　（2）分析不同时段的脉冲到达时间，可以拟合获得更加精确的脉冲星系统参数。

　　对于新发现的脉冲星，在拟合脉冲星系统参数时需要构建脉冲星系统的模型。首先，根据脉冲星搜索的过程，可以大致确定脉冲星的位置、周期和色散。然后，根据脉冲星的周期和色散，可以计算不同时段的脉冲到达时间理论值以及观测值与脉冲到达时间理论值之差。通过观察脉冲到达时间差值的长时间变化规律，可以推断是否还需要增加更多参数，以对脉冲星系统进行描述。比如，如果脉冲到达时间差值存在长期缓慢变化，则可能需要在脉冲星系统参数中增加周期的导数或高阶导数；如果脉冲到达时间差值存在以年为周期的变化，则脉冲星的位置可能不够精确，需要增加

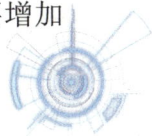

脉冲星位置变化的参数；如果脉冲到达时间差值具有周期性但周期不以年为单位，则脉冲星系统可能为双星系统，需要增加双星系统的相关参数；如果脉冲星色散并非常数，则需要增加描述星际介质变化的相关参数。有了好的脉冲星系统模型，就可以根据脉冲到达时间差值进行拟合，获取相应的参数。

2.2.3 谱线数据处理

与脉冲星观测不同，谱线观测所面对的复杂因素更多，至今尚未开发出完善且通用的数据处理程序。研究者往往需要根据所使用仪器的特点，专门开发适用的处理流程。通常来说，单天线的射电谱线数据处理的基本流程大致如图 2.19 所示。

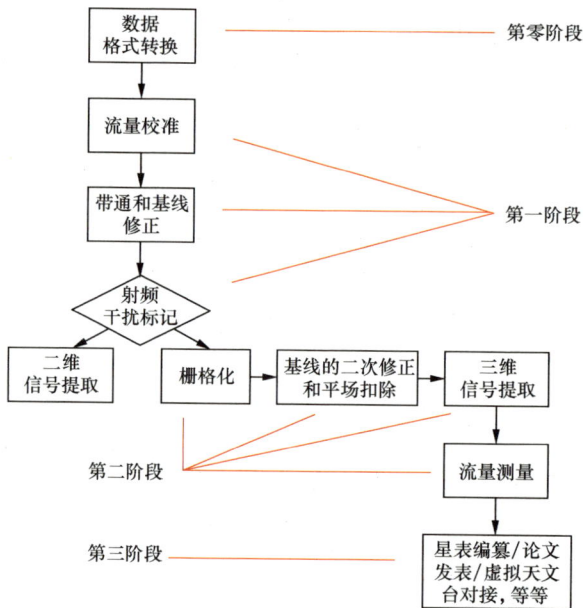

图 2.19　单天线的射电谱线数据处理的基本流程

在图 2.19 中，谱线数据处理过程中的所有步骤大致可以分为以下 4 个阶段。第零阶段是前期的数据格式转换。第一阶段是正式处理前必要的准备工作，包括流量校准、带通和基线修正、射频干扰（RFI）标记和扣除等，以及图中未涉及的谱平滑和速度参考系转换。第二阶段，根据不同的观测目标和科学目标进行分流。如果是点源观测，可直接获得二维谱线数据；而对于展源或大规模的巡天观测，则需要生成数据立方体（data cube，3 个维度分别为赤经、赤纬以及谱线速度或频率），再从数据立方体中提取信号并测量信号的流量。另外，在生成数据立方体前后，可能还需要进行数据洁化（CLEAN），以消除旁瓣的影响。第三阶段则是以第二阶段获得的数据为基础，陆续进行科研和数据存档工作。

基于上述流程，FAST 团队以及不同的用户已经分别开发了多套谱线数据处理程序（如 Wang et al., 2020; Li et al., 2023; Jing et al., 2024 等）。不过，考虑到实际观测的复杂性，实际使用 FAST 的研究者还是有必要了解整个流程的原理。下面将分别讲解每一步的具体操作方法与预期结果。

实际上，流程图中第零阶段的数据格式转换是可选操作，其主要目的是方便后续的存储和数据处理工作。另外，考虑到 FAST 的观测数据体量较大，目前已经有工作尝试使用 HDF5 代替天文通用的 FITS 作为中间文件的存储格式，并规划了相应的数据格式和操作方案。经测试，HDF5 文件的单核输入 / 输出速度已经达到了普通 FITS 文件的 1.7 倍（Ji et al., 2019）；如果采用并行处理，速度的提升会更加明显。这一方案可供实际的数据处理工作选用。

1. 第一阶段原理详解

单天线射电谱线数据处理第一阶段的关键操作包括流量校准、带通和基线修正、射频干扰标记 3 项，其中第一步已在 2.2.1 小节进行了介绍，本小节将详细讲解后续步骤。

（1）带通和基线修正

谱线观测最终的目的是提取来自天体的谱线信号，并测量谱线的流量、速度、宽度等物理信息。经过流量校准，观测数据虽然已经与实际的流量密度相对应，但对于谱线观测目标的实现来说仍然不够。首先，即便是 ON/OFF 模式的跟踪观测，校准后的数据中仍然不可避免地带有天空连续谱辐射的成分；其次，还需要考虑仪器本身的频率响应及其随时间演化的性质。而

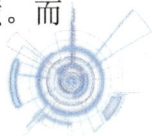

带通和基线修正的主要目的是尽量消除这两类因素的影响。

带通（bandpass）可以理解为观测仪器的频率响应。即使是向后端仪器输入一个频率、流量均一的信号，仪器记录的结果也必然会相对于平坦的谱型存在偏差，偏差就源自带通。若要扣除这种效应，观测数据需要除以带通响应函数。如果将带通曲线记为 $bdp(v)$，经过流量校准后的流量是 $S(v)$，那么经过带通修正的真实辐射谱流量 $S_{bdp}(v)$ 应该是

$$S_{bdp}(v) = \frac{S(v)}{bdp(v)} \qquad (2.23)$$

式中，v 代表观测频率。考虑到直接测量带通曲线并不方便，且仪器的频率响应随时间可能存在较大的波动，在待测天区不存在谱指数较陡的连续谱展源的前提下，带通曲线一般通过拟合观测数据连续谱背景的方式来确定。

而单天线观测所说的基线（baseline）可以理解为来自背景连续谱的贡献，其中包括仪器本底、周边环境、大气／天空／宇宙背景以及可能的天体连续谱源等的辐射成分（当然，这里的基线定义与第 1 章提到的干涉仪"基线"完全不同，后者指的是阵列子天线之间的连线）。如果是 ON/OFF 模式的跟踪观测，在进行数据处理时，通过 ON 与 OFF 相减，理论上剩余的背景接近 0。但是，实际观测并没有如此理想，而且对于各种扫描成图观测，OFF 点更是难以确定。此时，若要确定基线的水平 $bsl(v)$，可拟合修正过带通的数据的连续谱部分。与带通不同的是，基线的扣除采用减法而非除法。

$$S_{bsl}(v) = S_{bdp}(v) - bsl(v) \qquad (2.24)$$

虽然扣除操作不同，但带通曲线和基线轮廓的获取方法很相似。总的来说，二者都是设法使用平滑曲线来拟合数据中的连续谱部分。另外，为了保证拟合结果的准确性，在此过程中，应尽量规避强谱线信号或干扰所在的频点。因此，为了方便介绍，本小节我们使用 $b(v)$ 统一指代带通 $bdp(v)$ 和基线 $bsl(v)$。

下面以 FAST 在 2018 年 2 月 24 日使用早期科学阶段的超宽带接收机

和商用频谱仪观测河外星系 AGC 12885 的 HI 谱线为例，说明带通和基线修正的目的。该星系的观测采用了 ON/OFF 模式，对 ON 点与 OFF 点各跟踪曝光 20 min。首先画出 ON 点观测期间的单条频谱示例，如图 2.20 所示。

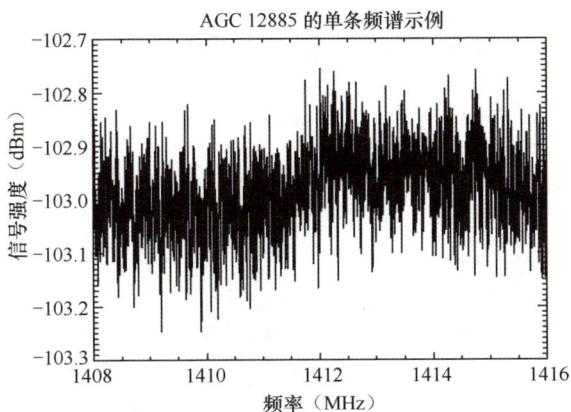

图 2.20　ON 点观测期间的单条频谱示例

由于射电谱线观测通常具有强背景、弱信号的特点，因此，除了个别强源，通常从单次积分所得的频谱中是很难看出待测信号的。首先将商用频谱仪单位为 dBm（接收信号的功率相对 1 mW 的分贝数）的机器读数转换为以 mW 为单位的值；然后对 ON 点与 OFF 点的数据分别取平均，结果如图 2.21 所示。

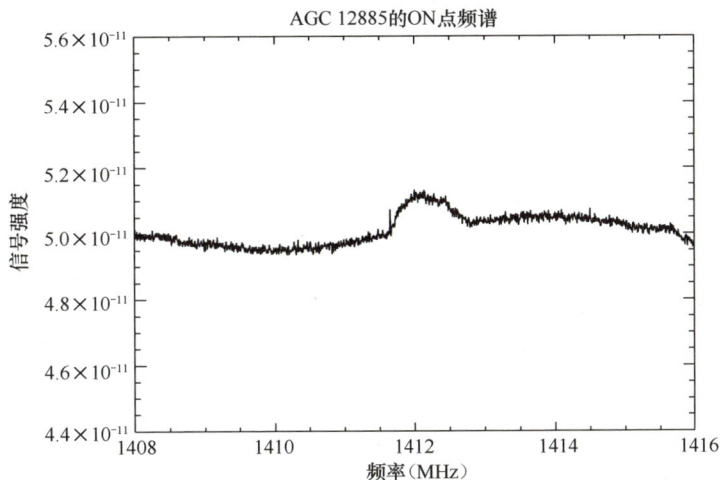

（a）AGC 12885的ON点（星系所在位置）频谱（20分钟平均）

图 2.21　对 ON 点与 OFF 点的数据分别取平均的结果

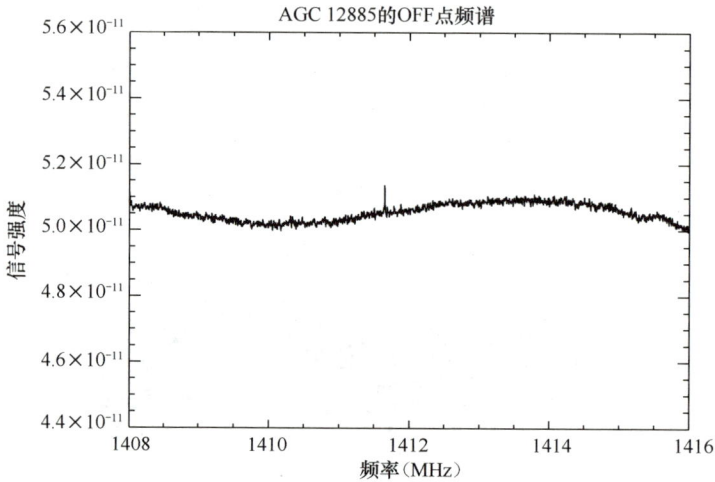

（b）AGC 12885的OFF点（星系附近的空白天区）频谱（20分钟平均）

图2.21 对 ON 点与 OFF 点的数据分别取平均的结果（续）

图 2.21（a）所示为 ON 点（星系所在位置）数据的平均，图 2.21（b）所示为 OFF 点（星系附近的空白天区）数据的平均。可见图 2.21（a）的中心频率处明显出现了一个鼓包。由于这个鼓包恰好处在正确的频率（或速度/红移）上，因此它应该是来自星系中性氢成分的辐射。为了凸显氢线的信号，我们将 ON 点与 OFF 点的数据平均值相减并进行平滑处理，结果如图 2.22 所示。

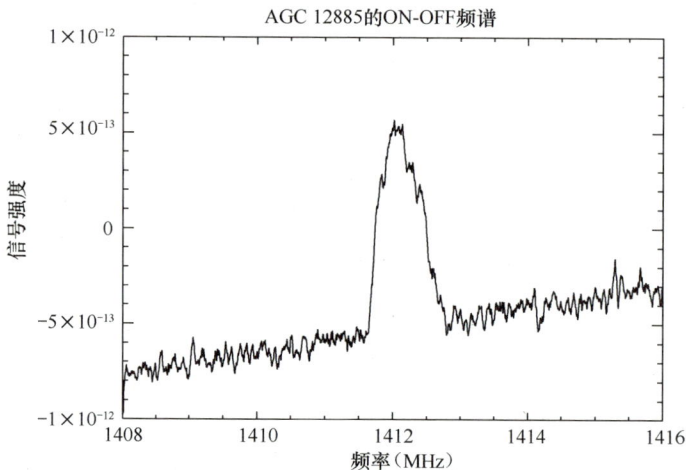

图2.22 AGC 12885 的 ON 点与 OFF 点的信号差值（平滑后）

图 2.22 中，虽然位于 1412 MHz 频率附近的谱线结构已经相当清晰，

但背景连续谱部分存在明显的倾斜，会影响对谱线形态的判断。考虑到背景轮廓总体还算平直，可以通过对背景连续谱部分进行简单的一阶多项式拟合，并代入式（2.23）进行带通修正，将背景拉直，结果如图 2.23 所示。

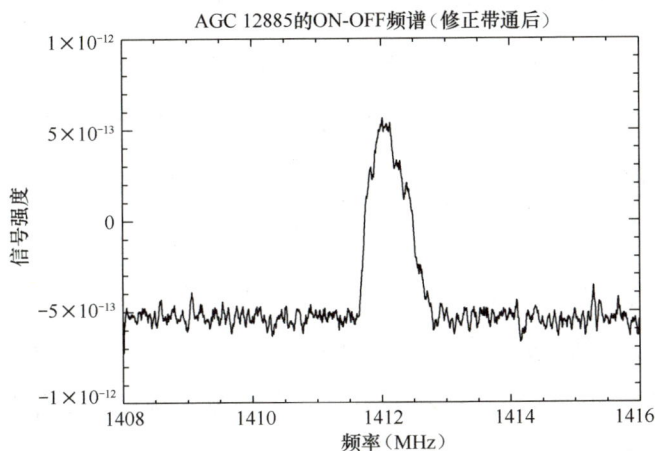

图 2.23　AGC 12885 的 ON 点与 OFF 点的信号差值（修正带通后）

修正带通后，可见连续谱背景在形态上已经趋于平直，但辐射水平仍不为 0，不利于谱线流量的估计。因此，需要对此部分再次进行一阶多项式拟合，将拟合结果视作基线，并根据式（2.24）进行扣除，由此得到的结果如图 2.24 所示。

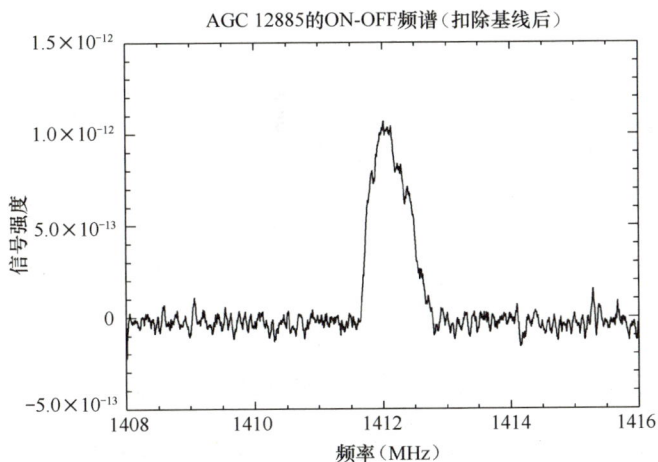

图 2.24　AGC 12885 的 ON 点与 OFF 点的信号差值（扣除基线后）

上述例子所用到的一阶多项式拟合是获取带通或基线轮廓 $b(v)$ 最简单的方法。如前所述，参与 $b(v)$ 拟合的数据必须排除射频干扰和待测的谱线信号。对于多项式拟合来说，可以利用残差法筛选满足上述要求的拟合数据——先对全部数据进行拟合，并计算拟合曲线相对原始数据的残量 $\delta(v) = |S(v) - b(v)|$；再计算 $\delta(v)$ 的标准差 σ；最后比较残量相对 σ 的大小。一般情况下，可以定义满足 $\delta(v) > 3\sigma$ 条件的数据点为"坏"数据，其不参与下一轮的带通拟合；如此筛选 3 ～ 4 轮，就可以得到排除绝大部分干扰或谱线信号的拟合结果。不过上述操作的前提是存在信号 / 干扰的频带相对数据的整个频率覆盖而言很窄，如果是谱线轮廓较宽或干扰较密集的情况，建议在修正带通和基线之前进行相应的标记工作（具体方法参见"射频干扰标记"部分）。

通过残差法对 AGC 12885 进行筛选后的"好"数据与"坏"数据分布如图 2.25 所示。图中，纵轴为"1"代表后续参与拟合的"好"数据，纵轴为"0"则代表不参与拟合的"坏"数据（其中包括谱线和可能的射频干扰）。可见，未选中的"坏"数据基本对应氢线所在的频率范围，符合筛选数据的最初目的。

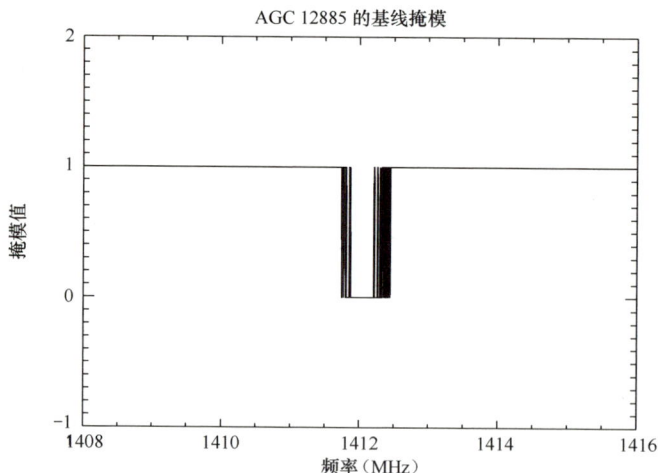

图 2.25 通过残差法对 AGC 12885 进行筛选后的"好"数据与"坏"数据分布

需要说明的是，为了凸显谱线轮廓以及带通和基线修正的效果，上述示例在拟合 AGC 12885 的背景前，已先对积分时间内获取的所有谱线进行了叠加。但通常实际的操作流程是先修正每组谱线数据，再进行叠加，即对各条谱线简单取平均，示例中的叠加过程只是对各条谱线简单取平均。然而，根据信号处理的基本原理，为了获取最优的信噪比，这一操作最好以加权的方式进行。第 i 组数据的权重 w_i 通常参考其标准差 σ_i，设置为 $w_i = 1/\sigma_i^2$；这样 N 条谱线的平均流量就应该表示为 $S = \sum_{i=0}^{N} w_i S_i / \sum_{i=0}^{N} w_i$。但数据权重的计算必须慎重，只能采用纯背景噪声的部分，不能混入待测谱线或干扰，所以可以借助带通拟合期间所标记的"好"数据来进行计算；如果不能确保这一步标记的准确性，采用直接平均的方法更为稳妥，只是这样操作会牺牲一定的灵敏度。实际上，对于上述示例而言，由于各条谱线的权重非常接近（变化幅度最大不超过 5%），谱线平均时的加权与否对所得结果的影响极小，在这种情况下，也没有太大的必要进行加权。另外，对处理漂移扫描巡天观测数据而言，因为目标天体的信号可能出现在任何时刻、任何频率，不同时间或频段的背景噪声起伏又有可能存在较大差异，保险起见，也不建议进行加权操作。

由于覆盖频段较窄、背景形态较为规则，AGC 12885 这个例子使用的只是最简单的一次多项式拟合。在背景存在明显起伏时，自然也可以引入高阶多项式拟合，或是借助其他方法来获取 $b(v)$ 的轮廓。除了多项式拟合，带通和基线轮廓的计算方法还包括将某段时间内特定频谱通道的中值视作 $b(v)$ 读数的中值法，基于惩罚最小二乘法（Penalized Least Squares，PLS）提取 $b(v)$ 形态的一系列新型方法，如 AsLS（Eilers, 2003）、arPLS（Baek et al., 2015），以及在此基础上扩展、优化而来的 rrlPLS（Liu et al., 2022）等。这些方法均已成功用于 FAST 的数据，并取得了良好的效果，下面将分别介绍。

顾名思义，中值法是指将数据中每个频点在一段时间内背景读数的统计中值 $\bar{S}(v)$ 视作该时间段内的 $b(v)$，并以此连成带通或基线曲线进行扣除。帕克斯射电望远镜的 HIPASS 巡天以及阿雷西博射电望远镜的 ALFALFA 巡

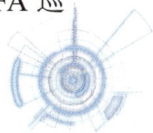

天均采用了中值法或其衍生变体来获取 $b(v)$。这里之所以使用统计中值而非平均数作为 $b(v)$ 读数，是因为要规避可能存在的突发干扰——一段时间内的平均流量往往会因为这类事件的临时出现而大幅增加，难以反映真实的背景水平。另外，为了进一步抑制随机噪声的影响，由中值法求出带通或基线的初步轮廓后，还建议对其进行平滑处理。对 FAST 的 19 波束接收机获得的宽带谱线数据而言，由于其中存在宽度在 MHz 量级（对应 100 多个频谱通道）的起伏（如驻波以及来自仪器本身的辐射），为了在最终的 $b(v)$ 轮廓中有效保留上述结构，平滑宽度不宜过宽，取十几个通道即可；窄带或全分辨率频谱数据的平滑宽度则需要按比例调整为上百个通道。而在处理跟踪数据时，由于待测谱线的频率在观测期间保持不变，计算时需要针对目标信号的频率额外设置一个谱线掩模（如果已知谱线存在，掩模宽度可以取为线宽的若干倍；如果谱线是先前未确切探测的，则可以用典型HI 谱线宽度的若干倍作为掩模的宽度），然后在频域上用插值等方法确定目标谱线所在位置的 $b(v)$ 读数，以免抹掉待测信号。

图 2.26 所示为 19 波束接收机的谱线后端对河外中性氢吸收源 SDSS J153437.6+251311.4 的观测示例。图 2.26（a）所示为完成温度校准、尚待修正带通和基线的数据，可见 1374.1 MHz 频率附近的吸收线两侧均存在明显弯曲，且表现出了驻波以及由其他原因导致的复杂背景起伏；图 2.26（b）所示为使用简单的一次多项式拟合修正带通和基线后的数据，背景中的弯曲仍然很明显，严重影响了对该源的流量估计；图 2.26（c）所示为使用中值法计算带通曲线（并进行 10 通道高斯平滑），代入式（2.23）进行带通修正后使用线性拟合法扣除基线的结果；图 2.26（d）所示为先用一次多项式拟合带通，再用中值法计算基线（亦进行 10 通道高斯平滑），并根据式（2.24）扣除基线后的结果。可见，图 2.26（c）和图 2.26（d）的背景形态均已被大致拉平，但吸收线的深度明显不同。作为参考，ALFALFA 巡天给出的该源最大线深约为 -23.0 mJy，显然，图 2.26（d）的结果与之更接近（Zhang et al., 2021）。这也在一定程度上说明，FAST 原始数据中的带通起伏从性质上来看应该属于额外叠加的信号，而非仪器的频率响应特性，因此建议使用简单的多项式拟合带通，用更为灵活的中值法来修正基线。在这个例子中，计算中值选取的时间段长度与 ALFALFA 巡天一次"扫描"的持续时间（600 s）大体相当；用中值法计算带通或基线形态时，谱线所在频段均进行插值处理。

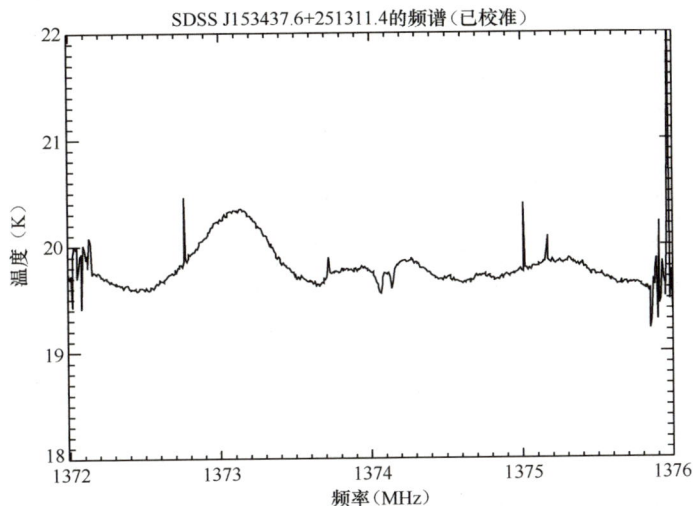

（a）SDSS J153437.6+251311.4 的频谱（完成温度校准、尚待修正带通和基线）

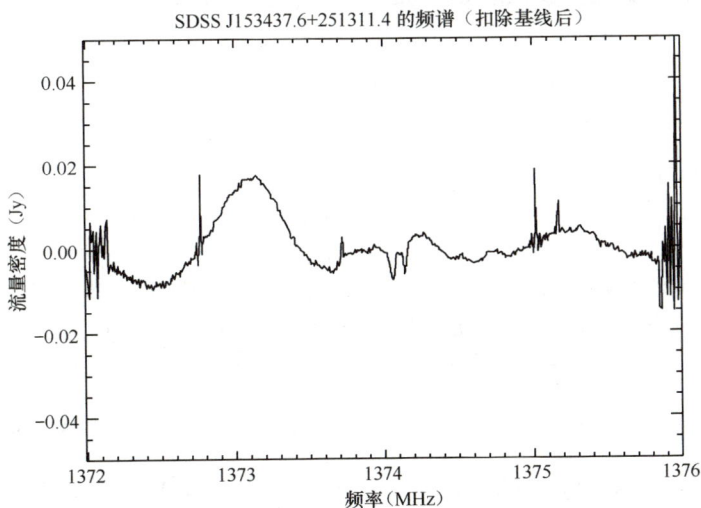

（b）使用一次多项式拟合修正带通和基线后的数据

图 2.26　19 波束接收机的谱线后端对河外中性氢吸收源
SDSS J153437.6+251311.4 的观测示例

SDSS J153437.6+251311.4 的频谱（扣除基线后）

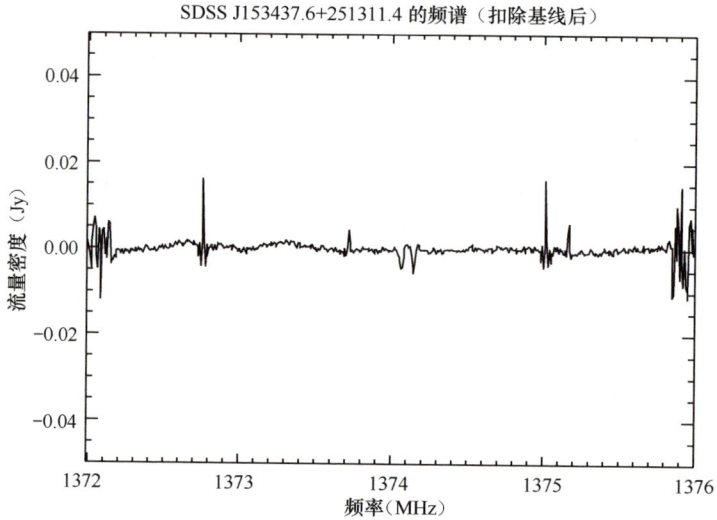

（c）先使用中值法计算带通曲线（并进行平滑），
由此修正带通后再使用线性拟合法扣除基线的结果

SDSS J153437.6+251311.4 的频谱（扣除基线后）

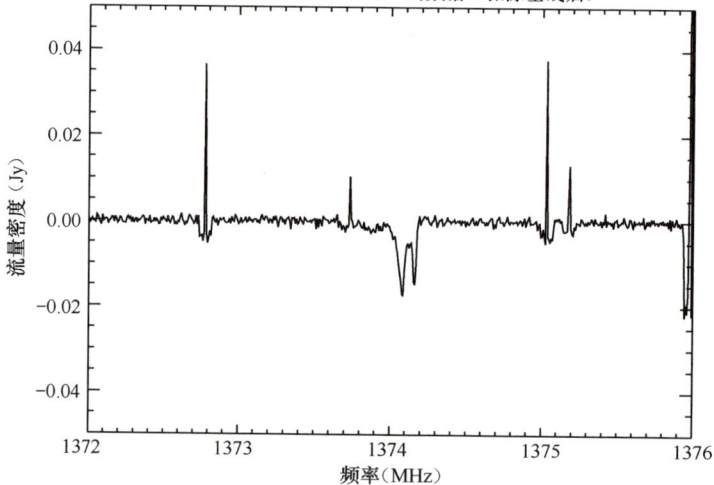

（d）先用一次多项式拟合带通，再用中值法计算基线（亦进行平滑）并扣除基线后的结果

**图 2.26　19 波束接收机的谱线后端对河外中性氢吸收源
SDSS J153437.6+251311.4 的观测示例（续）**

　　使用中值法进行带通或基线修正的前提是 $b(v)$ 的形态在较长时间内可以保持稳定。但如果原始数据存在短时标的明显涨落，或者表现出驻波相位的跳变，那么想要准确修正带通或基线，我们还需要借助其他方式。基于 PLS 提供的一系列算法就提供了相应的解决方案。这些算法借助最小二

乘法的迭代拟合逐步给出逼近真实情况的背景轮廓，并引入了一种"惩罚"机制，使拟合过程能够规避谱线数据中对应信号（包括谱线和干扰）的不规则结构——鉴于单纯的噪声应均匀分布于待求背景曲线的上下方，我们在每一步都要为整体低于上一步所求 $b(v)$ 的实测数据段赋予高权重，而为整体高于 $b(v)$ 的数据段赋予低权重，通过调节权重的设置即可实现拟合结果在背景平滑性与信号起伏之间的平衡。我们将待修正的谱线数据 $S(v)$ 以及待求的带通或基线形态 $b(v)$ 分别记作频率方向的矢量 $\boldsymbol{S}$ 与 $\boldsymbol{b}$，根据最小二乘法原理，当式（2.25）中的 χ^2 取最小值时，相应的 $b(v)$ 轮廓即可达到理想状态。

$$\chi^2 = (\boldsymbol{S} - \boldsymbol{b})^{\mathrm{T}} \boldsymbol{W} (\boldsymbol{S} - \boldsymbol{b}) + \lambda \boldsymbol{b}^{\mathrm{T}} \boldsymbol{D}^{\mathrm{T}} \boldsymbol{D} \boldsymbol{b} \tag{2.25}$$

式中，$\boldsymbol{D}$ 是如式（2.26）所示的二阶差值矩阵；$\boldsymbol{W}$ 是长、宽各与频谱通道数量相等，并以每个频点的计算权重 $w^b(v)$ 作为对角元素 $\boldsymbol{W}_{i,j}$ 的对角矩阵；λ 是用于平衡等号右侧两项贡献的平滑因子。

$$\boldsymbol{D} = \begin{pmatrix} 1 & -2 & 1 & 0 & \cdots & 0 & 0 & 0 \\ 0 & 1 & -2 & 1 & \cdots & 0 & 0 & 0 \\ \vdots & \vdots & \vdots & \vdots & \ddots & \vdots & \vdots & \vdots \\ 0 & 0 & 0 & 0 & \cdots & 1 & -2 & 1 \end{pmatrix} \tag{2.26}$$

对待求的带通或基线曲线 b 取偏导数，并使偏导数等于 0，则可根据式（2.27）求出满足 χ^2 最小条件的带通或基线曲线 b。

$$\boldsymbol{b} = (\boldsymbol{W} + \lambda \boldsymbol{D}^{\mathrm{T}} \boldsymbol{D})^{-1} \boldsymbol{W} \boldsymbol{S} \tag{2.27}$$

各种 PLS 算法的差异主要在于权重函数 $w^b(v)$ 的选择。如 AsLS 使用的是简单的不对称函数，且每一步的权重形态保持不变。

$$w_i^b(v) = \begin{cases} p, & S(v) \leqslant b_i(v) \\ 1-p, & S(v) > b_i(v) \end{cases} \tag{2.28}$$

式中，下角标 i 表示第 i 步迭代，p 是预设的不对称因子。如前所述，因为 PLS 算法要求 $S(v) > b_i(v)$ 的部分具有低权重，反之具有高权重，因此自然有 $p < 0.5$，且根据实际使用经验，数值设为 $0.001 \sim 0.1$ 适宜。

而 arPLS 算法则是在 PLS 的基础上，进一步引入了权重的更新机制——在第 i 步迭代时，若某区域的实测数据整体低于上一步求出的背景，那么在第 $(i+1)$ 步迭代中，这里的权重要增大，反之则减小。而如果数据的分布相对第 i 步迭代所得的背景较为均匀，则下一步计算的权重基本保持不变。

$$w_{i+1}^b(v) = \begin{cases} \text{logistic}(S(v) - b_i(v), m_{\delta^-}, \sigma_{\delta^-}), & S(v) \leqslant b_i(v) \\ 1, & S(v) > b_i(v) \end{cases} \quad (2.29)$$

式中，$w_{i+1}^b(v)$ 是频率 v 处的数据在第 $(i+1)$ 步迭代计算时被分配的权重；$b_i(v)$ 表示第 i 步迭代在频率 v 处求得的带通或基线背景值；m_{δ^-} 和 σ_{δ^-} 分别是 δ^- 的平均值和标准差［这里表示原始数据 $S(v)$ 的读数水平低于背景曲线 $b_i(v)$ 部分的残量 $\delta^- = |S - b_i|, S(v) < b_i(v)$］。而 logistic 表示赋权操作所使用的广义逻辑斯谛函数，其形式为

$$\text{logistic}(\delta, m, \sigma) = \frac{1}{1 + e^{2[\delta - (2\sigma - m)]/\sigma}} \quad (2.30)$$

在 arPLS 的基础上，由 FAST 团队设计的 rrlPLS 算法又针对射电谱线观测的特点专门进行了优化，通过改变逻辑斯谛函数中分母 e 的指数部分（将其写作通用形式 $e^{k[\delta - (s\sigma - m)]/\sigma}$，可调节参数 k 与 s 分别控制权重函数的不对称程度以及中心偏移量），以在最小二乘法拟合过程中进一步抑制高于背景（也就是更可能含有信号）的那一部分数据。调整后的函数形式为

$$\text{logistic}(\delta, m, \sigma) = \frac{1}{1 + e^{5[\delta - (\sigma - m)]/\sigma}} \quad (2.31)$$

计算开始时，arPLS 或 rrlPLS 算法都要先将 w_0^b 在各频率处的数值统一设置为 1，然后将预设权重以及经过流量校准的谱线数据 $S(v)$ 代入式（2.27），解出初步的带通或基线曲线形态 $b_1(v)$，并在此基础上求得下一步计算所需的权重 $w_2^b(v)$，开始新一轮迭代。当两步之间的权重值之差小于预设值 β，也就是各个频率处均满足条件 $|w_{i+1}^b - w_i^b| / |w_i^b| < \beta$ 时，迭代终止，此时对应的 $b(v)$ 即为满足需要的带通或基线曲线，可利用式（2.23）或式（2.24）进行数据修正。

图 2.27 所示为 arPLS 与 rrlPLS 算法所使用的逻辑斯谛函数权重曲线比较，可见 rrlPLS 算法所使用的函数形态更陡，因此能够更好地抑制整体高于背景轮廓的谱线信号。

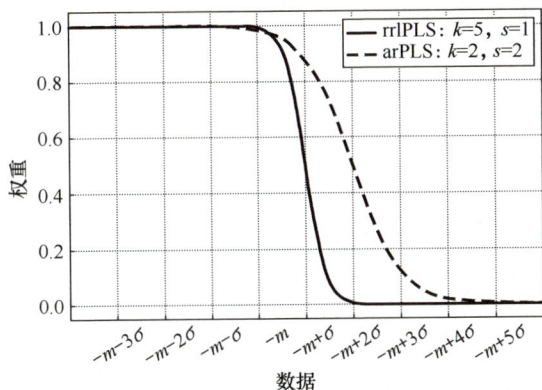

图 2.27　arPLS 与 rrlPLS 算法所使用的逻辑斯谛函数权重曲线比较
（图片来源：Liu et al., 2022）

　　与中值法相比，PLS 系列算法的优点在于并不要求观测数据满足时间稳定性的条件，对于每一条谱线，均可单独修正。不过平滑因子 λ 的取值会影响最终的效果，较大的 λ 会导致求得的背景轮廓 $b(v)$ 忽略了数据中原本存在的弯曲结构；过小的 λ 则会让 $b(v)$ 的形态在一定程度上混入额外的干扰或原本有待分析的谱线信号成分。从某种意义上来说，平滑因子 λ 发挥的作用在一定程度上类似于中值法为已知谱线所预留的窗口，适宜的取值既要合理捕捉原本属于基线或带通的起伏，又要规避目标信号，因此其数值在使用时需要根据拟合效果来调节（一般可以设在 1×10^7 上、下 $1 \sim 2$ 个数量级），在强背景、起伏弱谱线的情况下尤其如此。值得一提的是，相较于 AsLS，arPLS 和 rrlPLS 算法的一大优点是，最终结果对 λ 的取值更加不敏感，因此具有更好的适应性和易用性。

　　需要特别注意的是，对 FAST 的谱线数据来说，修正带通和基线之前要明确带通和基线之间的本质差异。例如，FAST 数据中普遍存在波纹间隔约合 1.1 MHz 的驻波，以及早期因望远镜设备信号泄露而引发的同尺度起伏。因为这些都属于额外注入数据中的信号成分，并不是接收机频率响应

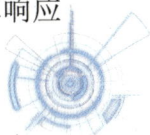

导致的效应，因此应该在基线修正而非带通修正这一步扣除。如前面提到的 SDSS J153437.6+251311.4 这个例子，鉴于 FAST 的连续谱信号来源较复杂，合理的方案是先使用简单的低阶曲线来拟合带通，然后运用更为灵活的中值法或 PLS 算法来扣除形式多变的基线成分。另外，在驻波波纹形态规则且相位稳定的情况下，还可以在基线修正之前，使用正弦函数来拟合驻波轮廓并进行扣除。当然，在使用高阶多项式或其他复杂曲线方式拟合 $b(v)$ 的形态时，考虑到后端仪器本底水平的多样性以及计算过程中可能存在的不确定性，最好引入人力检查来确保结果的可信度。

此外，虽然完美的接收机后端带通曲线应该接近矩形（中段平直、两侧垂直下降），但实际情况不会这样理想，频带两端的带通往往呈倾斜状，且接近边缘处变化剧烈。这部分很可能因为后端采样过程所采用的傅里叶变换本身的性质而受到频带外侧信号的污染，因此并不适宜参与后续处理，所以在修正带通时应将频带两侧直接切除。如 19 波束接收机的谱线后端在全分辨率以及宽带观测时会采集 1000 ～ 1500 MHz 频段的频谱，只能保留频率落在 1050 ～ 1450 MHz 频段的部分，两侧须各切除 10% 的数据，如图 2.28 所示；窄带观测则要根据中心频率的实际位置酌情处理。

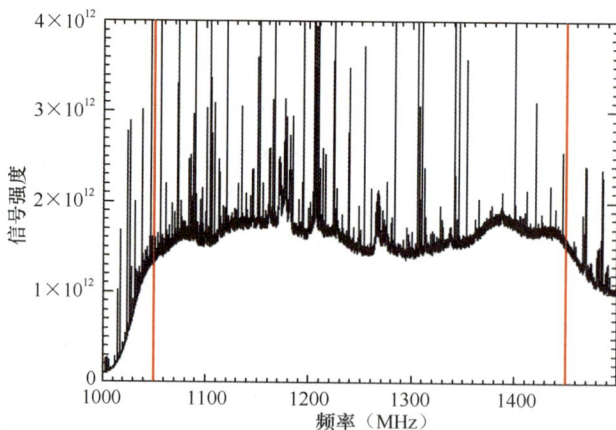

图 2.28　19 波束接收机谱线后端的频谱轮廓示例
（两侧须各切除 10% 的数据，即红线外侧的数据）

最后必须提醒的是，本节展示的 AGC 12885 与 SDSS J153437.6+251311.4 两个例子，处理的都只是单偏振数据，而 HI 谱线观测最终要合并 A、B 两个偏振分量（这一步通常在第二阶段进行）。鉴于 FAST 不同偏振的带通、基线形态可能存在较大差异，有时某个偏振还会持续出现偏振依赖的射频干扰，所以无论是流量校准还是带通和基线修正，都必须分偏振进行。而且考虑到 HI 谱线辐射行为通常不具备偏振特征，最终在偏振合并之前还必须检验 A、B 偏振分量的谱线流量是否大体一致，如果是，方可将两个分量相加并取平均。

图 2.29 所示为 FAST 进行 HI 谱线观测时，两个偏振因带通不稳定、假信号或射频干扰等原因而表现出明显流量差异的一个例子。其中，图 2.29（a）所示为 A 偏振，图 2.29（b）所示为 B 偏振，可见后者的流量因为与射频干扰叠加，达到了前者的近 4 倍。对于本身具有非偏振特性的中性氢辐射来说，这显然是不合理的（实际上，根据阿雷西博射电望远镜对同一星系的观测，这次测得的 A 偏振谱线流量还算准确，B 偏振则与实际差异极大）。在这种情况下，如果贸然进行双偏振合并，所得结果必然不可信。为了避免出现由类似的原因所导致的差错，在完成带通和基线修正工作之后，必须检查两个偏振的谱线信号强度，只有当二者基本相等时才能合并。

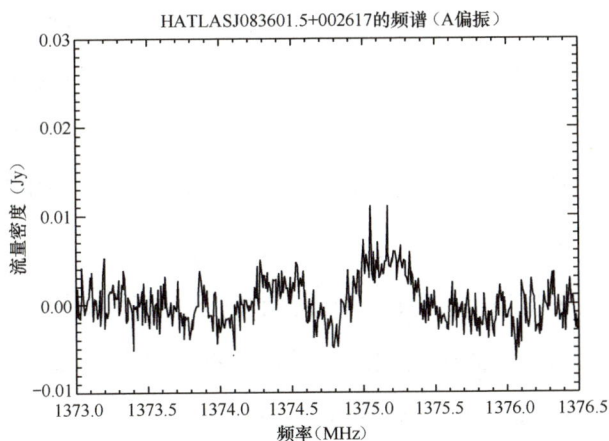

（a）HATLASJ083601.5+002617 的频谱（扣除基线后，A 偏振）

图 2.29　HATLASJ083601.5+002617 两个偏振的频谱
（原始数据提供：程诚）

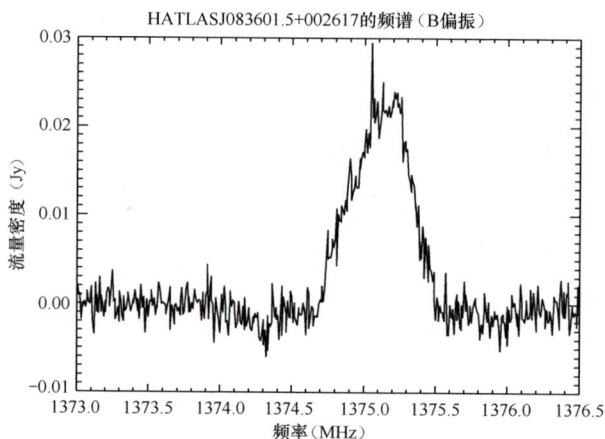

HATLASJ083601.5+002617的频谱（B偏振）

（b）HATLASJ083601.5+002617的频谱（扣除基线后，B偏振）

图2.29　HATLASJ083601.5+002617 两个偏振的频谱（续）
（原始数据提供：程诚）

综上所述，结合 FAST 谱线后端的数据特点，带通和基线修正的大致步骤如下。

第一步，对于每一个经过流量校准的单偏振频谱数据 S_v，先切除接收机后端观测频带边缘响应存在剧变的区域，然后将剩余部分随相对频率 v 进行低阶（建议用一阶）多项式拟合，求得初步的带通曲线 $\mathrm{bdp}'(v)$。

第二步，计算频谱数据与拟合曲线之间的残量 $\delta(v) = |S(v) - \mathrm{bdp}'(v)|$，求出 $\delta(v)$ 的标准差 σ，并比较各点 $\delta(v)$ 相对 σ 的大小，将 $\delta(v)$ 过大（如达到 σ 的 3 倍或更高）的点标记为"坏"数据，其中包括可能的 HI 谱线信号和射频干扰等。

第三步，对于第二步筛选出的"好"数据（也就是平滑的背景部分），重新按照第一步所用的多项式形式对频率进行拟合，然后进行进一步筛选，如此重复 3 ~ 4 次，最终得到带通曲线 $\mathrm{bdp}(v)$。随后对带通曲线进行人工评判，如果拟合效果不佳，则需要人为调整拟合参数或方式。

第四步，计算在整个观测频段上带通曲线读数的中值 $\mathrm{bdp}_{\mathrm{median}}$，并求得归一化的带通曲线 $\mathrm{bdp}_N(v) = \mathrm{bdp}/\mathrm{bdp}_{\mathrm{median}}$。

第五步，根据式（2.23），计算带通修正后的流量数据 $S_{\mathrm{bdp}}(v) = S(v)/\mathrm{bdp}_N(v)$。

第六步，将带通修正后的数据 S_{bdp} 相对频率 v 进行拟合，得到基线轮廓

bsl(*v*)。如果背景形态较为简单且稳定，使用多项式拟合即可；在背景形态的频域较为复杂但相对时间较为稳定的情况下，建议使用中值法；基于 PLS 算法的方法则适用于基线形态多变且不稳定的场合。另外，在此步骤，还可以根据数据中的驻波形态，通过三角函数拟合的方式，完成对残留波纹结构的扣除。

第七步，按照式（2.24），计算扣除基线后的流量 $S_{bsl}(v) = S_{bdp}(v)-bsl(v)$，完成基线的修正。

第八步，如果是点源的跟踪观测，对积分时间内获取的每条修正后的谱线进行平均（如有必要，可进行加权平均），再用 ON 点数据减去 OFF 点数据；然后检查 A、B 偏振方向的谱线，确认二者流量大体一致后进行加权平均，得到最终的谱线轮廓，这就是图 2.19 中提及的二维信号提取操作。如果是漂移扫描、飞扫成图等需要进行后续成图的观测数据，则不能在此时合并偏振，必须保存修正后的单偏振结果，留待后续生成数据立方体使用。

（2）射频干扰标记

射电天文观测所面临的最大挑战是来自现代社会无处不在的射频干扰，其来源包括广播电视、移动通信、卫星信号、导航服务、军用 / 民用雷达，以及各式各样日用电子设备的辐射等，外加闪电、地面热辐射等现象导致的天然干扰。虽然为了保证望远镜的正常工作，FAST 台址周边设置了限制电子设备使用的电磁波宁静区，但这样的措施也只能将人工射频干扰减弱到不至于危害观测设备安全的程度，而无法完全回避干扰信号的存在。而由于谱线观测的操作对象是具有特定频率的天体辐射（而非脉冲星之类的连续谱源），因此射频干扰标记对于谱线数据处理过程来说尤其重要。

具体到 FAST 的 19 波束接收机的频率覆盖范围（1050 ～ 1450 MHz），最常见的射频干扰来自各类卫星导航系统 [如 GPS、北斗、伽利略、格洛纳斯导航卫星系统（Global Navigation Satellite System，GLONASS）等]、民航用测距器（Distance-Measuring Equipment，DME），还有亚洲之星等同步卫星的辐射。另外，在 FAST 投入运行的早期阶段，源自望远镜用于测量的全

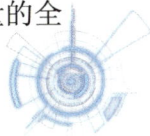

站仪、接收机制冷压缩机等设备的电磁辐射也不能被忽略，其中前者表现为频谱中一系列间距为十几兆赫兹乃至更密集、高低不等的尖刺状结构；后者则是一系列彼此相隔数兆赫兹至数十兆赫兹、各宽约 1 MHz 的低矮隆起［见图 2.30，也可见图 2.26（a）中 SDSS J153437.6+251311.4 吸收线左侧的鼓包］。只是随着上述设备陆续完成电磁屏蔽，台站设备自身发出的干扰如今在很大程度上已经得到了抑制。

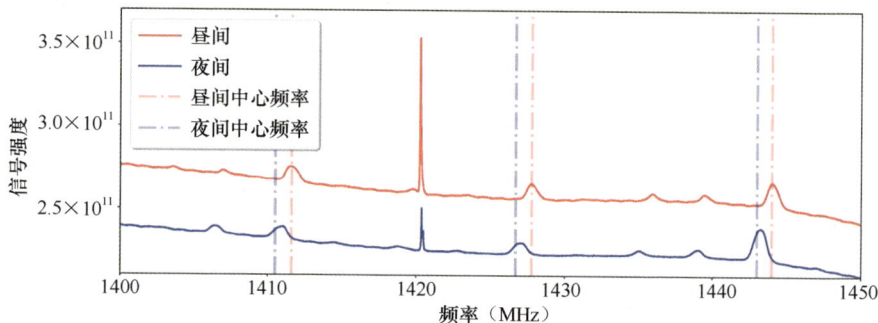

图 2.30　在 FAST 启用之初的谱线数据中存在的鼓包示例（也就是图中较矮、较宽的一系列辐射峰），这种成分源自接收机的制冷压缩机，现在已经基本得到了抑制
（图片来源：Jiang et al., 2020）

其中，DME 的信号主要出现在 960 ～ 1215 MHz 频段，由于多为偶发，影响通常不算很严重。亚洲之星信号本身的频率虽然接近 1500 MHz，位于 19 波束接收机的有效观测频段之外，但 FAST 在进行低赤纬天区的观测时，由于接收机可能会正指卫星辐射强度极高的广播波束，整个 1050 ～ 1450 MHz 频段的数据都会受到影响，甚至可能出于安全的考虑需要停止观测。主要分布于 1150 ～ 1300 MHz 频段的各式卫星导航信号由于具有全天候全球服务的特性，基本上在 FAST 的所有可观测天区持续存在，对观测造成了很大的影响，在相应的频率处是难以开展科学研究的。

表 2.4 列出了 FAST 台址在望远镜观测频段内的已知主要干扰源。除了表中给出的辐射基频，整数倍频率的谐波在合适的条件下也有可能会出现。图 2.31 所示为 FAST 台址常见射频干扰示例。

表 2.4　FAST 台址在望远镜观测频段内的已知主要干扰源

序号	频段（MHz）	业务		备注
1	64.2～92.0		开路电视	
2	87～108		调频广播	
3	108～117.95	民航	甚高频全向信标（Very High Frequency Omnidirectional Radio range，VOR）	有长驻信号
4	117.975～137		甚高频通信收发设备	123.1 MHz 为救援辅助频率
5	121.5		国际航空遇险和安全通信频率	有长驻信号
6	137～138		气象卫星	
7	140～144		甚高频段对讲	141.2 MHz，143.7 MHz 信号较明显
8	144～148		业余无线电对讲	147 MHz 对应森林防火专用频率
9	148～167		甚高频段对讲	
10	167～223		开路电视	
11	243.7～243.9		民航应急定位发射器（Emergency Locator Transmitter，ELT）	
12	245～270		MILSATCOM（美国军用通信卫星）	有长驻信号
13	328.6～335.4		民航仪表着陆系统（Instrument Landing System，ILS）	
14	430～440		业余无线电对讲（下行）	
15	450～470		大灵通（CDMA450）	
16	470～558		开路电视	
17	638～750		开路电视	

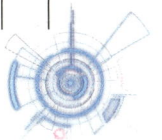

续表

序号	频段（MHz）	业务		备注
18	825~835	移动通信	中国电信 CDMA（上行）	因 FAST 台址附近不设置基站，也不允许使用手机，因此望远镜接收到的移动通信信号主要是下行信号
19	870~880		中国电信 CDMA（下行）	
20	890~909		中国移动 GSM900（上行）	
21	909~915		中国联通 GSM900/WCDMA（上行）	
22	935~954		中国移动 GSM900（下行）	
23	954~960		中国联通 GSM900/WCDMA（下行）	
24	960~1215	民航	测距器（DME）	包括 1030 MHz、1057 MHz、1067 MHz、1090 MHz、1099 MHz、1102 MHz、1105 MHz 等频率处的窄频发信号，以及 1079 MHz、1090 MHz、1099 MHz、1102 MHz、1105 MHz 等频率在时间上较为密集的信号
25	978		广播式自动相关监视（ADS-B）通用访问收发机（UAT）	
26	1090±1		1090 MHz 扩展电文（1090ES）广播式自动相关监视地面站	有长驻信号
27	1175.4~1177.5	卫星导航	GPS 卫星 L5 频段/伽利略卫星 E5a 频段	
28	1205~1209		伽利略卫星 E5b 频段/北斗 2 卫星 B2 频段	
29	1226.6~1229.6		GPS 卫星 L2 频段	
30	1242~1250		GLONASS 卫星 L2 频段	
31	1258~1278		北斗 2/3 卫星 B3 频段	
32	1381~1386		GPS 卫星 L3 频段（核爆探测器 NUDET，非导航信号）	

续表

序号	频段（MHz）	业务		备注
33	1467～1492		亚洲之星同步通信卫星	在望远镜指向赤道附近时，相应辐射较为强烈
34	1525～1559		国际海事卫星通信系统全球移动业务（F3 频段）	长驻信号包括 1533 MHz（极弱）、1535 MHz（极弱）、1543 MHz、1549 MHz、1551 MHz、1554 MHz、1556～1557 MHz 等
35	1551～1600	卫星导航	伽利略卫星 E1 频段	
36	1559～1563		北斗 2 卫星 B1 频段	
37	1570.4～1580.4		GPS 卫星 L1 频段／北斗 3 卫星 B1 频段	
38	1598.1～1625.5		GLONASS 卫星 L1 频段	
39	1616.1～1625.5		铱星卫星电话	
40	1710～1725	移动通信	中国移动 GMS1800/DCS1800（上行）	
41	1745～1755		中国联通 GMS1800/DCS1800（上行）	
42	1765～1780		中国电信 LTE FDD（4G）（上行）	
43	1805～1820		中国移动 GSM1800/DCS1800（下行）	
44	1840～1850		中国联通 GSM1800/DCS1800（下行）	
45	1860～1875		中国电信 LTE FDD（4G）（下行）	
46	1885～1915		中国移动 TD-LTE	
47	2100～2145		中国联通 WCDMA（3G）（下行）	
48	2400～2480		Wi-Fi 无线网络信号	
49	2487.6～2495.8		北斗 1 卫星 S 频段	

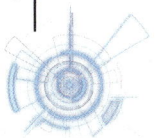

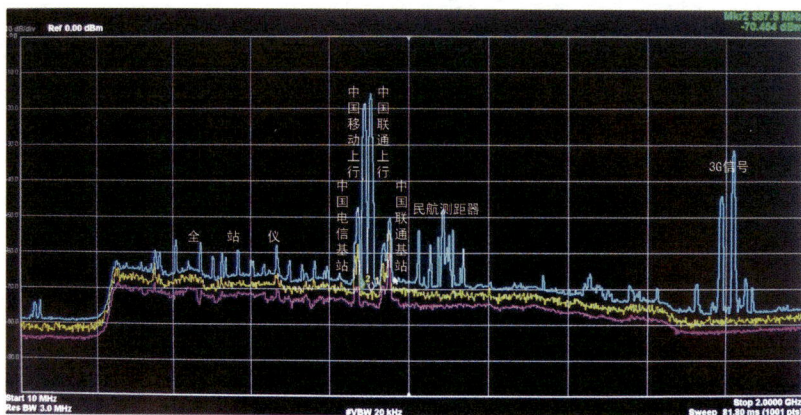

图 2.31　FAST 台址常见射频干扰示例（图中频谱的频率覆盖范围为 270 ～ 1620 MHz）

　　由于射频干扰源的辐射水平往往比待测天体信号强很多，为了能够准确测量谱线流量或生成天空图，筛选并标记射频干扰必不可少。射频干扰标记可以在数据采样过程中通过仪器端来完成，也可以在数据处理过程中进行，本小节主要关注后一种情形。数据处理过程中的射频干扰标记在带通和基线修正的前、后进行皆可，甚至在必要的情况下还可以在修正前、后各执行一次。出于保留原始数据的目的，执行射频干扰标记时不建议直接对观测数据进行修改。常用的方式是设置一个体量等于待标记数据的干扰标识掩模，将辨认为干扰的区域（也就是"坏"数据）的掩模值设置为 0，"好"数据设置为 1，后续处理期间只要将数据乘以掩模值，即可筛选出所需的部分。传统的自动化射频干扰标记算法多数是通过阈值筛选来实现的，最简单的做法就是将数据中读数高于某一预设阈值的部分一律视作干扰，不过这样做的准确性通常不高；当前常用的阈值识别算法都会考虑多像素 /频点的组合，尤以被多种射电数据处理程序广泛应用的 SumThreshold 为代表。本小节以此为例，根据 Offringa et al.（2010）对该方法进行简要介绍。

　　组合阈值法认为，射频干扰的形态往往是在一定时间 / 频率范围内的流量突增，而非简单的单点的变化，因此标记时要考虑连续数据点的合并特征，而不仅仅审视单个数据样本。具体到 SumThreshold 方法，其要求预先设置好一系列逐渐降低的阈值。若某一组彼此相邻的数据点的平均流量读数绝对值超过了相应的样本规模对应的阈值，则将该组数据点划为干扰。阈值越低，相应的样本规模就越大。如将单个数据点的阈值设置为 χ_1，那么对于 N 个连续数据点的组合来说，相应平均读数的阈值则通过式（2.32）来计算。

$$\chi_N = \frac{\chi_1}{\rho^{\log_2 N}} \qquad (2.32)$$

根据 Offringa et al.（2010）的建议，通常可以选择系数 $\rho = 1.5$；而 χ_1 的选择也可以参照修正带通和基线时的做法，首先计算已完成流量校准的数据 S_{bsl} 的标准差 σ，并将单个数据点的阈值定义为 σ 的若干倍。但这两个参数最终需要借助大量实际数据样本来调整和优化，与机器学习类似，常用的调整依据包括精度（Precision）、召回率（Recall）和 F1 分数 3 个指标（Davis et al., 2006）。其中，精度指的是在所有被标记为射频干扰的样本中真实射频干扰所占的比例 [Precision = TruePositive/（TruePositive + FalsePositive）]；召回率是所有真实射频干扰中得到正确标记的比例 [Recall = TruePositive/（TruePositive + FalseNegative）]；F1 分数为精度和召回率的调和平均 [F1 = 2 × Precision × Recall/（Precision + Recall）]，可以被视作综合衡量射频干扰识别算法性能的指标。

用 SumThreshold 方法筛选射频干扰时，程序会从频域和时域对数据进行扫描，并依次对从 1 开始的一系列 N 个数据点组合内的读数求出绝对值的平均数，将平均绝对值超过相应阈值的区域标为干扰。实际操作中，为了避免某一个或几个读数超高的数据点影响全局，当某个区域被标记为干扰，该区域内的所有数据点读数就需要用相应的阈值来替换。

N 的选择可以从 1 开始，按照 1, 2, 3…的顺序依次递增，直到 N 等于该方向上的数据点总数。也可以为了节约时间，将 N 选择为 1, 2, 4, 8, 16…的 $2n$ 序列。经过 FAST 的观测数据测试，这两种方法的效果相差并不大。

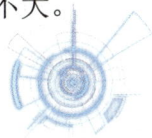

另外，当 N 的上限达到一定数值之后，标记结果也无显著差异，因此这个上限不必选取过大的数值，可根据实际数据来调整、优化。

但是，SumThreshold 方法的适用场合是光滑的连续背景之上存在少数干扰。当干扰大量存在，甚至占据了整个观测频段的大半部分时，使用这一方法就很难准确标记射频干扰了——如果仍用自身 σ 的若干倍来定义阈值，此时超出"阈值"的数据反而更可能是未被干扰污染的部分；但考虑到接收机后端系统本底的起伏、观测时数字增益的可能调整以及不同天区连续谱辐射水平的变化，直接以某个预设值作为 SumThreshold 的基准阈值也并不合理。对 19 波束接收机的数据来说，在处理由大量卫星导航信号支配的 $1150 \sim 1300\mathrm{MHz}$ 频段时尤其要注意这一点。在这样的特殊区域，可以利用邻近的平坦频段数据来计算阈值，而不能直接以自身的 σ 等参数作为阈值。

为了避免将天体强源误标为干扰，应参考调用已有的星系源表与 HI 源表（如 ALFALFA 巡天的 $\alpha.100$ 总表，以及 SDSS、2MASS 等光学 / 红外巡天星表）。如果某个疑似干扰出现在已知星系的位置上，就不宜再将其标注为射频干扰了，而需要人为判断其是否属于天文信号。另外，频率为 $1420.4\ \mathrm{MHz}$ 的河内中性氢谱线在全天几乎无处不在，因此也应对相应的频段加以保护（如通过掩模设置），而不能由标记程序自动识别。当然，上述操作无法保护数据中可能存在的未知信号（如前文提到的无光学对应体的暗星系），但好在这些尚待发现的信号往往强度较弱，在大多数情况下不会被阈值算法误判。

总之，SumThreshold 是一种原理简单、编程实现并不复杂的射频干扰标记方法，值得尝试，但各种参数的设置需要根据实际数据和仪器特性来优化、调整。调整参数试图达到的理想状态自然是使精度与召回率二者均尽量趋近 1，F1 分数也接近 1，但实际上这是很难实现的。退而求其次的话，从保留数据完整性（对射频干扰的标记宁漏勿错）的角度考虑，建议优先保证精度。这是因为，精度更高，意味着被误判为射频干扰的事例更少；但被阈值算法错误标记的某些假射频干扰有可能就是真实的强天体谱线。作为比较,弱射频干扰未被正确识别虽然会增大后续数据处理(尤其是信号提取)的工作量,但是不会错过原本存在的天文强源。不过,针对 FAST 原始数据(未进行带通和基线修正)的测试表明,SumThreshold 方法所表现出的识别精度虽高(90% 以上),但召回率较低(只能达到 50% 左右),这可能是基线形态复杂所致。当完成必要的修正后,识别算法的表现可以得到一定的提升。

图 2.32 所示为 SumThreshold 方法的射频干扰识别效果示例,其中图 2.32 (a) 所示为 FAST 获取的原始频谱数据(图中涵盖的频谱通道数约为 1000),频率约为 1386.1 MHz 处的射频干扰清晰可见;图 2.32(b) 和图 2.32(c) 所示为不同阈值设置下的射频干扰掩模,对应的 χ_1 分别为基线部分标准差 σ 的 3 倍和 5 倍(掩模值为 0 代表识别出的干扰,掩模值为 1 代表需要保留的"好"数据);所选取的 N 值序列为 1、2、4、8、16、32、64、128、256、512。由图可见,由于基线形态的不规则性,当 χ_1 较低时,有大量原本属于基线起伏的部分被误标记成了干扰。

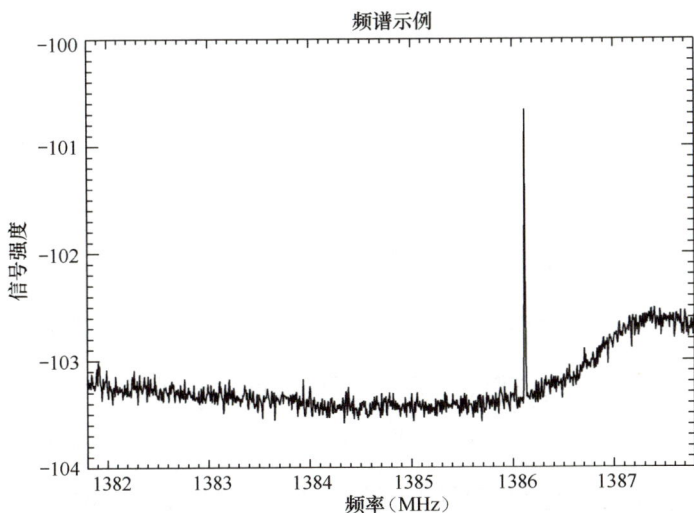

(a) FAST获取的原始频谱数据

图 2.32　SumThreshold 方法的射频干扰识别效果示例

射频干扰掩模示例

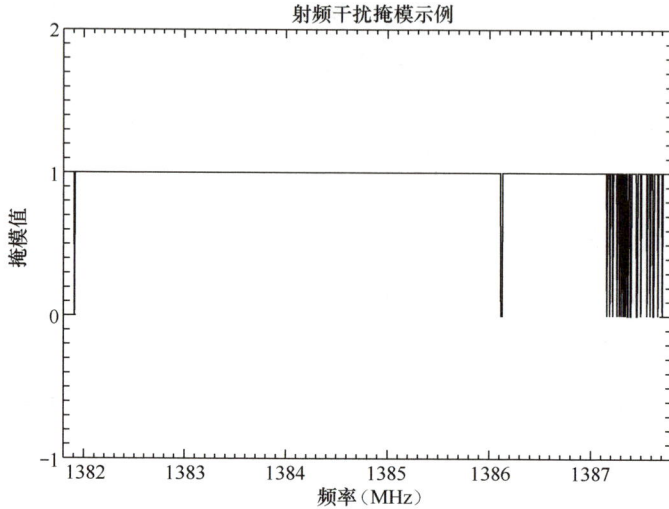

（b）将χ_1设为基线部分标准差σ的3倍时对应的射频干扰掩模

射频干扰掩模示例

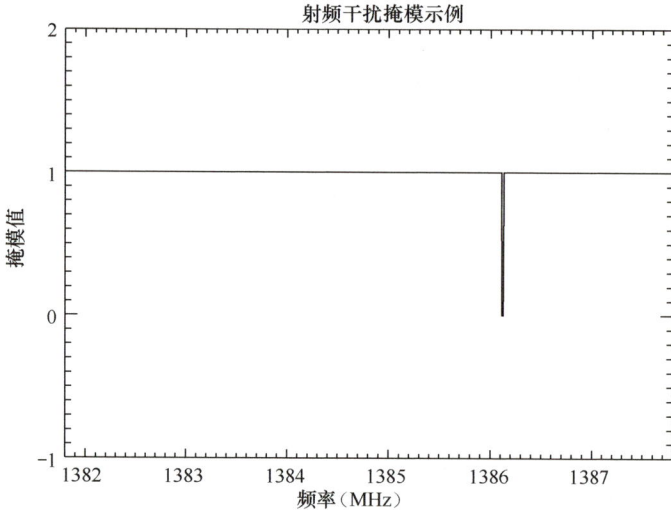

（c）将χ_1设为基线部分标准差σ的5倍时对应的射频干扰掩模

图 2.32　SumThreshold 方法的射频干扰识别效果示例（续）

使用 SumThreshold 方法标记射频干扰的过程总结如下。

第一步，选取合适的样本数量（N 值）序列以及单个数据点的阈值 χ_1（可以选为已修正过带通和基线的流量数据 S_{bsl} 的标准差 σ 的若干倍）。

第二步，根据星表中已知或潜在具有中性氢辐射的星系位置，将数据中相应的位置（漂移扫描时对应的时间）/ 速度（即频率）区间保护起来，不在其中筛选射频干扰。同时，还需要保护河内 HI 谱线（1420.4 MHz）周边的区域，以方便河内中性氢与中、高速云的观测。保护方法建议使用射频干扰掩模，默认将这些区域的掩模值设置为 1，程序不得自动对其进行变更，但万一在相应位置存在相位不稳定的仪器驻波等仍需扣除的瑕疵，需要人工确认并标记。

第三步，分别对每个波束 / 偏振的记录进行射频干扰标记操作。首先，沿频域扫描每组流量数据，按照 N 值序列的取值，依次比较 $N(i)$ 个数据点的组合内每个数据点读数绝对值的平均。如果平均绝对值超过了由式（2.32）定义的相应个数的数据点组合阈值，则将该区域定义为干扰（可以设置对应区域的射频干扰掩模值为 0）。同时，为了保证单个或少数几个流量超高的数据点不至于影响全局，标记干扰后需要将被标记部分的数据用相应 N 的阈值重置。

第四步，在时域进行相似的扫描和标记，保留标记结果待使用。出于安全的考虑，整个过程不建议改动原始数据，标记干扰后的阈值重置操作可以使用数据副本进行。

第五步，如有需要，最后可由人工对标记结果进行检查和补充。

除了 SumThreshold 方法，以下射频干扰标记方法也可被用于谱线观测。

① VarThreshold：也是"组合阈值"方法的一种，基本思路与 SumThreshold 类似，只是筛选指标不是某几个数据点组合的平均值超过阈值，而是要求组合中每个点的读数绝对值都要超过由式（2.32）定义的相应阈值，其他操作都与 SumThreshold 相同。这种方法也要结合实际情况合理调整阈值 χ_1、N 值序列等参数。

② 奇异值分解（SVD）：矩阵的奇异值包含矩阵的特性信息。SVD 法需要将频率 - 时间数据矩阵 $\boldsymbol{S}_{bsl}$ 分解为 $M \times M$ 阶以及 $N \times N$ 阶单位复矩阵 $\boldsymbol{U}$ 和 $\boldsymbol{V}$（每行各含有一个左右奇异矢量），以及含有奇异值的 $M \times M$ 阶实矩阵 $\boldsymbol{\Sigma}$，也就是 $\boldsymbol{S}_{bsl} = \boldsymbol{U}\boldsymbol{\Sigma}\boldsymbol{V}^{\mathrm{T}}$。如果将 $\boldsymbol{S}_{bsl}$ 的奇异值按特定顺序排列，那么 $\boldsymbol{\Sigma}$ 的选取将是唯一的，不过 $\boldsymbol{U}$ 和 $\boldsymbol{V}$ 未必。一般认为，矩阵 $\boldsymbol{\Sigma}$ 给出的数值最大的若干奇异值就代表了射频干扰所在，因此将 $\boldsymbol{S}_{bsl}$ 分解后，可将 $\boldsymbol{\Sigma}$ 中最大的奇异值标

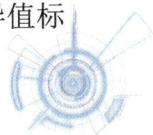

记为干扰，并将其重置为 0，构建新的奇异值矩阵 $\boldsymbol{\Sigma}'$，再根据分解结果，得到扣除干扰后的数据 $\boldsymbol{S}_{\text{bsl,RFI}} = \boldsymbol{U}\boldsymbol{\Sigma}'\boldsymbol{V}^{\text{T}}$。这种方法更适用于扣除周期性出现的干扰，且有待扣除的奇异值阈值选择也需要结合数据进行优化。

③ 独立成分分析（Independent Component Analysis，ICA）：这是一种用于分离多个相互混合的独立信号的方法（Hyvärinen et al., 2000），它以干扰信号同天体辐射之间的独立性以及信号本身所具备的非高斯性这两大前提，从理论上可以借助目标函数（如峰度或负熵）极值化的方法将干扰与待测源的辐射解混，再结合不同信号源的辐射特性，实现射频干扰辨识。这一方法的优点在于无须精细调整阈值设置，其已被用于云南天文台 40 米射电望远镜脉冲星数据的射频干扰扣除（戴伟 等，2019），取得了较好的效果，甚至在一定程度上还可以对存在严重干扰的频段的数据进行"废物利用"。但考虑到 FAST 的实测数据往往能分解为多种彼此独立的成分，而不是单纯的天体信号和射频干扰；单凭 ICA 本身不能确定每个独立成分的顺序，将所需的天体辐射辨识出来必须借助先验知识，这往往意味着较多的人力介入；具有特征频率的谱线辐射与脉冲星的连续谱信号区别也比较大，所以将 ICA 方法用于 FAST 谱线数据分析的效果还需要更多的实际测试。

④ 机器学习：属于目前较为热门的研究方向，可以尝试使用多种相关算法和参数组合来对实际数据进行测试，从而找到最优选择。但当下流行的深度学习算法往往涉及多次卷积操作，其计算速度可能比传统的统计阈值法更慢；且在判定射频干扰时通常缺乏物理理由，事前要耗费大量时间为足够的训练样本进行人工打标工作，因而必须权衡考虑。FAST 团队也对此进行了尝试。Akeret et al.（2017）将长于图像识别的卷积神经网络（Convolutional Neural Networks，CNN）结构——U-Net（Ronneberger et al., 2015）成功运用于射频干扰识别的基础上，Long et al.（2019）以及 Yang et al.（2020）提出了一种改进 U-Net 模型的 RFI-Net，通过增加网络层数以增加可识别的特征数量、引入残差模块搭建短跳结构等手段，达到了提升射

频干扰识别率的目的。使用模拟数据以及 FAST 和瑞士布莱因射电天文台（Bleien Radio Observatory）实测数据进行的测试表明，RFI-Net 对射频干扰的辨认精度、召回率以及 F1 分数均达到了 90% 甚至更高的水平，全面优于以 SumThreshold 为代表的传统方法以及 K 近邻（K-Nearest Neighbor, KNN）和经典 U-Net 等其他机器学习算法，且利用小样本训练数据所取得的效果也更优。Xiao et al.（2022）进一步通过搭建并行框架，实现了 RFI-Net 对 FAST 谱线巡天观测数据标识率的准实时化。

　　图 2.33 所示为基于 U-Net 模型设计的射频干扰识别网络——RFI-Net 的结构示意，由图中左侧的 4 次下采样与右侧的 4 次上采样操作组成。下采样过程在完成每一步卷积操作后，都要由残差模块（橙色虚线方框）记录特征，并利用最大池化操作（蓝色斜纹方块）将其提取出来，同时将结果通过恒同映射形式的短跳链接传输给相应的上采样。每完成一次下采样，数据分辨率减半，特征图数量翻倍。上采样的每一步需进行卷积转置操作（棕色网格方块），并将下采样过程相应步骤的结果与之相加，再由相应的残差模块（蓝色虚线方框）完成处理，每一步的图像分辨率翻倍，特征图数量减半。图 2.33 中，ReLU 是用于抑制数值计算过程中梯度爆炸或消失现象的非线性激活函数，BN 则代表用于回避计算过程中持续调整前一层读数需求的批量归一化操作。

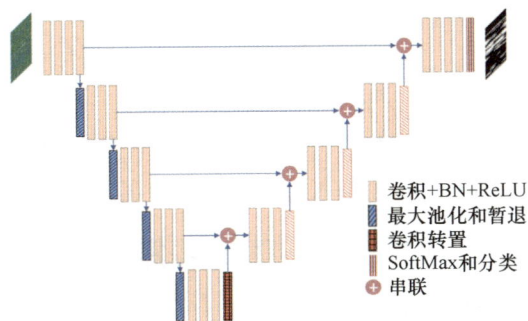

（a）RFI-Net所采用的基本U形网络结构

图 2.33　基于 U-Net 模型设计的射频干扰识别网络 RFI-Net——结构示意图
（图片来源：Yang et al., 2020，图 5）

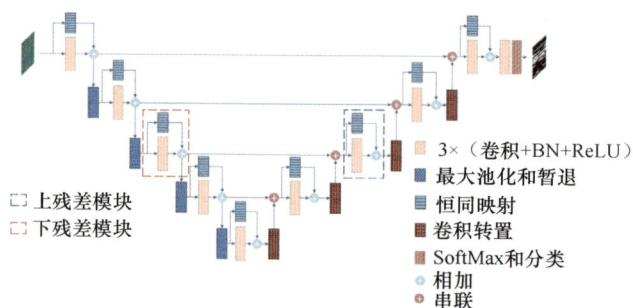

（b）在图（a）的基础上增添了残差模块，
引入了短跳结构，完成RFI-Net的搭建

图 2.33 基于 U-Net 模型设计的射频干扰识别网络 RFI-Net——结构示意图（续）
（图片来源：Yang et al., 2020，图 5）

（3）其他需要说明的问题

① 谱平滑

在数据处理的第一阶段需要进行的工作还有两项。其一是在完成数据的流量校准、带通和基线修正以及射频干扰标记后，为了增强信噪比、抑制随机的系统噪声起伏，最好再对完成校准和修正的频谱数据统一进行一次谱平滑。平滑函数有多种选择，常用的包括高斯函数

$$g(x) = \frac{1}{\sigma\sqrt{2\pi}} e^{-\frac{1}{2}\left(\frac{x-\mu}{\sigma}\right)^2} \tag{2.33}$$

以及在傅里叶空间旁瓣泄漏较小的汉宁窗（Hanning Window）函数（等同于调制矩形窗的线性组合，见图 2.34）

$$w(x) = \frac{1}{2}\left[1 - \cos\left(\frac{2\pi x}{N-1}\right)\right] \tag{2.34}$$

等。应结合仪器性能以及所需解析的频谱结构宽度等各种因素来选择平滑函数的宽度，以保证既能有效抹平数据中的微小起伏，突显所需的谱线，又不会在频谱分辨率方面损失过多。

② 速度参考系的转换

谱线数据处理的第一阶段需要进行的另一项工作是将射电数据中的频率

信息换算成速度。假如天体发出的辐射频率是 v_{emit}，而经过红移等效应的影响，频率在抵达观测者后改变了 Δv，那么射电谱线速度 v_{radio} 定义为

$$v_{radio} = \frac{\Delta v}{v_{emit}} \times c \qquad (2.35)$$

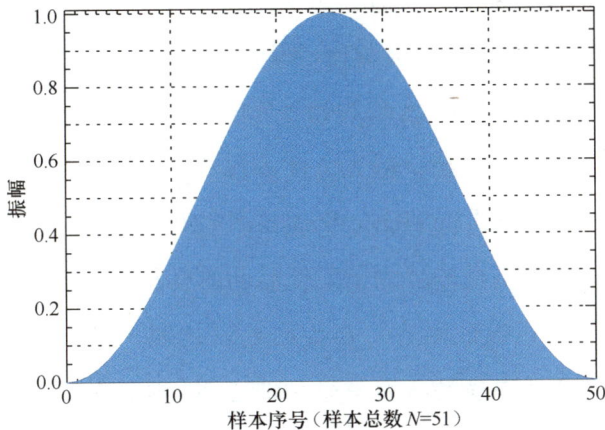

（a）常用的谱平滑函数——汉宁窗函数

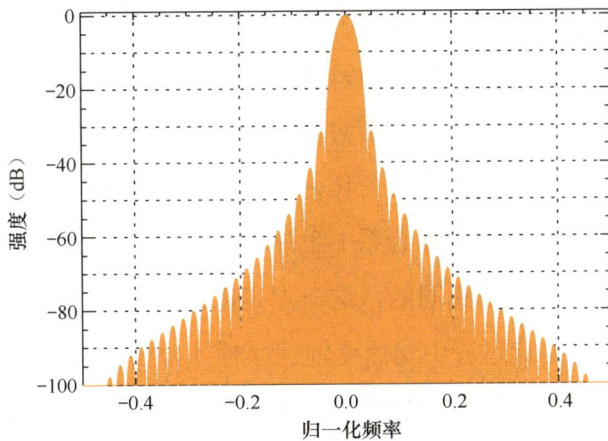

（b）经过傅里叶变换后的形态

图 2.34　汉宁窗函数及其经过傅里叶变换后的形态

需要注意的是，光学天文学中，谱线速度一般通过波长 λ 定义为 $v_{optical} = \dfrac{\Delta \lambda}{\lambda_{emit}} \times c = \dfrac{\Delta v}{v_{emit} + \Delta v} \times c$，与射电天文学中的有所区别。红移的定义通常与光

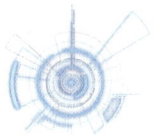

学保持一致，也就是 $z = \dfrac{\Delta v}{v_{emit} + \Delta v}$。而对于静止系频率 1420.4 MHz 的 HI 谱线而言，为了方便操作，一般根据式（2.35）定义，5 kHz 约合 1 km/s。当然，现实中也有部分射电观测（如阿雷西博射电望远镜开展的 ALFALFA 巡天）使用了光学速度的定义，具体情况需要以相关文献提供的描述为准。

望远镜直接记录下的频率对应的谱线速度都是站心参考系下的速度。但当前主流的天球赤道坐标系（J2000）是相对太阳系质心建立的，换句话说，星表中给出的天体赤道坐标一般为太阳系质心系坐标；新一代国际天球参考系（International Celestial Reference System，ICRS）更是以大量河外类星体定义的准惯性系作为基准的。为了方便后面的红移分析，同时保证不同时间的谱线观测结果可以彼此对齐，在数据处理初期，对于接收机输出的原始 FITS 文件，就需要考虑从站心参考系到地心系［地心天球参考系（Geocentric Celestial Reference System，GCRS）］再到太阳系质心系的速度修正；如果是河内观测，之后通常还要对太阳系质心系速度进行进一步的空间运动修正，换算到本地静止标准（Local Standard of Rest，LSR）等参考系；最后要将连续变化的修正量离散化到每个通道对应的频带中，而且要参考观测时间的推移和赤道坐标系下望远镜指向的变化，及时调整修正量。这样，历次观测记录的频段（即速度范围）在地心系中虽然保持固定，但在太阳系质心系或本地静止标准下其实是不尽相同的，这一点可以通过在跟踪数据的谱线平均或漂移扫描后续的栅格化过程中对速度轴进行对齐和裁切来予以补偿。

从站心参考系到地心系的速度转换消除的是地球自转的影响。这一步在计算上相对简单，原则上只需考虑望远镜（即测站）所处的地理纬度 lat（对于 FAST 而言是北纬 25° 39′ 10″.626537）。地球自转相对地心［地球中间参考系（Terrestrial Intermediate Reference System，TIRS）］带来了一个速度成分 $v_{rotation}$（单位为 km/s）。

$$v_{rotation} = 0.465\,10\cos(\mathrm{lat}) \tag{2.36}$$

由于地球的自转方向为自西向东，v_{rotation} 的方向永远相对地心指向正东（也就是地心地平坐标系中的 az = 90°，za = 90°）。假如我们将经过天球坐标系变换后相对地心的东点对应的质心系赤道坐标用 $(\alpha_{\text{E}}, \delta_{\text{E}})$ 表示，那么 v_{rotation} 在天球坐标系的 x、y、z 坐标轴方向上的分量分别为

$$
\begin{aligned}
v_{x,\text{rotation}} &= v_{\text{rotation}} \cos\alpha_{\text{E}} \cos\delta_{\text{E}} \\
v_{y,\text{rotation}} &= v_{\text{rotation}} \sin\alpha_{\text{E}} \cos\delta_{\text{E}} \\
v_{z,\text{rotation}} &= v_{\text{rotation}} \sin\delta_{\text{E}}
\end{aligned}
\tag{2.37}
$$

这里的赤道坐标系是右旋坐标系，x 轴正方向指向春分点（或 ICRS 定义的赤经零点），z 轴正方向指向北天极，所以 y 轴正方向就是对应赤经 6 时（90°）的方向。

IDL、Python 等编程语言的天文程序库均提供了计算地心相对太阳系质心三维速度 (v_x, v_y, v_z) 的函数；要求更高的话，还可以借助国际天文学联合会提供的基础天文学标准库（Standards Of Fundamental Astronomy，SOFA）来求出速度修正量。由此可以导出这个速度在目标源赤经、赤纬方向 (α, δ) 上的分量 $v_{\text{Earth},\alpha,\delta}$。

$$
\begin{aligned}
v_{\text{Earth},\alpha,\delta} = {} &(v_x + v_{x,\text{rotation}}) \cos\alpha \cos\delta + \\
&(v_y + v_{y,\text{rotation}}) \sin\alpha \cos\delta + (v_z + v_{z,\text{rotation}}) \sin\delta
\end{aligned}
\tag{2.38}
$$

如果 $v_{\text{Earth},\alpha,\delta}$ 符号为正，意味着地球在 (α, δ) 方向上的速度分量远离太阳系质心而去，反之则朝质心而来。因此，将地心系谱线速度 $v_{\text{radio,Earth}}$ 转换为质心系速度 $v_{\text{radio,Sun}}$ 的方法就是 $v_{\text{radio,Sun}} = v_{\text{radio,Earth}} + v_{\text{Earth},\alpha,\delta}$。对漂移扫描数据而言，鉴于从地心到太阳系质心的速度修正量是连续变化的，而第二阶段的栅格化操作则需要事先固定一系列的频谱（速度）通道并在其上进行操作，之后还要根据 $v_{\text{radio,Sun}}$ 落在哪个频谱通道内来决定各组观测数据在频率方向上的整体平移量。

河内观测所需的太阳系空间运动修正相对简单，太阳系质心相对本地

静止标准的相对速度短期内不会有明显变化，只需调用已有库函数即可。

③望远镜指向坐标的换算

在 2.1.4 小节中已经提到过，当前负责 FAST 姿态测控的计算机与观测数据记录后端是独立的，FAST 的指向只能依靠测控部门提供的关键参考点测量数据来反算。这些测量数据都是在大地测量坐标系中测得的；在进行观测数据处理时，相关参数要换算为望远镜所指目标的天文地平坐标 (az, za) 或赤道坐标 (α, δ)。FAST 的大地测量坐标系是以反射面的假想球心为原点的右旋坐标系，以正东为 x 轴正方向，正北为 y 轴正方向，z 轴上正下负；方位角以正东为 0°，且逆时针递增。这套系统与正北点起算、方位角顺时针增加的左旋天文地平坐标系有明显差异，必须加以注意。

图 2.35 所示为 FAST 大地测量坐标与天文地平坐标转换几何关系示意，图中 x、y、z 轴的定义均以大地测量坐标系为准，展示了垂直于 x 轴方向的剖面。其中，za 代表源的天顶角，R 是球面曲率半径（300 m），D 是反射面总口径（500 m），d 是有效抛物面的口径（300 m），f 是抛物面焦距（约为 138 m，可变），h 是抛物面顶点到标准球面的距离（约为 0.46 m）。为了清晰起见，h 相对 f 的比例和实际情况相比有所夸张。

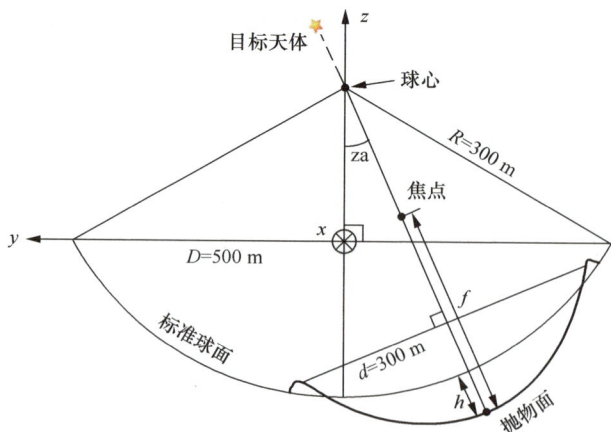

图 2.35　FAST 大地测量坐标与天文地平坐标转换几何关系示意

如图 2.35 所示，考虑望远镜瞄准一个在地心天文地平坐标系中方位角为 az 的目标的情形。根据 FAST 反射面的结构，因为球面曲率半径 R（300 m）大于抛物面焦距 f（约为 138 m，可变），故抛物面顶点与焦点（也就是馈源相位中心）在大地测量坐标系下应该位于源的对侧。这样反射面顶点和焦点在天文地平坐标系中的方位角均为 $az_{telescope} = az + 180°$，在大地测量坐标系（以下角标 geodesic 区分于天文地平坐标系）中的方位角 $az_{telescope, geodesic}$ 则可由式（2.39）计算。

$$az_{telescope,geodesic} = 360° - (az_{telescope} - 90°) = 270° - az \qquad (2.39)$$

当由此求出的 $az_{telescope, geodesic}$ 小于 0° 时，将这个角度加上 360° 即可。这样抛物面顶点的大地测量坐标为

$$
\begin{aligned}
x_{parabolic,geodesic} &= (R + h)\cos(az_{telescope,geodesic})\sin(za) \\
y_{parabolic,geodesic} &= (R + h)\sin(az_{telescope,geodesic})\sin(za) \\
z_{parabolic,geodesic} &= -(R + h)\cos(za)
\end{aligned}
\qquad (2.40)
$$

而对应馈源相位中心的大地测量坐标为

$$
\begin{aligned}
x_{feed,geodesic} &= (R + h - f)\cos(az_{telescope,geodesic})\sin(za) \\
y_{feed,geodesic} &= (R + h - f)\sin(az_{telescope,geodesic})\sin(za) \\
z_{feed,geodesic} &= -(R + h - f)\cos(za)
\end{aligned}
\qquad (2.41)
$$

由于当前 FAST 的反射面形状需要使用全站仪测量，测量周期是 10 min 以上，难以满足实时改变面型的需要，观测时大抵会借助预先标定的索网模型而非实时测量结果来进行反射面的开环调整；而馈源的融合测量系统可以每秒 5 次的频率给出大地测量坐标下的馈源相位中心坐标数据。出于及时性的考虑，在计算望远镜指向时，一般都采用由馈源相位中心坐标反算天球坐标的方式，也就是根据式（2.41）反推望远镜对准的天文地平坐标 (az, za)，再利用时间信息将地平坐标转换成赤道坐标 (α, δ)。由于相位中心坐标的测量时刻与观测后端数据记录时刻并不重合，每条数据记录对应的指向需要进行插值处理。另外，根据望远镜大地测量坐标反算出来的天文地平

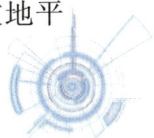

坐标是以观测者参考系为基准的，之后还要修正大气折射效应，换算为站心参考系坐标，再修正地理经纬度、周日光行差、极移、地球自转角、岁差、章动等效应，换算到 GCRS 中，最终还要修正光线偏折、光行差、视差以及空间运动效应，转换为太阳系质心坐标，这部分也可以通过调用现有库函数来完成。

④ 19 波束接收机外围馈源喇叭指向的换算

前文只给出了单波束馈源（或 19 波束中心馈源）相位中心的大地测量坐标及其所指定目标天球坐标的计算方法。对于 19 波束接收机而言，按照设计方案，接收机旋转角度的零点定义在 2 号或 8 号波束方向，旋转 0° 意味着内圈的 2 号和外圈的 8 号波束位于望远镜的 9 点钟方向（正西方），相当于正交偏振波 A 分量的方向（参见图 2.14 的波束排列方式）；且内圈 2 ～ 7 号相邻波束的夹角 $\theta_1 = 60°$，外圈 8 ～ 19 号相邻波束的夹角 $\theta_2 = 30°$。因此，当接收机不旋转时，5 号和 14 号波束位于正东，17 号波束位于正南，11 号波束位于正北。但由于 FAST 的光路中只存在单独一块抛物形凹反射面，望远镜成像应为倒像，因此西侧的波束实际接收到的是来自天球东侧的信号，反之，南北向亦存在类似关系。

在硬件上，两个相邻馈源喇叭中心的设计距离 $s = 0.27$ m，在当前焦距 f 约为 138 m 的情况下，相邻喇叭在天空中所张的角度就是 $\theta_{F,1} = \arctan(s/f) \approx 6'42''.62$；中心的 1 号馈源与外圈偶数号馈源（位于六边形顶点）的张角是 $\theta_{F,2} = \arctan(2s/f) \approx 13'25''.23$，与外圈奇数号馈源（位于边上）的张角则是 $\theta_{F,3} = \arctan(3^{1/2}s/f) \approx 11'37''.35$。

但在非平面反射面系统中，两个馈源喇叭之间的张角并不等于二者接收到的信号在天空中的真实距离。根据抛物面偏焦理论，后者应该等于两个波束轴向的偏移角 θ_B，其数值可通过式（2.42）估算（Lo, 1960）。

$$\frac{\theta_B}{\theta_F} \approx \frac{(4f/d)^2 + 0.36}{(4f/d)^2 + 1} \tag{2.42}$$

这样，对 FAST 的焦距而言，$\theta_B/\theta_F \approx 0.8545$，所以两个馈源喇叭所接

收到的信号在天空中的间距是 $\theta_{B,1} \approx 5'44''.07$，中心馈源与外圈偶数号馈源接收到的信号的间距是 $\theta_{B,2} \approx 11'28''.14$，与外圈奇数号馈源接收到的信号的间距是 $\theta_{B,3} \approx 9'55''.95$。当然，式（2.42）只能给出 θ_B 的理论近似值，实际的间距如图 2.36 所示。

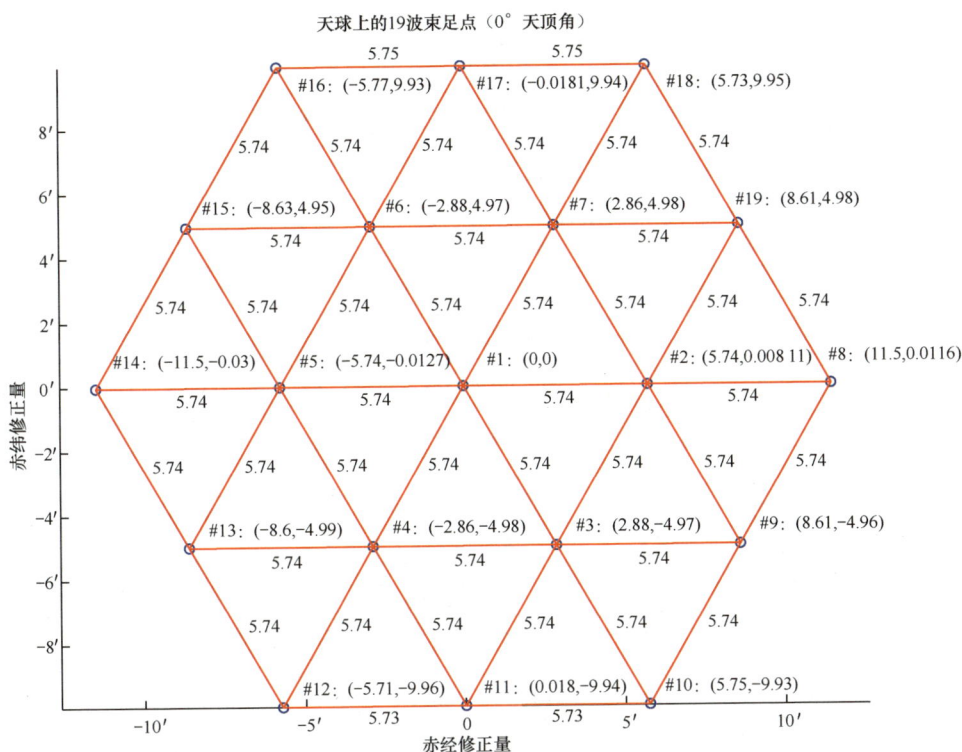

图2.36　接收机不旋转时外围波束的指向相对中心的实测修正量（单位为′），适用于赤纬0°的情形，对于高赤纬区域，赤经方向还应进行纬度修正（除以赤纬的余弦值）

　　定义从下方观看接收机馈源阵列时，2 号和 8 号波束硬件朝向正北方向旋转的角度 ϕ 为负数，反之为正数（与波束号增加的方向相反；因为图 2.14 对应的硬件安装方向为上南下北、左西右东，故相对此图而言，顺时针旋转时 ϕ 取正；2 号和 8 号波束在天空中所指的位置在 ϕ 取正时也是朝北方有所旋转的）。在这种情况下，如果接收机的旋转角度为 ϕ，待测目标赤纬为 δ，外围波束的指向相对中心应有如下修正：

$$([\Delta\alpha_i^2 + \Delta\delta_i^2]^{1/2}\times\sin[\arctan(\Delta\alpha_i/\Delta\delta_i)-\phi]/\cos\delta, [\Delta\alpha_i^2 + \Delta\delta_i^2]^{1/2}\times\cos[\arctan(\Delta\alpha_i/\Delta\delta_i)-\phi])])$$

其中，$\Delta\alpha_i$ 和 $\Delta\delta_i$ 分别表示图 2.36 所示的第 i 号波束在赤纬为 $0°$ 时赤经和赤纬方向相对中心波束的修正量。由此，当接收机按最密集赤纬覆盖的方式旋转 $23.4°$ 时，各波束的指向修正量见表 2.5。

表 2.5　各波束的指向修正量

波束号	$\Delta\alpha$	$\Delta\delta$
1	$+00'00''.00/\cos\delta$	$+00'00''.00$
2	$+05'15''.88/\cos\delta$	$+02'17''.22$
3	$+04'37''.02/\cos\delta$	$-03'25''.05$
4	$-00'38''.82/\cos\delta$	$-05'42''.38$
5	$-05'15''.77/\cos\delta$	$-02'17''.48$
6	$-04'37''.02/\cos\delta$	$+03'25''.05$
7	$+00'38''.82/\cos\delta$	$+05'42''.38$
8	$+10'32''.98/\cos\delta$	$+04'34''.67$
9	$+09'52''.30/\cos\delta$	$-01'07''.96$
10	$+09'13''.25/\cos\delta$	$-06'49''.78$
11	$+03'57''.85/\cos\delta$	$-09'06''.92$
12	$-01'17''.09/\cos\delta$	$-11'24''.52$
13	$-05'54''.66/\cos\delta$	$-07'59''.70$
14	$-10'32''.54/\cos\delta$	$-04'35''.68$
15	$-09'53''.17/\cos\delta$	$+01'06''.93$
16	$-09'14''.35/\cos\delta$	$+06'49''.31$
17	$-03'57''.86/\cos\delta$	$+09'06''.92$
18	$+01'18''.43/\cos\delta$	$+11'24''.44$
19	$+05'55''.44/\cos\delta$	$+07'59''.39$

2. 第二阶段关键操作分析

射电谱线数据处理的第二阶段是将原始观测数据转换为科学数据的关键。对于点源的定点观测来说，这一步只需在完成第一阶段的各种校准和修正之后对各条谱线取平均，再对目标谱线进行轮廓拟合，最后计算出线宽、流量、信噪比、相应中性氢柱密度等参数即可。而对于成图观测（如漂移扫描、飞扫成图、19 波束接收机特有的快照观测，以及相对不太常用的织篮扫描等）而言，需要先将原本采样并不均匀的数据栅格化，以便生成网格均匀的三维数据立方体（3 个维度分别是两个空间维度和一个频率 / 速度通道），然后从数据中提取信号，以供后续的分析使用。因为单个点源跟踪观测的信号提取方法比较简单，本小节主要介绍成图观测的操作（对点源谱线轮廓进行拟合，可使用后面"三维信号提取"部分中介绍的模板函数或简单的高斯函数组合来完成）。

（1）数据栅格化

栅格化是指利用不均匀采样的原始数据生成间隔均匀的三维数据立方体的过程，也是利用巡天数据开展科学研究的关键。单口径射电望远镜不具备直接成图的能力，即便使用多波束接收机，单次观测也只能记录天空中若干离散点的信号。如果想获得完整的天空图，必须针对该天区进行系统的覆盖式观测，如望远镜固定不动的漂移扫描、让望远镜以指定速度沿某一特定方向移动的飞扫成图、摆动接收机的织篮扫描（basket weaving），以及 FAST 的 19 波束接收机以 4 次跟踪实现对一个六边形天区完整覆盖的快照（snapshot）观测等。

但在这些模式的观测中，采样点在天空中的分布往往并不均匀。以 FAST 的漂移扫描观测为例，通常会选择固定赤纬（也就是望远镜的天顶角）、沿赤经方向扫描的方式。为了追求赤纬方向的覆盖最密集化，此时接收机会旋转 23.4°，这样赤纬方向上波束的间距最小可以达到 $1'6''$ 左右，小于望远镜在 L 波段的波束宽度（约 $2'.9$）的一半，从而实现对天空的超奈奎斯特采样。但谱线后端的典型采样周期是 1 s 多一点，最快可以达到每秒采样 10 次，而天球每秒转过的角度是 $15''$，因此原始数据在赤经方向的采样密度是远大于赤纬方向的。即使在理论上实现了接收机轨迹点均匀分布的快照观测，实际执行时也可能因为望远镜指向偏差或各种偶然因素的

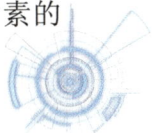

存在，无法达到预期的理想状态。在这种情况下，如果使用完成第一阶段
修正后的观测数据直接成图，将不可避免地引入系统性的偏差和缺陷。此
外，为了便于分析研究，由 FAST 扫描数据最终生成的数据立方体，一般
在赤经、赤纬两个空间方向上都应具备均匀的间隔。

　　因此，我们需要对经过第一阶段校准和修正后的谱线数据进行栅格化二
次成图操作。首先，指定均匀的目标网格 $(\alpha_{i,j}, \delta_{i,j})$（为了避免信息损失，通常
目标网格的分辨率要比望远镜的波束宽度更为细密），然后通过不同的栅格化
计算方法获得目标格点的流量。其中较为简易的方法是对目标格点周围一定区
间内的原始采样点直接进行加权平均，这曾被用于帕克斯射电望远镜主持的
HIPASS（Barnes et al., 2001）。该方法认为，每个目标格点经栅格化后的流
量 $S_{i,j}$ 可以用式（2.43）计算。

$$S_{i,j} = \frac{\sum\limits_{n=1}^{N} S_n / N}{\sum\limits_{n=1}^{N} w_n / N} \tag{2.43}$$

　　这里我们认为原始采样点具有 (α_n, δ_n) 形式的坐标，其中 N 是总数据样
本数，w_n 是每个原始样本对应的权重，其数值同采样点和目标点的距离相
关，形态则应按照望远镜波束形态进行选取。对于高斯型波束主瓣宽度而
言，权重函数的形式可以选为

$$w = \begin{cases} e^{\frac{r^2}{2\sigma^2}}, & r \leqslant r_{\max} \\ 0, & r > r_{\max} \end{cases} \tag{2.44}$$

式中，σ 是与波束形态相匹配的高斯函数特征宽度，与主瓣半高全宽的关
系是 FWHM $= 2 \times (2 \times \ln 2)^{1/2} \sigma$；$r$ 表示某个特定采样点到特定目标格点的距离；
而 $r_{\max}$ 则代表进行式（2.43）的加权平均操作的区域外边界，Barnes et al.
（2001）认为，令 $r_{\max}$ 近似等于 σ 即可取得不错的效果；如果追求精确，还
可以将其扩大到 $3\sigma \sim 5\sigma$。这里 $r_{\max}$ 的范围选取必须补偿高纬度的赤经圈

收缩效应，也就是说，在赤纬为 δ 的天区，沿赤经方向 1° 的弧长只相当于天赤道处的 $1° \times \cos\delta$，因此在高纬度天区，参与计算的赤经范围必须有所扩大。另外，考虑到在天顶角超过 26.4° 之后，FAST 的接收机波束会变形，因此在为这部分天区成图时，权重函数也应进行相应的调整。

更加严格的栅格化操作则是基于卷积的数据重采样，该方法曾被用于 HI4PI 巡天的成图工作（Winkel et al., 2016）。与加权平均法相比，卷积法额外引入了一个与原始采样点坐标和目标格点坐标相关的卷积核 $w(\alpha_{i,j}, \delta_{i,j}; \alpha_n, \delta_n)$。这个 w 其实也是某种形式的权重函数，代表每个数据点在计算时所占据的地位。该方法对应的目标格点信号 $S_{i,j}$ 通过式（2.45）计算。

$$S_{i,j}(\alpha_{i,j}, \delta_{i,j}) = \frac{1}{W_{i,j}} \sum_n S_n(\alpha_n, \delta_n) w(\alpha_{i,j}, \delta_{i,j}; \alpha_n, \delta_n) \tag{2.45}$$

式中，$W_{i,j} = \sum_n w(\alpha_{i,j}, \delta_{i,j}; \alpha_n, \delta_n)$ 是权重函数的归一化因子，与式（2.45）的分母部分相当；而分子部分则额外乘以卷积核 w。

卷积核函数也是原始数据点坐标以及该点相对目标点坐标距离的函数，通常选为高斯式，也可根据波束的实际形状选为 sin$x$/x 或高斯函数与 sin$x$/x 的乘积（不过，对于 FAST 而言，严格来说，在大天顶角天区，也应考虑波束因馈源回照而产生的形变）。另外要注意的是，卷积核的宽度在高纬度天区也应该对赤经方向上的收缩效应予以补偿，并扩大参与卷积计算的数据点的赤经范围，只是在 FAST 的可观测天区内（大致为 $-14°21' < \delta < 65°39'$），这一点对最终结果的影响不甚明显。

对于高斯型卷积核而言，卷积核函数宽度 σ_{kernel} 的选择要参考观测数据的采样密度与成图的准确性，通常取观测数据分辨率的一半较为适宜（对高斯型波束轮廓而言，在这一设置下，σ_{kernel} 应为波束主瓣半高全宽的 $\sqrt{2\ln 2}/2$ 倍），这一选择可以在较大程度上保证最终数据产品的分辨率，同时有效抑制卷积操作时因原始扫描观测的不均匀性（如漂移扫描在赤经方向上的采样密度远大于在赤纬方向上）而引发的混淆（aliasing）现象。

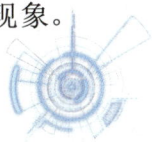

因此，若观测数据的原始分辨率为 σ_{data}，那么最终结果的有效分辨率 σ_{grid} 如式（2.46）所示，较原始数据会略有下降。同时，出于提升计算速度的考虑，与目标格点距离过远、超过数据原始分辨率 $3 \sim 5$ 倍的采样点，因为其对最终结果的贡献可忽略不计，无须参与实际的卷积计算。

$$\sigma_{grid} = \sqrt{\sigma_{data}^2 + \sigma_{kernel}^2} = \sqrt{\sigma_{data}^2 + 0.25\sigma_{data}^2} \approx 1.12\sigma_{data} \qquad （2.46）$$

如果要生成数据立方体，式（2.43）或式（2.45）的运算需对各个频率（速度）平面依次进行。图 2.37 给出了最终生成的数据立方体结构示意，图中有两个空间维度和一个频率（速度）维度。另外，考虑到 HI 谱线信号的非偏振特性，为了保证后续信号提取的可靠性，数据立方体的生成应该分偏振各自进行。

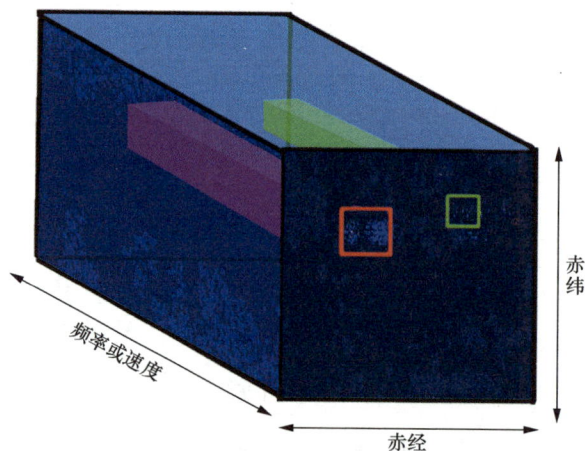

图 2.37　经过栅格化操作后得到的数据立方体结构示意

综上所述，栅格化的操作过程可以总结如下。

第一步，参考观测数据的分辨率和采样密度，选取合适的空间网格间距，构筑均匀目标网格 $(\alpha_{i,j}, \delta_{i,j})$；同时，还要确定合适且均匀分布的频率（速度）平面间距。

第二步，在某个特定的频率（速度）平面和偏振分量上，将 $S_{i,j}$ 和 $w_{i,j}$ 的初始值设置为 0。

第三步，根据望远镜和接收机的性能，选取合适的权重函数形式，并计算每对 $(\alpha_{i,j}, \delta_{i,j})$ 和 (α_n, δ_n) 的权重函数值。严格来说，在计算权重函数时，还需要考虑高纬度天区在赤纬方向的变形问题，不过对于 FAST 的赤纬覆盖范围而言，这一效应不算明显。

第四步，根据式（2.43）（加权平均）或式（2.45）（基于卷积），对原始数据进行加权平均操作，从而得到均匀采样后的归一化数据 $S_{i,j}$。

第五步，对其他频率和偏振进行类似操作，生成三维数据立方体。

栅格化（尤其是标准的卷积栅格化）操作是整个数据处理过程最为耗时，同时也是对硬件的计算性能要求最高的一步。为了满足 FAST 海量数据处理的要求，FAST 团队在成功应用于 HI4PI 巡天的 Cygrid（Winkel et al., 2016）的基础上，开发了成图程序 HCGrid（Luo et al., 2018; Wang et al., 2021）。这套程序运用混合计算架构，由中央处理器（Central Processing Unit，CPU）借助 HEALPix（Górski et al., 2005）球面切分生成二阶查询表的方式为输入数据排序，由 GPU 承担卷积运算，并通过 GPU 的线程管理和内存管理优化程序的表现，在单频谱通道运算效率方面比 Cygrid 提升了数十倍，且具有良好的可扩展性；近期正在为 HCGrid 开发多 GPU 应用和多通道并行成图功能，待完成后，程序的性能有望得到进一步提升。图 2.38 所示为使用 HCGrid 对模拟数据的卷积成图效果示例。图 2.39 所示为使用 HCGrid 对 FAST 中性氢巡天数据成图的效果示例。

（2）图像洁化

栅格化操作所使用的数据权重函数一般只是呈轴对称的简单单峰结构，具体尺寸取决于望远镜的波束主瓣形态。但由于电磁波衍射效应的存在，射电望远镜在主瓣之外还伴有多级旁瓣，它们在一定程度上也会影响观测结果。洁化的作用就在于尽可能地扣除旁瓣产生的假信号，这对于成图观测来说是不可或缺的。

洁化算法的经典之作是 Högbom（1974）。虽然这项工作针对的是干涉仪的观测，但其原理对单天线同样适用，只是操作对象不再是干涉仪记录

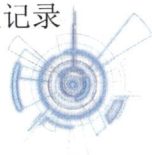

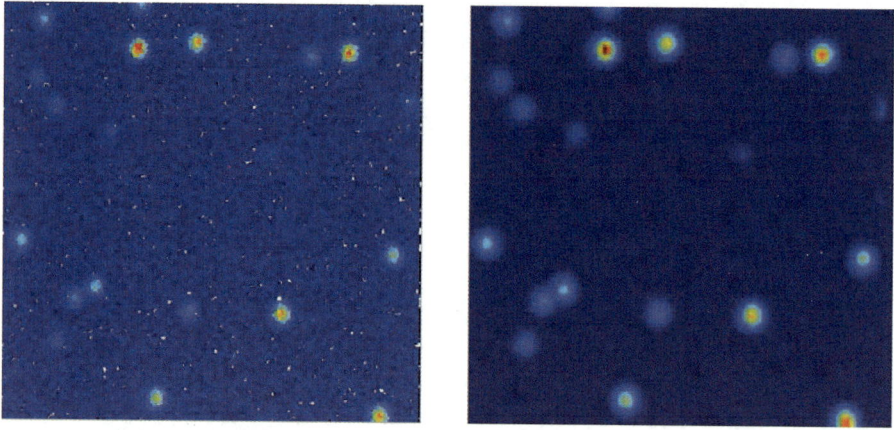

(a) 随机不均匀采样的模拟观测数据
（瑕疵肉眼可见）

(b) 使用 HCGrid 进行栅格化操作后的结果
（数据的均匀性已有很大改善）

图 2.38 使用 HCGrid 对模拟数据的卷积成图效果示例
（图片来源：Luo et al., 2018，经 Springer Nature 许可使用）

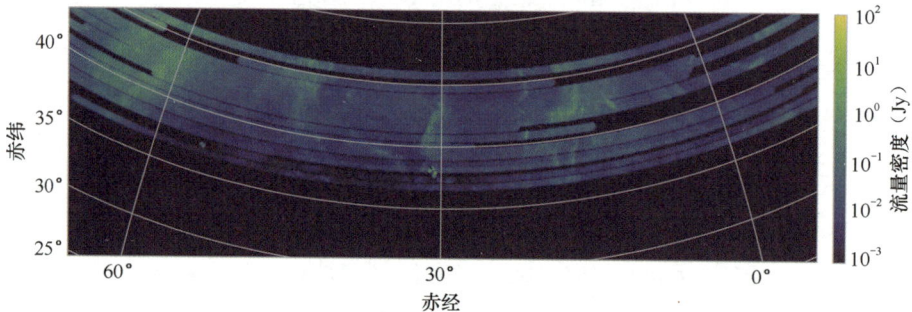

图 2.39 使用 HCGrid 对 FAST 中性氢巡天数据成图的效果示例
（可见图中左侧延展的 HI 云，以及右侧的多处絮状结构）

的 uv 平面（也就是天空图像的傅里叶变换），而是射电辐射在天球上的直接分布。至于洁化的时机，如果是以点源为主的河外中性氢巡天，可使用同一种形态对所有波束进行近似，在栅格化之后进行这一步的操作；如果是河内中性氢巡天或展源成图观测，由于多波束接收机不同波束的旁瓣形态不尽相同，最好在栅格化之前就完成不同波束数据的解耦。

定义带有旁瓣的望远镜波束为"脏波束"（Dirty Beam，DB，又称不洁射束）；而使用脏波束观测到的天空图为"脏图"（Dirty Map，DM），脏图就是真实的天空影像同脏波束卷积的结果。假设测量到的流量是 $S(\alpha, \delta)$，

而波束的权重函数分布为 $g(\alpha, \delta)$，则有

$$S \xrightarrow{\text{FT}} \text{DB}$$
$$S \cdot g \xrightarrow{\text{FT}} \text{DM} \qquad\qquad (2.47)$$
$$S \cdot g^2 \xrightarrow{\text{FT}} \text{DM} * \text{DB}$$

对干涉仪观测来说，DB 是根据观测中望远镜阵列的构型计算出来的。而对 FAST 来说，图 2.40 就是 Jiang et al.（2020）利用已知射电源在小天顶角观测时测得的部分波束形态（带回照的大天顶角情形尚待更多测量），因此这里的 DB 也是已知量。在这种情况下，洁化的基本步骤如下。

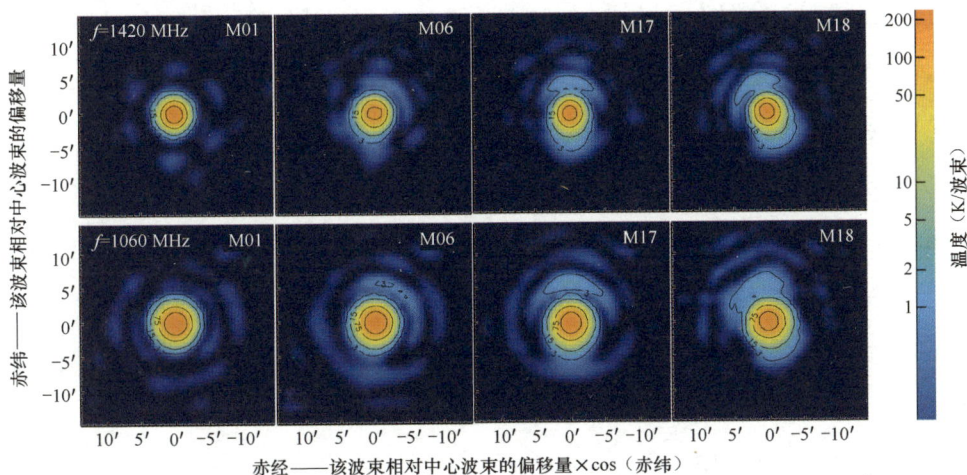

图 2.40　FAST 19 波束接收机 1、6、17、18 号波束在 1060 MHz（下排）以及 1420 MHz（上排）频率下的形态，可见中央主瓣以及外围的多重旁瓣
（图片来源：Jiang et al., 2020）

第一步，在脏图中搜索流量绝对值最高的点 $|I_0|$，并从图中扣除中心落在 $|I_0|$ 点、数值相对 γI_0 归一的脏波束形态。这里的 γ 代表循环增益（loop gain），根据经验，一般可将其选为 0.5，但需要根据实际数据调整。

第二步，依次搜索流量绝对值第二、三、四、五……直至第 N 高的点，并逐次扣除位置在相应峰值处、流量进行过相应归一化的脏波束形态，直到 $|I_{0,N}|$ 的信噪比小于给定阈值，由此得到残差图。

第三步，将所有被扣除的成分用形态与主瓣相仿、流量合适的函数（通

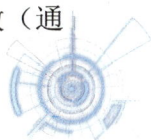

常可采用高斯函数）替换，将替换结果加到第二步得到的残差图上。

（3）基线的二次修正和平场扣除

虽然栅格化的目的是对不均匀的原始数据进行规律的二次采样，但相应的计算过程也可能会在空间和频率方向都引入额外的不均匀性。为了消除这种不均匀性的影响，在生成数据立方体之后，还要进行基线的重新修正和平场的扣除。这里基线的含义与第一步类似，指的是背景连续谱成分；但平场的概念不同于光学天文观测中的电荷耦合器件（Charge-Coupled Device，CCD）空间响应，而要理解为空间上的"基线"，也就是分布在整个空间的连续背景；扣除这种成分也要进行减法（而非光学平场的除法）计算。

第二阶段的基线与平场的拟合方式与前面介绍的带通和基线修正方法类似，这里也需要特别回避可能的中性氢信号以及第一阶段已标记的射频干扰的影响。其中，要对每个偏振分量的各个速度 - 赤纬截面分别进行基线拟合；平场修正则是在每个速度平面上拟合空间相对流量的关系并进行扣除。在第一阶段各步骤可以较为完善地完成的情况下，基线的二次修正和平场扣除所要应对的复杂问题不会多于第一阶段的带通和基线修正，但稳妥起见，相应的结果也应该经过人工检查后方可进行后续处理。

（4）三维信号提取

从栅格化后生成的三维数据立方体中提取 HI 谱线候选体信号，并测量相应的流量、信噪比等参数，是中性氢谱线成图观测的目的。早期的大规模中性氢巡天观测多通过人工筛选的方式来进行信号提取，效率较低且主观性强；现在有多种自动化算法可供选择。

信号提取的前提是明确 HI 谱线的特点。这条静止频率约为 1420.4 MHz 的谱线源于中性氢原子的超精细结构跃迁，也就是原子中作为原子核的质子和外围电子在自旋平行及反平行两种状态之间的切换。由于云团中氢原子的随机运动以及中性氢云所处星系的整体自转，我们观测到的 HI 谱线并非尖锐的窄线，而是具有一定的宽度。如图 2.41 所示，整个星系的 HI

谱线一般有单峰和双峰两种外观轮廓，分别对应星系转速较慢和较快的情形，其中双峰形式的成因是来自星系两侧、运动方向相反的氢云受多普勒效应的影响，发出的 HI 辐射彼此错开。

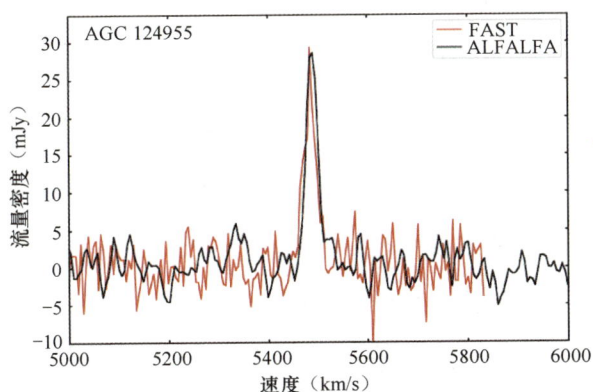

（a）单峰谱线

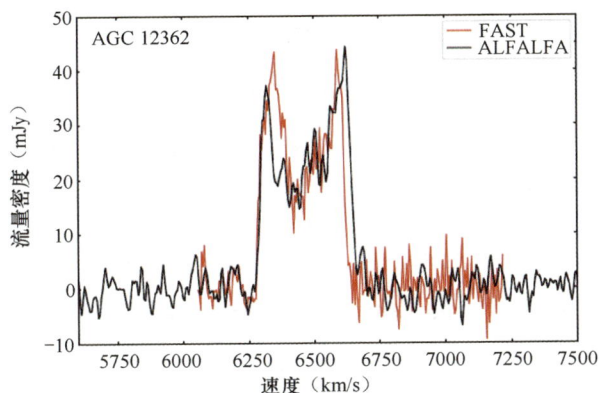

（b）双峰谱线

图 2.41　单峰和双峰形式的星系 HI 谱线示例
（黑色曲线代表 ALFALFA 巡天的数据，红色曲线代表 FAST 的观测数据）
（图片来源：Kang et al., 2022）

能够准确描述以上谱线形态的函数 $s(x)$ 至少要含有谱线宽度 σ、峰值高度 α 和中心点坐标 δ 这几个参数（x 可以指辐射频率 ν，也可以指谱线速度 v 或仪器的频谱通道编号）。其中，单峰形式的 HI 谱线可以用高斯函数较好地描述，而双峰谱线一般可以使用双高斯或方帽（top-hat）函数来拟合。Westmeier et al.（2014）更是提出了一类由多项式与误差函数组合而成

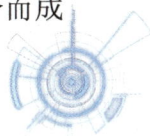

的 Busy 函数，如式（2.48）所示，可以全面涵盖单峰、双峰、不对称、方帽等不同的谱线轮廓形态，是当前最普适的选择。

$$B(x) = \frac{\alpha}{4} \times \{\mathrm{erf}[b_1(\sigma + x - \delta_e)] + 1\} \times$$
$$\{\mathrm{erf}[b_2(\sigma - x + \delta_e)] + 1\} \times (c\,|x - \delta_p|^n + 1) \tag{2.48}$$

式中，x 表示频谱通道号；erf 是误差函数 $\mathrm{erf}(x) = \frac{1}{\sqrt{\pi}} \int_{-x}^{x} \mathrm{e}^{-t^2} \mathrm{d}t$；$\alpha$ 是谱线的峰值高度；σ 代表半高全宽；误差函数参数 b_1 与 b_2 负责控制谱线两侧线翼部分的斜率（b_1 与 b_2 越接近无穷大，则线翼越陡；越接近 0，则线翼越平缓）；δ_e 和 δ_p 分别是误差函数与多项式成分的中心点坐标；c 代表双峰谱线中心凹陷区的高度；n 是多项式成分的阶数。Busy 函数的主要成分如图 2.42 所示，蓝线表示两组误差函数变体的乘积，绿线表示多项式成分，红线是蓝、绿两条曲线相乘而得的 Busy 函数，对应 $\alpha = 2$，$\sigma = 1$，$b_1 = 3.5$，$b_2 = 3.5$，$\delta_e = 0$，$\delta_p = 0$，$c = 1.5$，$n = 2$ 的情形，因此多项式部分的曲线是抛物线。由于多项式与误差函数有着各自的中心点坐标，因此组合后可以得出高度不对称的谱线轮廓。而图 2.43（a）与图 2.43（b）分别展示了 Busy 函数表达式中的 b_1 与 b_2，以及 δ_e 与 δ_p 参数的改变对最终轮廓的影响。图 2.43（a）中，绿线表示多项式成分，蓝线表示两个误差函数的乘积，红线表示蓝、绿两条曲线相乘的结果。其中，实线对应 $b_1 = 2$、$b_2 = 2$ 的情形，与图 2.42 相比，较小的 b_1 与 b_2 取值会得到更加平滑的线翼形态；虚线对应 $b_1 = 1.5$，$b_2 = 3.5$ 的情形，此时误差函数两侧的斜率明显出现了差异，右侧明显更陡，而由此得到的 Busy 函数轮廓也具有了不对称形态，可以用于描述不对称的 HI 谱线。除了线心有所调整，其他参数取值均与图 2.42 中的相同。图 2.43（b）中，绿线表示多项式成分，蓝线表示两组误差函数的乘积，红线表示蓝、绿两条曲线相乘的结果。其中，实线对应 $\delta_e = -1.4$、$\delta_p = -1.2$ 的情形；虚线对应 $\delta_e = 1.4$、$\delta_p = 1.35$ 的情形，其他的参数取值均与图 2.42 相同。可见，通过调整 Busy 函数两种成分的中心点相对位置，也可以描述不对称的谱线形态。

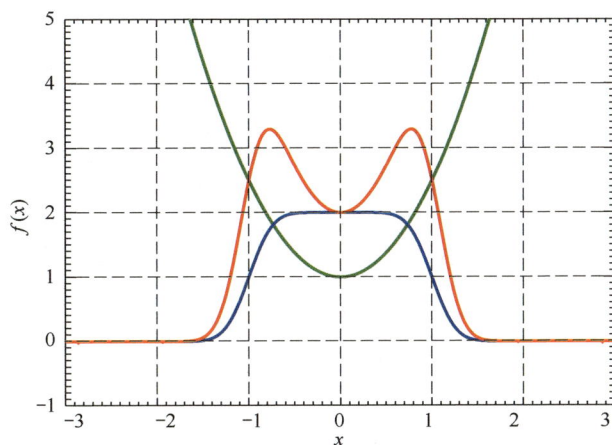

图 2.42　Busy 函数的主要成分示意

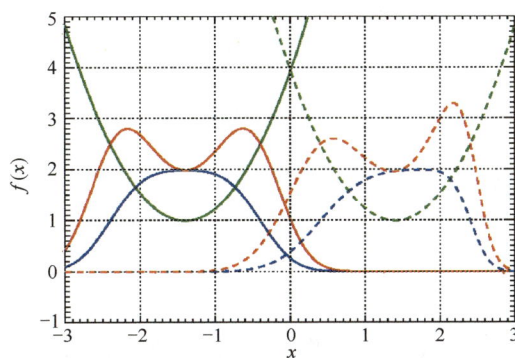

（a）不同的 b_1 与 b_2 取值对 Busy 函数轮廓产生的影响示例

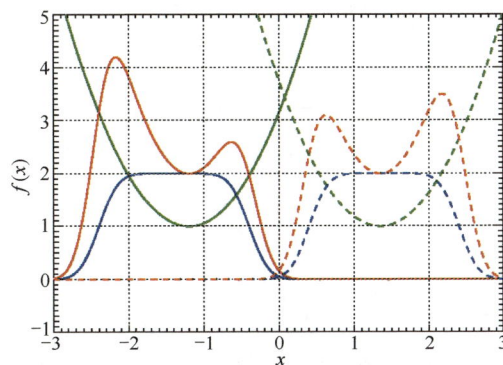

（b）不同的 δ_c 与 δ_p 取值对 Busy 函数轮廓产生的影响示例

图 2.43　Busy 函数不同参数的取值对函数轮廓的影响示例

但 Busy 函数的缺点在于自由度较高（8 个），在拟合单峰等简单谱线

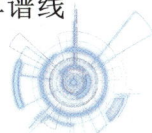

轮廓时反而会将问题复杂化，因此谱线信号提取所选择的模板函数具体形式应根据实际情况而定。比如阿雷西博射电望远镜开展的 ALFALFA 巡天就选用了如式（2.49）所示的更为简化的对称厄米函数（Hermite function）Ψ_0 与 Ψ_2 的组合作为模板（其中，0 阶厄米函数 Ψ_0 等同于高斯函数）。

$$t(x;\sigma)=\begin{cases}\Psi_0(x;\sigma), & \sigma<\sigma_{T1}\\ b_f\Psi_0(x;\sigma)+\sqrt{1-b_f^2}\,\Psi_2(x;\sigma), & \sigma_{T1}<\sigma<\sigma_{T2}\\ a_{N,0}\Psi_0(x;\sigma)+a_{N,2}\Psi_2(x;\sigma), & \sigma>\sigma_{T2}\end{cases} \quad（2.49）$$

$$\Psi_0(x;\sigma)=\frac{1}{\sqrt{\sigma\pi^{1/2}}}\,\mathrm{e}^{-(x/\sigma)^2/2} \quad（2.50）$$

$$\Psi_2(x;\sigma)=\frac{1}{\sqrt{\sigma\pi^{1/2}}}\left[\frac{-1}{\sqrt{2}}+\sqrt{2}\left(\frac{x}{\sigma}\right)^2\right]\mathrm{e}^{-(x/\sigma)^2/2} \quad（2.51）$$

当谱线宽度 σ 较小时，用纯高斯轮廓描述；σ 较大时，以首两项对称厄米函数的组合形式描述；中间宽度的轮廓则用二者的混合形式来描述。

式（2.49）中，σ_{T1} 和 σ_{T2} 分别表示用不同函数描述谱线轮廓的两个临界宽度；系数 $b_f=f(1-a_{N,0})+a_{N,0},0<f<1$，其中 $a_{N,i}=a_i\sqrt{a_0^2+a_2^2}$，而 a_0 与 a_2 则是以对称厄米函数的组合来模拟方帽函数 $c(x)$ 时用到的系数。

$$c_{\mathrm{H}}(x)=\frac{a_0\Psi_0(x)+a_2\Psi_2(x)}{\sqrt{a_0^2+a_2^2}} \quad（2.52）$$

式中，$c_{\mathrm{H}}(x)$ 是利用首两项对称厄米函数对方帽函数的近似，而系数 $a_0=\Psi_0(x)\cdot c(x), a_2=\Psi_2(x)\cdot c(x)$。当然，要想真实再现方帽函数，我们需要使用无限项对称厄米函数才能实现，但前两项对称厄米函数的组合正好具备双峰结构，已然可以用于描述 H I 谱线的轮廓了。虽然严格来说，完全呈对称形态的厄米函数组合并不能像 Busy 函数那样完善地拟合双峰形式谱线的所有可能性，特别是无法应对双峰不对称的情形，但也足够应对大多数场合。但这里之所以要借助更复杂的厄米函数而不是简单的单双高斯函数的组合，是因为后者在单峰、双峰两种形态之间无法实现数学上的平滑过渡，不方便进行数值计算。

以下分别以阿雷西博射电望远镜的 ALFALFA 巡天（Saintonge, 2007）信号提取算法以及三维信号提取程序 SoFiA（Serra et al., 2015）为例，说明进行三维信号提取时可供选用的不同方法。图 2.44 所示为方帽函数［图（a）］与使用首两项对称厄米函数展开得到的方帽函数近似轮廓［图（b）］的比较。图中 x 轴分母上的 σ 代表厄米函数的宽度，相当于待提取谱线的宽度。

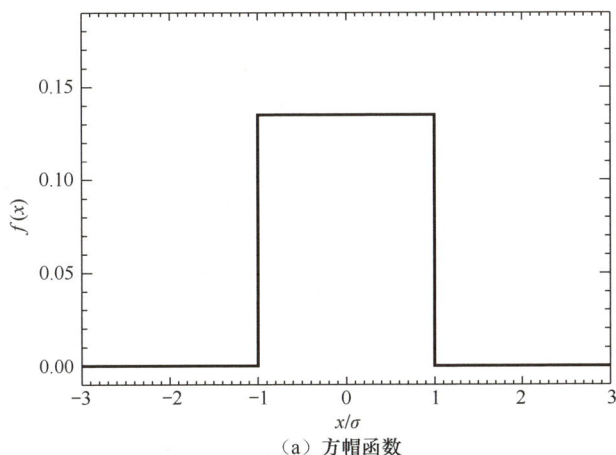

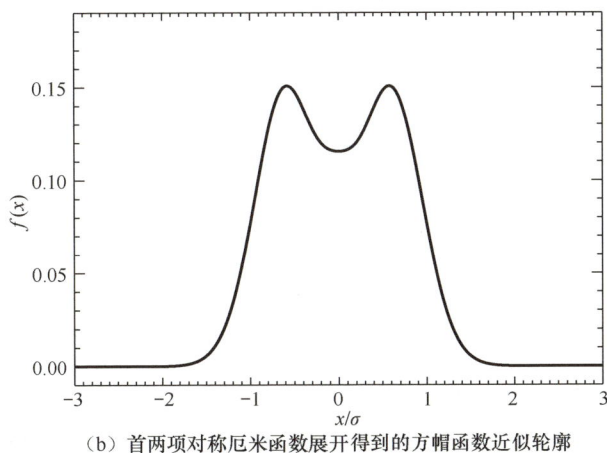

（a）方帽函数

（b）首两项对称厄米函数展开得到的方帽函数近似轮廓

图 2.44　方帽函数（a）与使用首两项对称厄米函数展开得到的方帽函数近似轮廓（b）的比较，可见后者与星系的双峰形式 HI 谱线较为接近

其中，ALFALFA 的信号提取算法实质上是一种傅里叶空间的匹配滤波。式（2.49）描述的待提取信号 s 可以简单表述为谱线宽度为 σ、线心位置为 δ 和谱线峰值高度为 α 的函数 $s(x) \simeq \alpha t(x - \delta; \sigma)$。根据最小二乘法，与实际

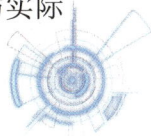

数据最匹配的模板应该符合模板与数据之间的 χ^2 最小的条件，即

$$\chi^2 = \alpha^2 N \sigma_t^2 + N \sigma_s^2 - 2\alpha N \sigma_s \sigma_t c(\delta) \tag{2.53}$$

式中，σ_s 与 σ_t 分别代表信号和模板的方差；N 是要计算的频谱通道总数；$c(x)$ 则是待提取信号 s 与模板 t 的互相关函数。

$$c(x) = s(x) * t(x - \delta; \sigma) = \frac{1}{N \sigma_s \sigma_t} \sum_n [s(n)t(n-x)] \tag{2.54}$$

对 χ^2 取偏导数并令之等于 0 可知，如式（2.55）所示，χ^2 最小意味着相应数据和模板的互相关函数取值最大，即

$$\chi^2 = N \sigma_s^2 [1 - c(\delta)^2] \tag{2.55}$$

只要计算一系列预设模板与数据之间的互相关函数，就可以从中找出候选谱线的最佳拟合函数了。但考虑到从频域空间获得互相关函数需要进行耗时颇长的卷积计算，更实用的方法是先对模板与有待信号提取的数据分别进行傅里叶变换，卷积在傅里叶空间化作计算更简便的乘法，即

$$C(k) = \frac{1}{N \sigma_s \sigma_t} S(k) T^*(k) \tag{2.56}$$

式中，*表示复共轭操作，$S(k)$ 与 $T(k)$ 分别是数据与模板函数的离散傅里叶变换，有

$$\begin{aligned} S(k) &= \sum_x s(x) \mathrm{e}^{-2\pi \mathrm{i} x k / N} \\ T(k) &= \sum_x t(x) \mathrm{e}^{-2\pi \mathrm{i} x k / N} \end{aligned} \tag{2.57}$$

最后，通过设置信噪比的筛选条件，就可以快捷地找到符合要求的 HI 信号候选体了。整个过程描述如下。

第一步，选择一系列宽度、高度、线心速度等自由参数各异的谱线模板函数，具体形式可参考式（2.48）、式（2.49）等。

第二步，对数据立方体中的每一条一维谱线数据（只在频率/速度方向有展宽）以及模板函数分别进行傅里叶变换。

第三步，将进行傅里叶变换后的实际数据与模板相乘，并对乘积进行

逆傅里叶变换。

第四步，根据式（2.55）给出的 $c(\delta)$ 最大的标准，寻找最佳拟合模板的参数，并记录下找到的 HI 候选体峰值的位置。

第五步，构筑一个体量与数据立方体相当的中间数组，将其所有元素设置为 0，准备迭代。

第六步，迭代操作。首先，寻找数据立方体中流量最高的候选体峰值所在的位置，将中间数组的对应元素重置为该候选体的信噪比。然后，在中间数组相应位置的周边设置一个三维方框，框住整个候选体所覆盖的区域。将三维方框所包含的部分投影到单独的速度平面上，用二维高斯函数拟合候选体在数据立方体对应区域内覆盖的赤经 - 赤纬范围。

第七步，将中间数组中的所有元素再度重置为 0，依次对流量第二高、三高、四高……的候选体进行类似的操作，直到对应候选体的信噪比降到预设的阈值之下。这样就记录下了各个速度平面上每个候选体的位置信息。

当前流行的 SoFiA 程序的信号提取操作较 ALFALFA 的算法更简单、更传统，但以平方千米阵（Square Kilometer Array，SKA）的先导阵为代表的大量实际应用已充分证明了它的有效性；FAST 团队也已经使用这套程序在巡天数据中找到了大批河外 HI 源的候选体。简言之，SoFiA 程序主要使用了 Smooth+Clip（Serra et al.，2012）、特征噪声 HI 信号提取（CNHI；参见 Jurek，2012）以及简单的阈值筛选 3 种算法（默认为第一种）。其中，第一种算法首先利用一系列预设的平滑核对待分析数据在空间和 / 或频域上进行平滑，然后在每种平滑结果中分别寻找置信度超过一定阈值的候选体，最后通过筛选具有足够延展范围的候选体来排除虚假信号的干扰。第二种算法是将三维数据立方体视为多条谱线的集合来处理，并且认为，如果要确定一个源的真实性，就必须考察三维数据立方体中彼此相邻的一系列像素，真实的源应该表现为特性与噪声 / 干扰不同的像素组合。因此，CNHI 算法的考察对象永远是连续的像素块，并利用柯伊伯检验（Kuiper，1960），从中筛选出流量

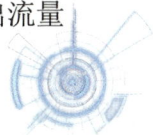

分布在统计上与纯粹的噪声起伏区别足够大的区域。最后一种算法最简单，只是单纯标出所有流量超过预定阈值的像素。这些算法可以任意组合使用，同时为了提高结果的完备性，建议在提取信号时额外对三维数据立方体进行3个方向的平滑操作。不过，与匹配滤波不同，模板函数在 SoFiA 程序中的作用并没有 ALFALFA 那样重要，只是对上述算法标记出的候选体所占据的区域进行外轮廓优化，以免单纯凭借阈值或噪声筛选出的范围过小，从而在外围不够真实。它的模板函数除了 Busy 函数，还设有空间椭圆和频域定长（等同于一个三维椭圆柱体）的另一个选项。

在信号提取过程中，还要紧密结合真实星系 HI 辐射的特点，以达到尽量抑制假信号的目的。首先，HI 辐射通常是不具备偏振特性的，所以一个候选体如果能够称得上可靠，那么它必然同时出现在两个偏振方向上，而且流量在统计学意义上是相等的，这一点在前面的基线和带通修正部分已经强调过了。其次，在空间方向上，除了 M31、M51 等距离银河系格外近的个别大型星系，一般星系的 HI 的辐射通常都是点源；考虑到一般栅格化操作所选的格点宽度可能会窄于望远镜的分辨率（如 FAST 在 1420 MHz 频段上的分辨率约为 2′.9，但产品数据的格点间距可能会选为 1′ 甚至更小），三维数据立方体中的真实 HI 信号反而要具备适当的展宽。此外，星系谱线在速度方面应至少达到每秒数十千米的宽度，且线形通常要与宽度相匹配（例如，宽度达到每秒数百千米的单峰结构就不太可能是源于星系的 HI 真实谱线）。借助这几条标准，我们可以有效地筛除各种射频干扰或假信号带来的影响。

至于对最后找到的 HI 谱线进行流量计算，只要对最佳拟合所得的模板直接进行频率积分即可；而对信噪比的估计，则可以通过比较整条谱线的峰值流量或平均流量来完成。随后就可以根据这些结果推算目标星系中的 HI 数量等信息，为谱线辐射源编目，并开展相关的科学研究。当然，对于如此多的观测数据以及后续的数据产品，如何科学、有效地存储它们，也是 FAST 团队重点关注的课题，这方面的内容将在第 3 章介绍。

| 参考文献 |

AKERET J, CHANG C, LUCCHI A, et al., 2017. Radio frequency interference mitigation using deep convolutional neural networks[J]. Astronomy and Computing, 18: 35-39.

BAEK S J, PARK A, AHN Y J, et al., 2015. Baseline correction using asymmetrically reweighted penalized least squares smoothing[J]. The Analyst, 140(1): 250-257.

BARNES D G, STAVELEY-SMITH L, DE BLOK W J G, et al., 2001. The H I Parkes All Sky Survey: southern observations, calibration and robust imaging[J]. Monthly Notices of the Royal Astronomical Society, 332(3): 486-498.

CAI N N, HAN J L, JING W C, et al., 2023. Pulsar candidate classification using a computer vision method from a combination of convolution and attention[J]. Research in Astronomy and Astrophysics, 23(10): 104005.

DAVIS J, GOADRICH M, 2006. The relationship between precision-recall and ROC curves[C]//COHEN W,MOORE A. Proceedings of the 23rd International Conference on Machine Learning-ICML'06. New York:ACM, 233-240.

EILERS P H C, 2003. A perfect smoother[J]. Analytical Chemistry, 75(14): 3631-3636.

GARWOOD R W, 2000. SDFITS: a standard for storage and interchange of single dish data[C]//MANSET N, VEILLET C, CRABTREE D. Proceedings of Astronomical Data Analysis Software and Systems IX. San Fransico: ASP, 243-246.

GÓRSKI K M, HIVON E, BANDAY A J, et al., 2005. HEALPix: a framework for high-resolution discretization and fast analysis of data distributed on the sphere[J]. The Astrophysical Journal, 622(2): 759-771.

HÖGBOM J A, 1974. Aperture synthesis with a non-regular distribution of interferometer baselines[J]. Astronomy and Astrophysics Supplement, (15): 417-426.

HYVÄRINEN A, OJA E, 2000. Independent component analysis: algorithms and applications[J]. Neural Networks, 13(4-5): 411-430.

JI Y, YU C, XIAO J, et al., 2019. HDF5-based I/O optimization for extragalactic HI data pipeline of FAST[C]// WEN S, ZOMAYA A, YANG L T. Proceeding of ICA3PP 2019: Algorithms and Architectures for Parallel Processing, Part Ⅱ. Berlin: Springer, 656-672.

JIANG P, TANG N Y, HOU L G, et al., 2020. The fundamental performance of FAST with 19-beam receiver at L band[J]. Research in Astronomy and Astrophysics, 20(5): 64.

JING Y, WANG J, XU C, et al., 2024. HiFAST: an HⅠ data calibration and imaging pipeline for FAST[J]. Science China Physics, Mechanics & Astronomy, 67(5): 259514.

JUREK R, 2012. The characterised noise HI source finder: detecting HⅠ galaxies using a novel implementation of matched filtering[J], Publications of the Astronomical Society of Australia, 29(3): 251-261.

KANG J G, ZHU M, AI M, et al., 2022. Extragalactic HI survey with FAST: first look at the pilot survey results[J]. Research in Astronomy and Astrophysics, 22(6): 065019.

KUIPER N H, 1960. Tests concerning random points on a circle[J]. Indagationes Mathematicae (Proceedings), 63: 38-47.

LI D, WANG P, QIAN L, et al., 2018. FAST in space: considerations for a multibeam, multipurpose survey using China's 500-m Aperture Spherical radio Telescope (FAST)[J]. IEEE Microwave Magazine, 19(3): 112-119.

LI Y C, WANG Y G, DENG F R, et al., 2023. FAST drift scan survey for HⅠ intensity mapping: Ⅰ. Preliminary data analysis[J]. The Astrophysical Journal, 954(2): 139.

LIU B, WANG L X, WANG J Z, et al., 2022. Baseline correction for FAST radio recombination lines: a modified penalised least squares smoothing technique[J]. Publications of the Astronomical Society of Australia, 39: e050.

LO Y, 1960. On the beam deviation factor of a parabolic reflector[J]. IRE Transactions on Antennas and Propagation, 8(3): 347-349.

LONG M, YANG Z, XIAO J, et al., 2019. U-NetIM: an improved U-net for automatic recognition of RFIs[C]//TEUBEN E P J, POUND M W, THOMAS B A. Proceedings of Astronomical Data Analysis Software and Systems ⅩⅩⅧ. San Fransico:ASP, 123-126.

LUO Q, XIAO J, YU C, et al., 2018. HyGrid: a CPU-GPU hybrid convolution-based gridding algorithm in radio astronomy[C]//VAIDYA J, LI J. International Conference on Algorithms and Architectures for Parallel Processing, Part Ⅱ. Berlin:Springer, 621-635.

OFFRINGA A R, DE BRUYN A G, BIEHL M, et al., 2010. Post-correlation radio frequency interference classification methods[J]. Monthly Notices of the Royal Astronomical Society, 405(1): 155-167.

O'NEIL K, 2002. Single-dish calibration techniques at radio wavelengths[C]// STANIMIROVIC S, ALTSCHULER D, GOLDSMITH P, SALTER C. Single-Dish Radio Astronomy: Techniques and Applications. San Fransico:ASP, 293-311.

PERLEY R A, BUTLER B J, 2017. An accurate flux density scale from 50 MHz to 50 GHz[J]. The Astrophysical Journal Supplement Series, 230(1): 7.

RONNEBERGER O, FISCHER P, BROX T, 2015. U-Net: Convolutional networks for biomedical image segmentation[C]//NAVAB N, HORNEGGER J, WELLS W M, FRANGI A F. Medical Image Computing and Computer-Assisted Intervention-MICCAI 2015. Berlin:Springer, 234-241.

SAINTONGE A, 2007. The Arecibo Legacy Fast ALFA survey. Ⅳ. Strategies for signal identification and survey catalog reliability[J]. The Astronomical Journal, 133(5): 2087-2096.

SERRA P, JUREK R, FLÖER L, 2012. Using negative detections to estimate source-finder reliability[J]. Publications of the Astronomical Society of Australia, 29(3): 296-300.

SERRA P, WESTMEIER T, GIESE N, et al., 2015. SoFiA:a flexible source finder for 3D spectral line data[J]. Monthly Notices of the Royal Astronomical Society, 448(2): 1922-1929.

WANG H, YU C, ZHANG B, et al., 2021. HCGrid: a convolution-based gridding framework for radio astronomy in hybrid computing environments[J]. Monthly Notices of the Royal Astronomical Society, 501(2): 2734-2744.

WANG Y, PAN Z, ZHENG J, et al., 2019. A hybrid ensemble method for pulsar candidate classification[J]. Astrophysics and Space Science, 364(8): 139.

WANG Z Y, ZHAO Y T, JIA M H, et al., 2020. Automatic data processing pipeline for 19-beam HI observation of FAST[C]// GUZMAN J C, IBSEN J. Proceedings of SPIE Astronomical Telescopes + Instrumentation. Bellingham, WA: Society of Photo-Optical Instrumentation Engineers, 11452, 1145212.

WESTMEIER T, JUREK R, OBRESCHKOW D, et al., 2014. The busy function: a new analytic function for describing the integrated 21-cm spectral profile of galaxies[J]. Monthly Notices of the Royal Astronomical Society, 438(2): 1176-1190.

WINKEL B, LENZ D, FLÖER L, 2016. Cygrid: a fast Cython-powered convolution-based gridding module for Python[J]. Astronomy & Astrophysics, 591: A12.

XIAO J, ZHANG Y J, ZHANG B, et al., 2022. Scalable framework of intelligent RFI flagging for large-scale HI survey data from FAST[J]. New Astronomy, 96: 101825.

YANG Z C, YU C, XIAO J, et al., 2020. Deep residual detection of radio frequency interference for FAST[J]. Monthly Notices of the Royal Astronomical Society, 492(1): 1421-1431.

ZHANG B, ZHU M, WU Z Z, et al., 2021. Extragalactic HI 21-cm absorption line observations with the Five-hundred-meter Aperture Spherical radio Telescope[J]. Monthly Notices of the Royal Astronomical Society, 503(4): 5385-5396.

ZHANG X X, DUAN R, YU X Y, et al., 2020. The design of China Reconfigurable ANalog-digital backEnd for FAST[J]. Research in Astronomy and Astrophysics, 20(5): 73.

戴伟, 尚振宏, 徐永华, 等, 2019. 基于独立成分分析的射频干扰信号消除方法[J]. 天文研究与技术, 16(3): 268-277.

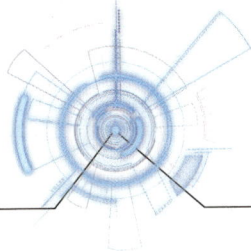

第 3 章　科学数据存储

▎3.1　FAST 数据存储概论▕

观测数据是射电望远镜最基础的产品，FAST 数据中心不仅要保证观测数据的安全，还要保证观测数据方便查询和获取，这是产生重要科学发现的重要保障。观测数据的存储安全和数据获取的便捷性是 FAST 关注的重要问题，依靠数据中心的存储系统设备以及管理机制提供保证。

FAST 有多种观测模式，其中，用一个波束进行脉冲星观测和百万通道的谱线观测可以在 1 min 内产生 GB 级数据量。如果使用多个波束进行观测或进行一些特殊模式的观测，单位时间可以产生更多的数据。一般来说，FAST 一年产生的数据量可以达到 100 PB 级。

如果不对数据进行分类管理，那么 FAST 数据中心在运行几年之后就将被存储服务器占满，这将使 FAST 数据的安全性得不到保证。基于对 FAST 数据使用的观察可以发现，FAST 数据在观测完成后的 2 ～ 3 年内使用频率较高，随后使用频率降低，因此需要基于 FAST 数据在全生命周期不同阶段所呈现的数据访问特征进行存储方案设计，将 FAST 数据分为频繁访问的热数据、偶然访问的温数据和访问频次低的归档冷数据。

热数据存储在高速全闪存储介质中，提供高性能 I/O 读写访问服务；温数据存储在容量成本更低的磁盘介质中，支持在线实时访问；归档冷数据可以存储在光盘库或磁带中并离线保存，基于数据访问模式特征，从存储介质的性能价格比、容量价格比、设备空间占用率和能效价格比等多维度进行优化组合，提升存储系统的整体效能，以降低采购和维护成本。

3.1.1　FAST 业务数据全景

截至 2024 年 11 月，FAST 发现的脉冲星已超过 1000 颗，并在快速射电暴等研究领域取得一系列重大突破，这些成果的取得离不开天文学家勇于创新、探索、实践的精神和国之重器 FAST 精准、高效巡天观测采集天文数据。随着天文观测设备精度的不断提升，以及观测采集的数据量快速增长，如何实现安全可靠、经济高效的数据全生命周期存储，管理这些重要的天文观测数据，以满足计算的数据交互需求；如何实现数据的分发、冷备份（在数据库关闭的情况下对数据进行备份）及远程、异地容灾备份，成为 FAST 运行中面临的重要问题。

FAST 在观测过程中记录了海量原始数据。设计阶段规划的时域科学目标、频域科学目标等都依赖这些数据，保证这些数据的安全存储和顺利分发是实现科学的稳定产出的基础。要想管理好和存储好这些数据，必须系统了解 FAST 观测中的数据流转模式及各个阶段数据的特点，只有这样，才能结合科研数据存储管理需求进行数据中心的数据存储平台的整体建设。

目前基于 FAST 业务的数据流转模式，数据处理可以分为 3 个部分：第一部分实现观测数据的获取与在线永久保存，第二部分完成原始观测数据的计算交互，第三部分实现数据的冷备份和分发共享。图 3.1 给出了数据流转示意。

第一部分为数据的获取与在线永久保存，由 FAST 数据接收和处理系统、数据摄取缓冲及数据同步系统组成。以脉冲星观测的数据获取为例，脉冲星的数据采集和处理以及数据记录由望远镜接收系统完成，数据采集程序实时完成数据采集、数据预处理、脉冲星周期计算、周期叠加、数据存盘等任务。数据预处理后写入数据摄取缓冲空间中，经专家确认有效后，保留高价值数据，并通过数据同步系统将数据持久保存至温数据在线存储资源平台中。

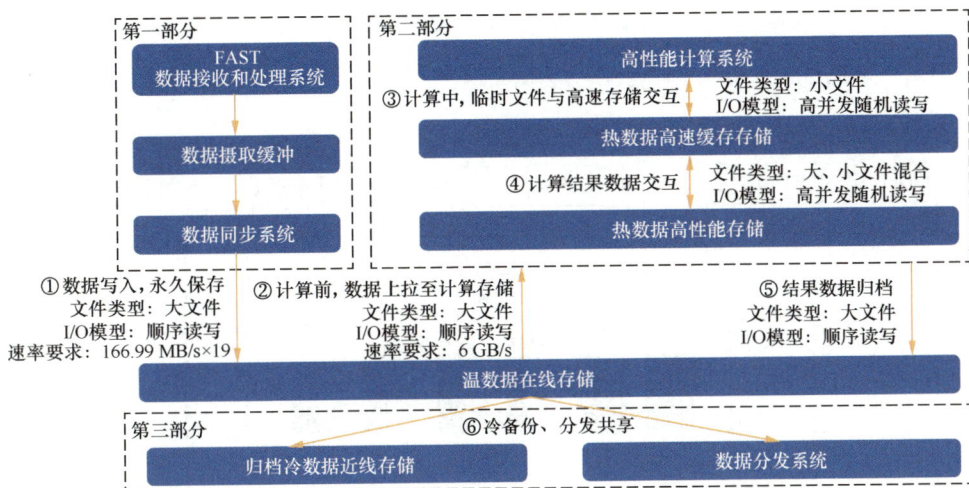

图 3.1　数据流转示意

第二部分是原始观测数据的计算交互。在高性能计算系统中下载并处理数据，通过高速网络将数据从温数据在线存储读至热数据高性能存储中，支撑计算业务所需的数据存取，并在计算过程中使用热数据高性能存储承接临时小文件的高速 I/O 访问。完成数据计算后，计算结果会置于热数据高性能存储中，可根据需要再次迁回至温数据在线存储，并为数据分发做准备。

第三部分包括归档冷数据近线存储和数据分发系统，主要进行数据的冷备份和分发共享：归档冷数据近线存储基于光盘库组成，实现重要数据的备份、远程或异地容灾；数据分发系统以 FAST 数据中心为基础，实现观测数据的高效检索与访问。

基于数据全生命周期不同阶段的数据访问特征设计的数据中心存储系统，不仅满足了不同时期、不同科研项目的性能需求，而且从长期运营角度考虑能耗和空间成本，引入光盘库作为归档或数据长久保存的第四级数据层，可满足长期、海量观测数据的存储需求，持续打造绿色安全的数据中心。

3.1.2　FAST业务流的特点、需求和挑战

FAST数据中心的业务围绕数据活动的记录、处理、存储、发布4个部分，数据的生产过程可以分为数据收集和预处理、数据处理和输出结果、数据归档。如图3.2所示，不同的业务环节对应数据应用的不同特点。

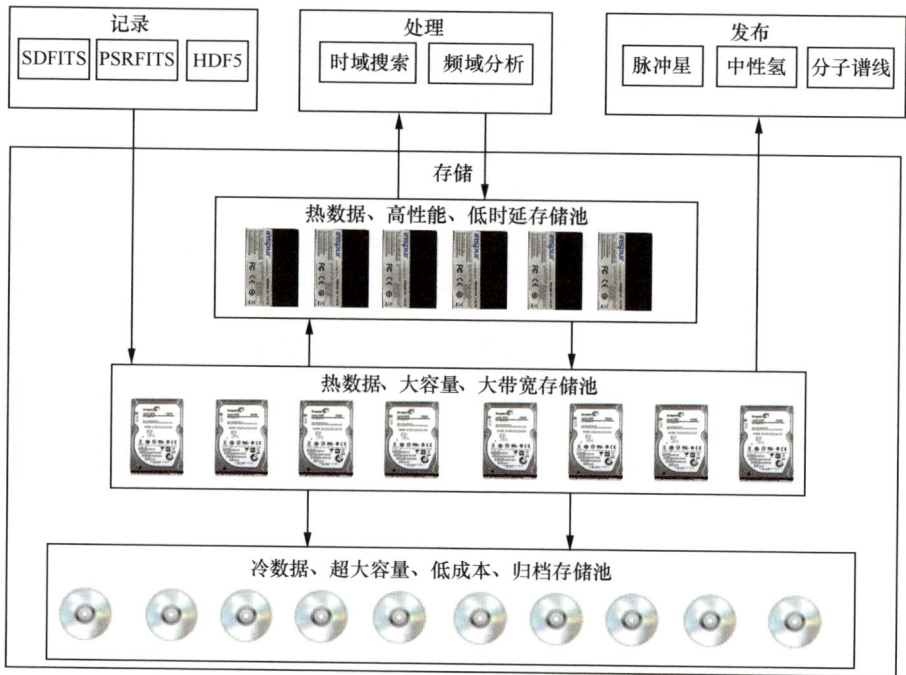

图3.2　FAST的数据流程

数据记录要求对大容量、大带宽的数据进行快速、不间断的存储，其所产生的热数据对接大容量、大带宽存储池；数据处理对计算结果的时效性要求较高，所产生的热数据对接的存储池需具有高性能、低时延的数据吞吐能力；数据发布需提供数据共享访问，且支持多客户端并发访问，同样需要有大容量、大带宽的存储池。随着时间的推移，数据经过记录、处理、发布后变为历史数据，访问频率逐步降低，数据具有"由热变冷"的特征后，通过迁移归档方案将数据存放至超大容量、低成本的冷数据归档存储池中。

数据收集和预处理阶段主要表现为单流持续写和多流并发的高聚合观测带宽，这是因为射电望远镜的采集数据分为原始数据和经过傅里叶变换得到的数据两类。其中，经过傅里叶变换的数据量不大，但原始数据量超大，单向数据流每秒至少 2 GB，19 路并发工作的聚合数据量每秒可达 38 GB，按每天 6 小时的观测时长计算，接收数据量半个月可达 10 PB。数据处理和输出结果阶段则对应处理和发布部分对采集数据进行的复杂读写，由于计算处理中需要截取某段时间内的数据流进行计算分析，这就要求以大文件大 I/O、大文件小 I/O、小文件小 I/O（"大 I/O、小 I/O" 是指控制器的指令中给出的连续读写单元容量，64 KB 及以上算作大 I/O，8 KB 及以下算作小 I/O）等各种处理方式读写数据，对存储的处理器每秒可进行的操作次数（Operation Per Second，OPS）性能要求较高。而数据归档则是在存储环节对 "由热变冷" 的数据进行存储，其主要特点包括数据永久保留、低频率的数据读写。经过处理的数据和结果被访问的频率低，只有较少数据会被重新计算处理。

FAST 数据中心的数据存储系统要求在数据记录、高性能计算、数据分发等多个关键需求节点间具有统一命名空间，同时为了实现在任何一个业务应用中对一个文件的读写、修改都在其他节点生效，还要求提供多种存储协议的支持来满足文件共享、多种业务高效访问的需求。在硬件方面，要求存储系统支持固态盘（Solid State Disk，SSD，包括 NVMe 接口协议）、NL-SAS（Near Line Serial Attached SCSI，近线串行连接 SCSI）硬盘、SATA（Serial Advanced Technology Attachment Interface，支持 ATA 访问指令）等多种存储介质，提供基于 SSD 的热数据与硬盘驱动器（Hard Disk Drive，HDD）机械磁盘的冷数据等多种存储资源池，实现多业务数据流动。

同时，随着采集设备质量的提升，以及更高精度、更大尺度的科学计算的要求，业务数据量呈指数级增长，多种业务的采样数据均达到 GB 级，满足计算和分析过程中持续产生大量中间结果及检查点数据的存储容量扩

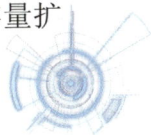

展性也需达到 PB 级。

在 FAST 数据中心业务数据的流转中需要使用多级、多套存储来支撑天文观测分析和各存储系统间的数据同步，如暂存存储、资源库存储、高性能计算存储、临时文件交互存储、数据冷备存储等。自 2019 年 1 月 1 日起，FAST 观测中已经积累了大量以 FITS 格式为主的有效原始数据，数据量大约有 40 PB。

在 FAST 数据中心的数据分析中，所承载的业务属于大规模集群用户的数据密集型应用，且每个业务集群规模巨大，对存储系统的访问性能的要求较高。一方面，需要满足业务计算前数据激增的要求；另一方面，需要满足高性能计算应用的实时并发访问要求。

在数据资源库存储方面，为了满足高性能计算时数据上拉的性能峰值要求，需要存储集群提供足够大的读带宽。图 3.3 所示为数据资源库存储性能曲线，以此为依据可知，存储集群至少需要 6 GB/s 的读带宽能力。同时，数据资源库存储还需要承接从高性能计算存储中输出的计算结果数据，从历史数据来看，需要约 4 GB/s 的写带宽能力才能满足计算结果数据的下刷保存。

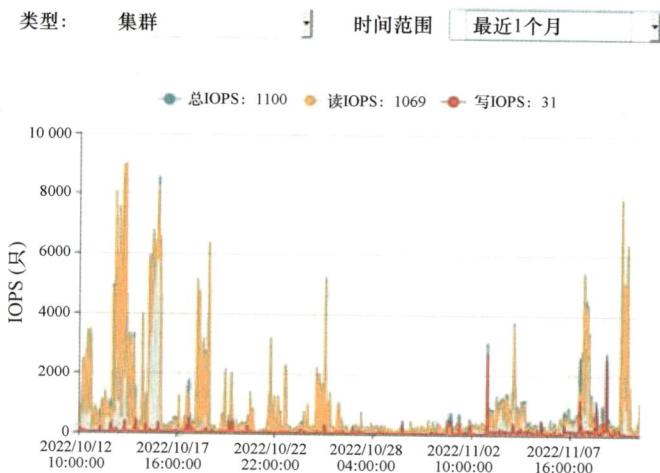

图 3.3　数据资源库存储性能曲线

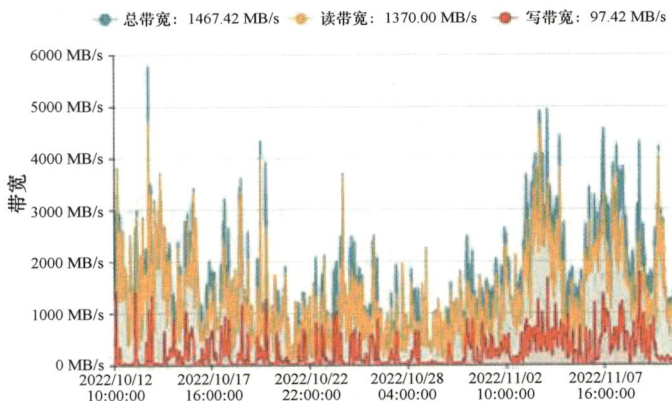

图 3.3　数据资源库存储性能曲线（续）

　　为了脉冲星搜寻和中性氢谱线观测等多个科学研究的同时进行和并发执行，高性能计算存储需满足 200 台高性能服务器的并发访问需求：一方面是基于大文件的顺序写入，以及随机小块读写；另一方面则需要基于热数据高性能存储完成计算过程中的小文件小 I/O 处理。为保障计算处理的执行速率，大文件小 I/O 以及小文件小 I/O 的时延均需控制在 2 ms 以内。

　　在硬件链路方面，各存储系统间采用大带宽专线链路，构建高速网络基层；在数据同步软件方面，融合数据镜像备份工具，可实现本地主机与远程主机的自动 / 手动文件同步，采用仅传送本地与远程两个位置的数据差异增量的方式，使数据传输效率更高。

　　天文大数据项目集群规模较大，属于集群用户的数据密集型应用，对存储系统的访问量和性能提出了很高的要求，需满足各个平台的多种业务同时访问和计算作业并发执行的要求。极高的数据并发存取速率要求存储系统能应对如下挑战：

　　● 极致性能要求，单流 GB 级的持续写入，每天 PB 级的数据流转；

　　● 需要结合极限性能、高性能计算处理、大容量性价比的存储系统，数据在多层之间自动流转，避免分层和数据池之间形成数据孤岛（即数据相互独立存储，独立维护，彼此间相互孤立）；

- 统一的资源管理，面对高性能和大容量存储进行的 PB 级数据管理，需要在资源分配、硬件设备平台、数据维护、系统运维等方面进行统一管理，从而避免资源不均衡、运维困难等问题。

3.1.3 构建面向天文观测场景的数据全生命周期管理方案

根据 FAST 数据中心的数据采集、处理和永久保存各阶段的数据访问热度与频率特征，可以将数据分为高性能热数据、在线温数据和近线冷数据：高性能热数据是采集后立即被访问并作为后续数据处理环节的输入数据；在线温数据包括数据处理过程和结果数据，即数据会在一段时间内频繁地被访问，但一段时间后就会处理完成；近线冷数据则是指归档后要求永久保存的数据，长时间内只有少量的数据被读取，遇到特殊情况数据才会被重新唤醒。由此可知，FAST 数据中心的天文数据全生命周期管理要求实现透明数据流转，从高频热到低频冷，从 I/O 高性能到大容量存储，数据基于业务处理流程跨系统流动。

如图 3.4 所示，在数据创建阶段，存储系统提供并行文件系统和多协议融合，支持灵活、快速的数据接收和生成；在新数据保护阶段，使用纠删码、副本等数据冗余技术实现数据的可靠保护，保证数据不丢失，同时基于数据访问控制技术，实现访问权限（读、写、删）的保护；在数据访问阶段，提供检索、抽取、挖掘等数据访问的接口；在数据迁移阶段，基于数据访问热度的变化，实现数据在热数据高性能存储、温数据在线存储和冷数据近线存储之间的数据搬迁；在数据归档阶段，对数据进行压缩，提供超大可用存储容量，为数据的长期保存提供归档管理方案，能够实现查询和访问功能；在数据回收 / 销毁阶段，当数据达到其使用设计期限时已无效，通过安全可靠的技术手段支持数据回收和销毁。

全球存储网络工业协会（Storage Networking Industry Association，SNIA）对数据全生命周期管理的定义是：数据全生命周期管理是一套策略、流程、实践、服务和工具，从数据创建之初直到最后被销毁处理，使数据的业务价值与性价比最好的基础设施配套，针对多样应用服务级别的 I/O 负载进行数据与元数据组织布局策略设计，使数据与业务需求完美融合。

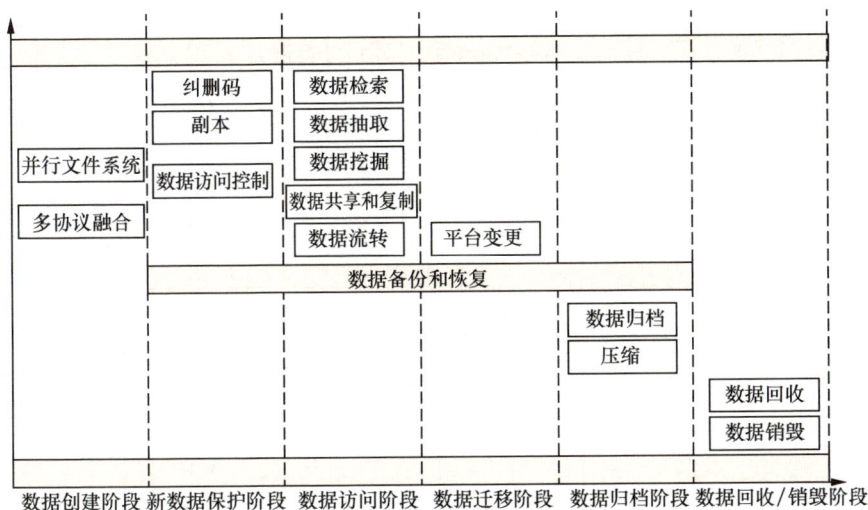

图 3.4　数据全生命周期

　　端到端的存储 I/O 全栈从物理分布上可以分为主机侧客户端和存储节点侧的存储服务。主机 I/O 栈，简单来说，即应用软件利用标准 I/O 库中的存储文件函数接口访问存储数据。上层的存储 I/O 请求在操作系统（Operating System，OS）的文件系统层依据文件访问路径进行分发，进入不同类型和不同实例的文件系统。如图 3.5 所示，操作系统将文件系统分为本地文件系统和网络文件系统（Network File System，NFS）。本地文件系统包括 EXT4（扩展文件系统）、XFS（稳定且高性能的 64 位日志文件系统）、NTFS（最早出现在 Windows NT 中的日志文件系统）等类型；网络文件系统包括标准存储协议客户端和私有协议客户端。FAST 数据中心使用了 NFS 协议和主机私有存储客户端协议两种网络存储协议。存储 I/O 请求进入文件系统客户端，将 POSIX（Portable Operating System Interface of UNIX，可移植操作系统接口）语义的函数调用转换成 NFS 协议和私有协议请求的网络请求报文，发送到存储节点的服务端。

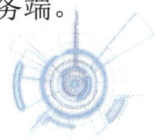

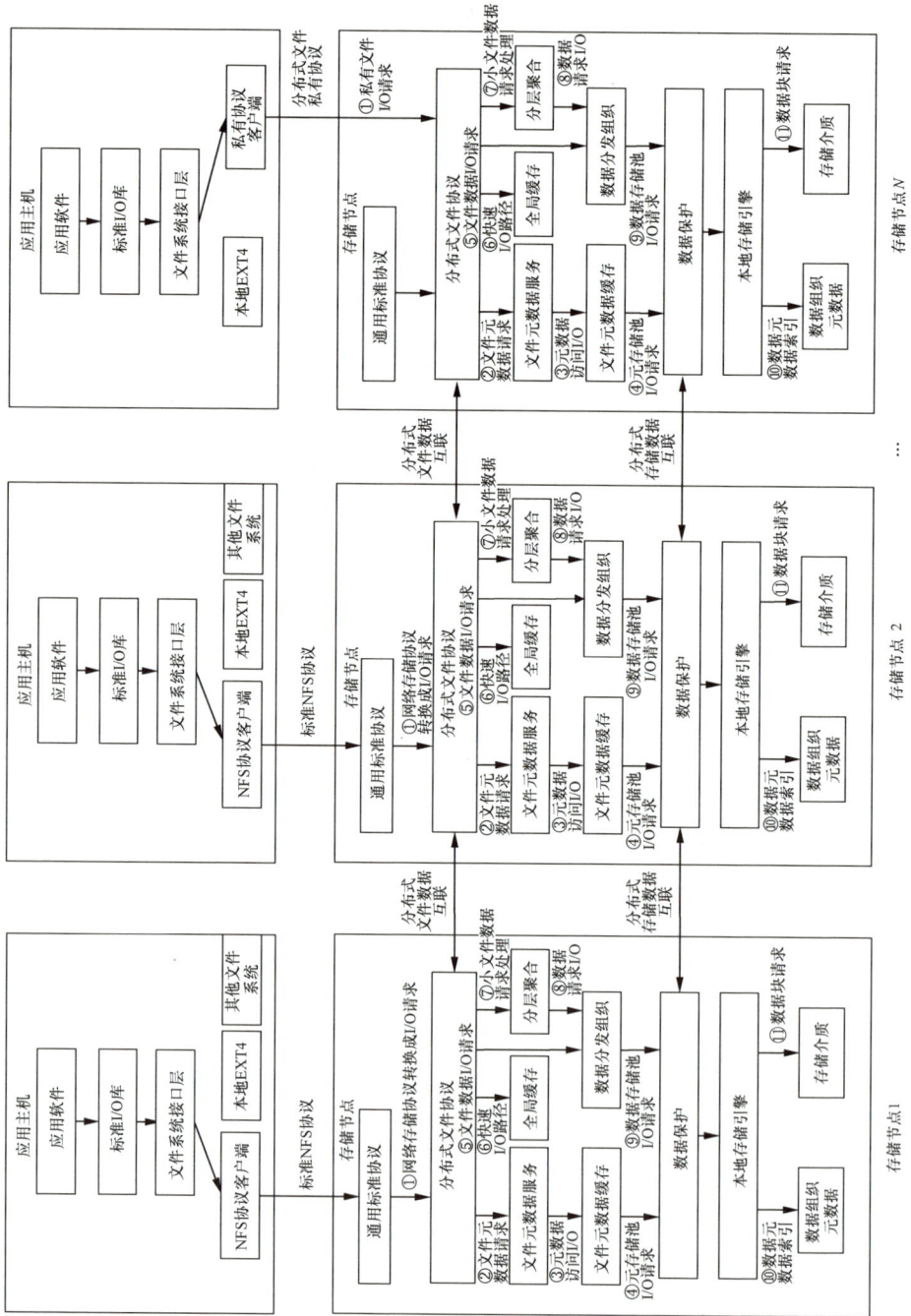

图 3.5　存储 I/O 栈

分布式存储集群系统由 N 个存储节点组成，每个节点都提供通用标准协议、私有文件协议和分布式存储池数据组织服务。NFS 协议客户端或私有协议客户端的 I/O 请求网络报文发送至存储节点的服务进行处理。通用标准服务先进行协议解析，将网络存储协议转换成分布式存储的 I/O 请求，并下发到分布式文件系统（见图 3.5 ①）；为了实现数据分布、数据共享和 I/O 负载处理，将请求分为文件元数据请求和文件数据 I/O 请求（见图 3.5 ②和⑤）。元数据是为索引、标识和管理用户数据而产生的管理数据，通过文件系统互联横向（跨节点）负载到全系统的元数据服务进行并行处理（见图 3.5 ③），每个存储节点都有由元数据服务组成的元数据服务集群。系统容量占比为 2% ～ 5% 的元数据的持久化存储需要考虑性能和崩溃一致可靠性（见图 3.5 ④）。元数据采用副本跨节点冗余，保存在多个存储节点中。数据请求处理的是用户数据，依据 I/O 的特点进行分发处理（见图 3.5 ⑤）。统一地址空间的全局缓存采用高速远程直接存储器访问（Remote Direct Memory Access，RDMA）网络互联，应答速度达到微秒级，用于处理需快速应答的请求（见图 3.5 ⑥）。分层高速介质采用高速 NVMe SSD（支持 NVMe 接口协议的 SSD），应答时间达到百微秒级，用于进行小文件数据请求处理（见图 3.5 ⑦）。

分布式数据池实现了数据组织分布、数据冗余保护以及设备资源池存储，分布式文件系统使用了元数据池和数据池。数据请求 I/O（见图 3.5 ⑧）在数据组织阶段进行拆分和分发（见图 3.5 ⑨），将数据流拆分成固定大小的数据条以及将小 I/O 聚合成大容量的数据条带，每个数据条带都有全局唯一标识，通过全局唯一标识进行数据分发和读取，数据条带根据存储容量、优先级、状态等信息路由到指定的设备进行数据保护处理。数据冗余计算，即数据条带被下发到存储池进行数据保护处理，利用多个数据块，由采用纠删码计算产生的冗余校验块组成。存储池将各异构存储设备节点互联形成统一、可靠、可扩展的分布式逻辑存储空间，根据性能成本、容量成本、

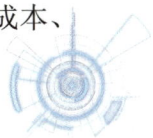

设备空间与能耗成本的不同，划分形成多个分层存储池。数据加校验条带通过一致性哈希算法分发至不同的存储节点实现空间均衡的横向扩展，数据保护策略通过控制数据分布在不同的盘、节点和机柜，实现盘级冗余、节点级冗余、机柜级冗余，保障当盘级、节点级或机柜级电源发生故障时数据仍有备份。最终用户数据中的某个数据分条会被分发保存到某个盘，即本地存储引擎在存储介质中按照逻辑块地址（Logical Block Address，LBA）进行空间分配，数据保存的位置被保存为数据元数据索引（见图 3.5 ⑩）。

根据对 FAST 数据中心数据存储工程的全面深入分析，并结合业务种类的多样性和复杂性，数据融合流转和应用系统对底层数据基础设施的要求也在不断提高。一方面，要求基础设施的配置能够与应用系统的特点相匹配，实现业务系统的高效运行和业务数据的有效融合处理；另一方面，要求数据灵活流转，从而缩短业务上线与各个系统之间数据分享的时间，打通读写，提高资源、环境、生物、生态等多个领域的大数据的工作效率，实现各业务数据、各个子系统之间的传输及数据的平滑流转。文件存储系统需面向最终用户构建数据交汇服务支撑平台，同时承担超级计算系统和大数据云系统核心业务数据的统一存储空间，实现多样应用的数据高效共享与协同处理。

面向数据处理、使用过程的 L1 ～ L4 阶段（见图 3.6），FAST 数据中心存储系统的整体设计根据不同介质分别设计了有针对性的解决方案：L1 阶段因时效性要求较高，同时需要进行数据格式转换，因此采用前端服务器本地硬盘进行快速存储与处理；L2 阶段提供热数据高性能存储能力，对接高性能计算（High Performance Computing，HPC）平台的数据调取和结果保存，主要由高性能的全闪存盘构成；L3 阶段提供温数据在线存储能力，可满足海量数据的共享存储和实时在线访问需求，主要由大容量机械磁盘构成；L4 阶段是针对需长期保存的冷数据进行近线存储，将冷数据近线存储池中的数据按照策略自动进行数据迁移，归档到蓝光盘库设备中。

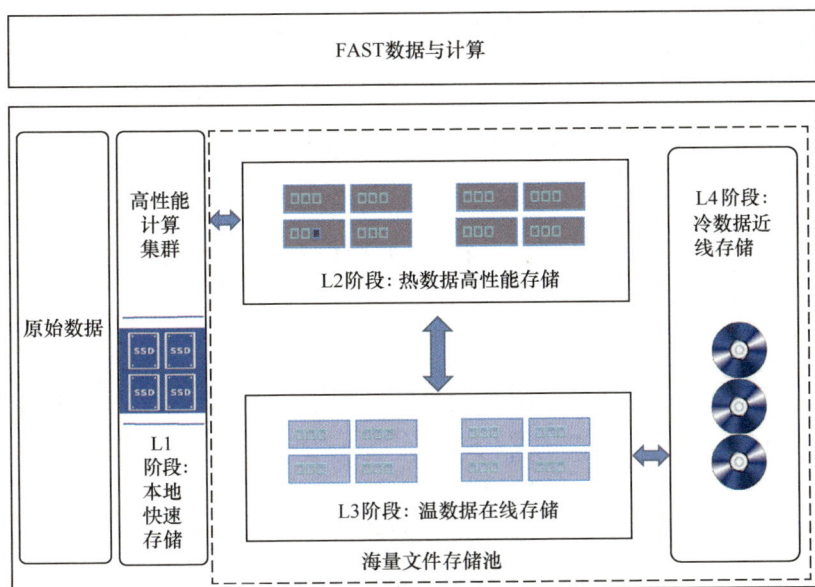

图 3.6　FAST 数据存储与计算架构

3.2　热数据高性能存储

观测完成后两到三年的数据需要被频繁检索和访问。观测项目负责人和成员在观测完成后一年内会对数据进行处理或复制。在 12 个月的保护期结束后，会开放数据给更多研究人员用于分析、处理或复制。

通常，完成 10 TB 级数据的复制需要数分钟。如果存储速度慢，势必会影响数据复制的速度，导致数据分发无法顺利进行。因此，观测完成后两到三年的热数据需要存放在在线存储中。

按照观测时长估计，热数据的占比是基本保持不变的。当然，随着观测带宽的增大和相位阵馈源的使用，热数据量也会逐渐增长，但相对归档数据而言，增长比较平稳。

FAST 数据中心部署的热数据高性能存储系统采用分布式全闪存架构配合无限带宽（InfiniBand，IB）高速网络，针对高性能计算集群或人工智能

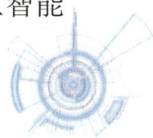

（Artificial Intelligence，AI）平台的 GPU/CPU 算力平台，提供高性能、低时延的高速缓存存储访问资源池，以及具有统一命名空间的并行文件存储池，可支持 NFS、SMB、MPI-IO、HDFS、S3 等多种协议，以及前端多种业务类型和数据访问接口，满足 FAST 数据高速处理并发能力和数据时效性的关键指标要求。该系统由并行存储文件系统、全闪存存储节点和高速 IB 计算网络组成。

3.2.1 热数据高性能存储的构成部分、所面临的需求及使用的设计方案

结合独特数据采集、存储、大数据分析等不同业务阶段的巡天场景数据访问特点，FAST 数据中心构建了独特文件存储系统资源池，针对各阶段天文数据的不同存储需求，通过内核客户端优化、对象聚合、高速缓存等技术创新，对 I/O 负载（通常出现在数据库或日志量非常大，或者应用访问量非常大导致大量的日志写入磁盘时）进行深度优化，为每秒进行超 2000 万亿次计算的平台提供超 100 GB/s 的稳定带宽，保证数据平稳、可靠接收。

FAST 数据中心部署的并行文件热数据高性能存储系统，主要应对前端 GPU、CPU 高速并发建模超算应用，采用高速 NVMe SSD 介质加速高性能计算任务，利用大规模计算节点中的 SSD 组成"近算缓存"来处理大文件小 I/O 型的每秒输入/输出操作数（Input/Output Operations Per Second，IOPS）业务。全闪存存储，顾名思义，在存储子系统中使用闪存介质代替传统的磁盘，大大提升了 IOPS。在单一测试用例下，可提供更大的 IOPS 和更低的时延。同时，为提高应用的扩展性能和灵活性，实现了分布式元数据架构。热数据高性能存储系统架构如图 3.7 所示。

全闪分布式存储集群需要满足高性能、高可靠、高可用、高扩展的要求，当一个存储节点出现故障后，可以保证数据不丢失、业务不中断，支持在不停机的情况下，通过在存储系统中增加存储节点的方式实现业务不中断

情况下存储容量的扩展和性能的提升。通过整合计算主机节点的 SSD 资源并将其作为高速数据缓冲区，可进一步提升系统的 I/O 性能。

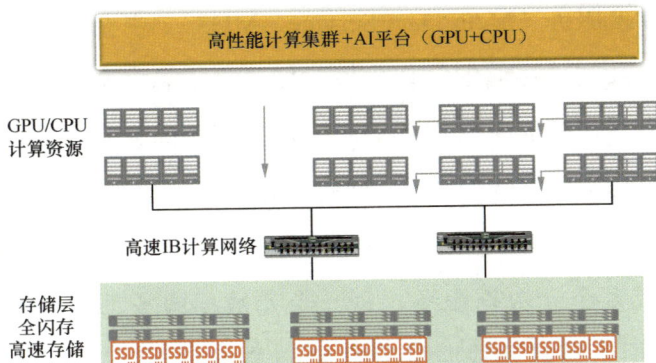

图 3.7　热数据高性能存储系统架构

使用全闪分布式存储系统可以保证所有关键系统服务都分布在多个硬件上，有效避免系统资源争用的问题，消除系统瓶颈，确保系统容量和性能参数随基础设施的扩展呈近线性增长。该系统既是网络文件系统也是并行文件系统，客户端通过网络与存储服务器进行通信（具有 TCP/IP 或任何具有 RDMA 功能的互联，如 IB 技术、RoCE 网络技术，支持 native verbs 接口），通过并行文件系统可以添加更多的存储服务器。同时，全闪分布式存储系统还实现了 ObjectData（对象数据）和 MetaData（元数据）的分离，ObjectData 是用户希望存储的数据，而 MetaData 是包括访问权限、文件大小和位置的"管理数据的数据"，因此如何在 MetaData 的多个文件服务器中找到对应的目标文件，使客户端获取特定文件或目录的 MetaData 后可以直接与 ObjectData 服务器进行对话以检索信息，就变得至关重要。

系统架构层面共提供 4 种服务：管理服务、元数据服务、存储服务、客户端服务。

（1）管理服务（management service）：分布式大规模集群管理的基础服务，它被视为元数据服务、存储服务和客户端服务的"控制中心"，所有组件都需要向管理服务注册并保持心跳检测（检测通信对方是否还"在线"，

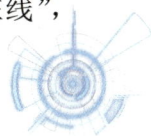

如果对方已经断开，就要释放资源或尝试重连）。每个文件系统或命名空间只存在一个管理服务，同时安装的所有配置文件必须指向同一个管理服务。

（2）元数据服务（Meta Data Service，MDS）：主要用于维护和管理文件的条带信息及文件存储的具体位置，如目录信息、文件和目录所有权以及用户文件内容在存储中的位置等。元数据服务向客户端提供数据条带化信息，且不参与文件打开/关闭之间的数据访问，包含系统中的 Meta Data 信息，可通过扩展任意数量的元数据服务来提高其性能。并行文件系统可以包含一个或多个元数据服务，每一个元数据服务都有一个 MDT（Meta Data Target，用于存储元数据服务的 Meta Data），通常由 SSD 以跨节点副本冗余方式进行保护，文件系统使用 EXT4（Fourth extended file system，第四代扩展文件系统），为小文件和小文件操作提供优良性能。

（3）存储服务（storage service）：又称对象存储服务，是数据存储条带化组织用户文件数据内容的服务。存储服务基于跨盘、跨节点的横向扩展设计，从而使每个存储服务为文件系统提供容量扩展、故障冗余、故障自愈、性能线性提升的存储池。

（4）客户端服务（client service）：客户端是在 Linux 系统中运行的内核模块，需要在 Linux 内核的虚拟文件系统接口中进行本地注册且必须编译匹配使用的内核。客户端服务提供一个正常的挂载点，可以通过 NFS、SMB 协议或从 Hadoop（分布式系统基础架构）直接访问存储系统，当更新 Linux 内核或客户端服务时，无须手动更新。

在实际使用中，并行文件在线存储系统具有以下优势。

一是高性能：支持单个服务的多实例部署以分担大规模用户计算集群的数据访问负载；支持 RDMA/RoCE 和 TCP 网络同时访问数据；文件索引和文件具体内容支持分布式部署；单个数据流可达 9 GB/s。

二是灵活性：多个文件服务可部署在同一台服务器中；支持针对不同文件夹的不同文件设置条带策略；支持业务运行过程中在线增加服务器；支持

实时创建文件系统实例（如突发缓存）；支持不同的 Linux 发行版和内核版本；支持 NFS 和 SMB 协议。

三是易用性：通过图形用户界面（Graphical User Interface，GUI）部署和向导式配置，完成存储安装、部署、日常换盘、管理操作、扩容等。通过丰富的应用程序接口（Application Program Interface，API），进行集成管理。通过自动健康巡检功能，实现对集群运行状态的检查，输出系统状况、运行状况、部件状况等。

3.2.2　FAST 数据中心高性能存储层采用的先进技术

天文望远镜记录的原始数据不具备直接使用的条件，需要先进行数据校准。在数据校准过程中，需要进行多轮滤波去噪等复杂计算处理。计算模型属于典型的浪涌型（瞬间出现超过稳定值的峰值）计算业务，对存储系统的时延要求为毫秒级。如果存储速度不理想，下一轮计算将会受到影响。针对浪涌型计算业务，通常采用本地高速缓存存储介质承接临时计算结果，但对于跨多节点的计算业务，则无法提供统一的、共享的文件系统，因此突发缓存（Burst Buffer）方案更适用。

为了实现热数据高性能存储，采用计算节点突发缓存高速缓冲池，如图 3.8 所示。突发缓存是超算领域的一个概念（类似于 Cache Tier 缓存命中率的存储技术），是后端存储和前端计算之间的夹心层，旨在利用计算节点的当地存储能力（通常为 NVMe SSD 高速持久存储设备）提供比后端存储 I/O 更大的带宽，从而避免后端存储过度负载。

在超算场景中，计算和存储两个阶段存在明显的分割，当计算结束之后，数据需要写入存储，而存储速度的快慢会直接对下轮计算产生影响，因此为了加强存储服务响应性能，使用突发缓存缩短 I/O 路径（控制通过突发缓存的数据异步刷入后端存储的过程，如将小 I/O 合并成较大的 I/O），如图 3.9 所示。

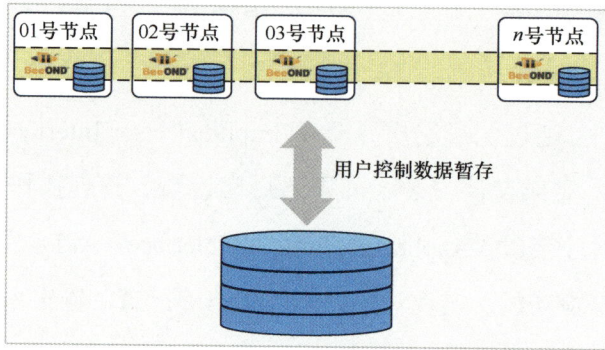

图 3.8　突发缓存架构

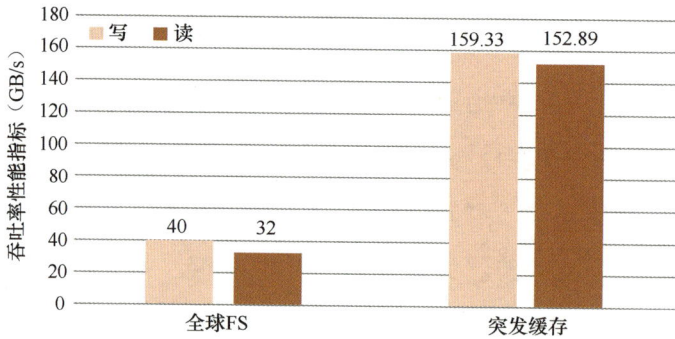

图 3.9　突发缓存的对比效果

天文观测所采集的谱线数据多为 GB 级大文件，在科学计算阶段，各计算节点间的数据互通需要低时延通信技术来保障。突发缓存系统采用 RDMA 技术，在本地直接存取对端存储节点的内存，不经过 CPU 中断的延迟传输，从而减少对总线带宽和 CPU 开销的需求，大幅降低数据的 I/O 时延。

客户端写入时，如图 3.10 所示，客户端数据直接写入 RDMA 网卡注册内存待服务端拉取，服务端 RDMA 网卡注册内存数据直接写入硬盘并释放 RDMA 网卡注册内存到内存池，客户端释放 RDMA 网卡注册内存到内存池（写操作是将数据从 RDMA 网卡注册内存直接写入硬盘，省去了数据复制环节）。

客户端读取时，如图 3.11 所示，客户端申请 RDMA 网卡注册内存待服务端推送，服务端从硬盘中读取数据并直接落入 RDMA 网卡注册内存，发送完成后释放 RDMA 网卡注册内存到内存池，客户端释放内存到内存池

（读操作从硬盘中直接读取 RDMA 网卡注册内存，省去了数据复制环节）。

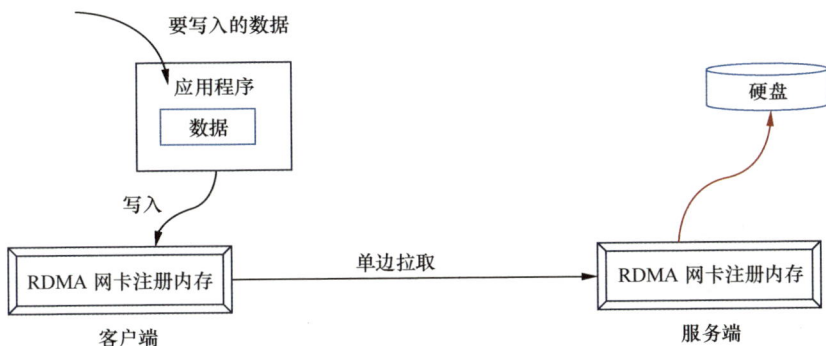

图 3.10　客户端写入数据流转

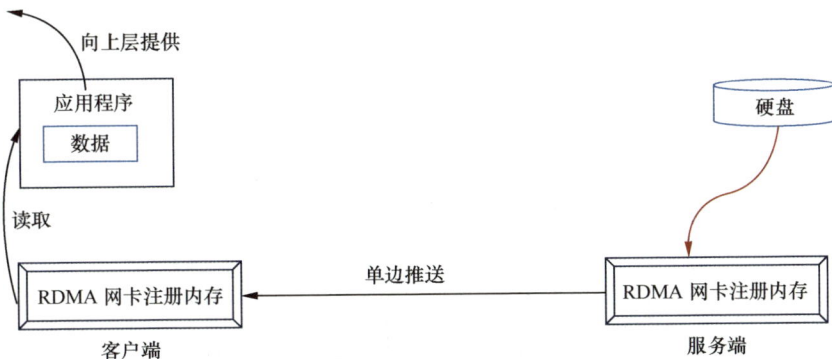

图 3.11　客户端读取时内存"零复制"

存储系统 RDMA 的通信流程如下。

① 主进程创建全局 epoll 实例，初始化共享内存区域与网卡。

② StreamListener 进程继承 epoll 实例，注册监听套接字，初始化 WorkQueue 队列。

③ ConnAccept 进程继承 epoll 实例，注册已连接套接字，开始连接分发。

④ 初始化 Worker。

⑤ 当有外部连接接入时，首先被 ConnAccept 进程监听，构造连接 fd，通过 StreamListener 进程的 pipe 发送给 StreamListener 进程。

⑥ StreamListener 进程创建 epoll 模型，监听该 fd 的接收事件。当有数

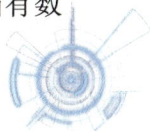

据发送时，接收 Header 数据，根据 Header 数据构造 WorkEvent（带有连接 fd），插入 WorkQueue，移除 fd，不再继续监听该连接。

⑦ Work 线程的 Loop：从 WorkQueue 中获取 Work 任务，拿到 sock，调用 ibv_poll_cq（polling），不断查询接收完成队列中的数据，直到累计接收数据长度达到 Header 中声明的有效载荷长度。此时，Work 线程拿到一次通信的全部数据，构造 Msg 类，处理消息。

⑧ Work 线程处理完消息后，将 fd 回传给 StreamListener 进程，自身回复 sock 完成且释放 sock。

鉴于内核客户端 I/O 路径短、时延低、缓存合并等优势，突发缓存采用内核客户端方式进行数据写入。内核客户端采用基于大内存页的缓存读写流程。

用户缓存写数据时（见图 3.12），将数据从用户态复制到页中，将缓存页标脏（当进程修改了高缓存中的数据时，该页就被内核标记为脏页）并加入全局缓存；待触发下刷后，下刷线程将根据页确定所属文件的缓存及对象，将同对象中的脏数据一并下刷；用户缓存读数据时，首先触发预读，将数据从运行支撑系统（Operational Support System，OSS）预读至文件缓存中，再将数据复

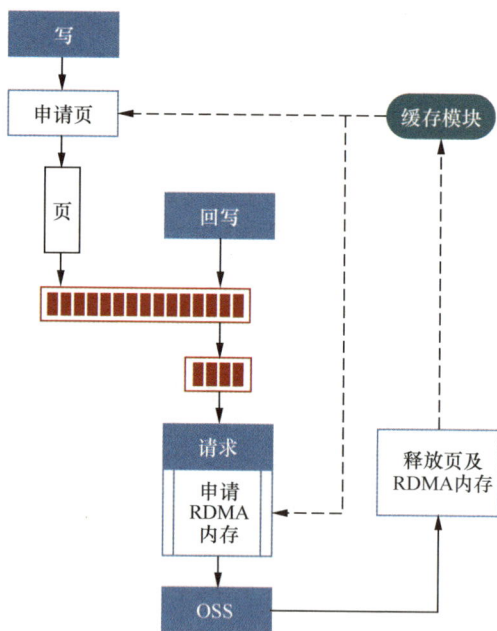

图 3.12　读小文件流程

制到用户态地址中。页缓存及数控分离所需内存均在挂载时提前申请并以链表形式管理，申请时从链表中取出，释放时重新加入链表。此种设计的优势在于：缓存读写时，数据复制的页数量减少，从而减少查询、申请及切

换页的次数，提升缓存读写的速度；结合数控分离（副本）方案，能够实现"零复制"的 RDMA 通信，增大客户端的读写带宽；读写流程中内存申请 /释放自主管理，降低申请、释放、映射内存的耗时。

如图 3.12 所示，在开启小文件聚合功能前，读请求在每次小文件读取时均需向磁盘发起独立 I/O 请求，导致频繁寻址开销，整体吞吐性能较低；而在开启小文件聚合功能后，客户端发送的读请求会将小文件所在对象读入缓存，之后进行对象内其他小文件读取时，因为缓存预读命中有效缩短了 I/O 路径，提升了性能。

3.2.3　给科研带来的价值提升

FAST 数据中心部署的全对称分布式架构不仅能满足对数据存储性能和容量的现有需求，还可以随着科研规模的扩大进行横向扩展。数千节点的有效管理，可保障节点在线扩展、弹性扩展到 EB 级容量，且数据全局均衡存放，实现了性能的拟线性增长，以满足承载处理后的热数据对于性能的要求。从天文观测的需求出发，可最大限度地保障科研的顺利进行及未来的科技创新。

| 3.3　温数据在线存储 |

温数据在线存储采用搭配高速 IB 计算网络的全对称分布式架构设计，针对高性能计算平台提供性能容量均衡型的存储资源池，为实现海量数据的快速存储和发挥最大的空间能耗比而设计。单存储节点 4U 高度最大可支持 60 块大容量 HDD，分布式存储集群整体规模可达 5120 个节点，可满足超海量大规模数据存储资源池的建设需求。支持 NFS/SMB/MPI-I/O/HDFS/S3/iSCSI 块等多种协议，同时满足高性能计算、大数据等多种业务类型和数据访问接口的要求，为数据的发布共享和流转提供了开放、灵活的技术架构。该系统由并行存储文件系统、高密度大容量机械磁盘存储节点和高

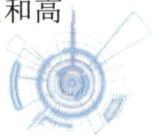

速 IB 计算网络组成。

3.3.1 温数据在线存储的构成部分、所面临的需求及使用的设计方案

FAST 数据中心部署的温数据在线存储系统主要针对原始数据、结果数据的保存和共享提供大容量、高可扩展的弹性存储资源池。承载的数据类型主要包括结构化数据和非结构化数据两部分，其中 85% 以上为非结构化数据。

结构化数据部分：应用系统数据库数据，如天文大数据云系统文件及数据库等数据。这类数据的特点是数据量相对较小，但数据价值密度大，因此对数据的安全性要求较高。

非结构化数据部分：主要为文件存储资源池和对象存储资源池中的数据。这类数据的特点是数据量相对较大，存储资源池需具备弹性可扩展能力及数据保护能力。

FAST 前端扫描所产生的主要为海量天文图片类型的非结构化数据，具有大文件小 I/O 特征，每个数据文件的大小约为 2 GB，以 FITS 这一天文学界常用的数据格式为主，专门为在不同平台之间交换数据而设计。

因此，面对如此海量的数据，需要支持几十或几百 PB 级容量扩展能力、具有弹性分布式架构的共享数据存储池，以承载数据的本地集中存储与共享。温数据在线存储池在数据全生命周期中对高性能存储提供存储调用和回写等功能，对冷数据近线存储提供透明迁移及快速加调等功能，是承上启下的关键角色。它的构建采用业内主流的 Share-Nothing 分布式存储架构，以及大容量 HDD 搭配高密度节点（1U ≥ 15 盘位）的存储集群方案。

温数据在线存储系统逻辑架构主要由存储介质、分布式存储池和多协议访问服务组成，如图 3.13 所示。底层存储介质由不同类型的存储服务器硬件、搭配不同速率的硬盘和网络组成，为分布式存储系统提供物理资源；

中层由分布式存储软件集群中各节点存储物理空间资源、构建逻辑空间映射的统一存储池，对外提供统一 API，支持不同协议的存储服务；上层为多协议服务模块，基于相应协议的存储服务，可提供文件服务接口（POSIX API）、对象服务接口（S3/Swift）、块服务接口（iSCSI）、大数据服务接口（HDF SAPI），为上层不同类型的应用提供存储资源的共享访问。

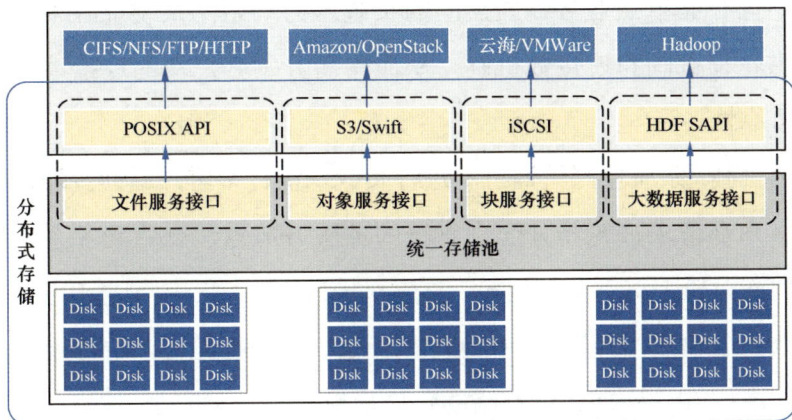

图 3.13　温数据在线存储系统逻辑架构

温数据在线存储系统用于存储 FAST 数据中心已观测的数据，在容量方面，天文观测原始数据为单个约 2 GB 大小的非稀疏文件，数据总量约为 20 PB，存储系统设计容量达到 30 PB，可满足天文观测原始数据"一次写入多次读出"的场景需求，在可扩展性方面（见图 3.14），实现系统存储容量与性能的横向扩展，以满足后续业务的增长需求。

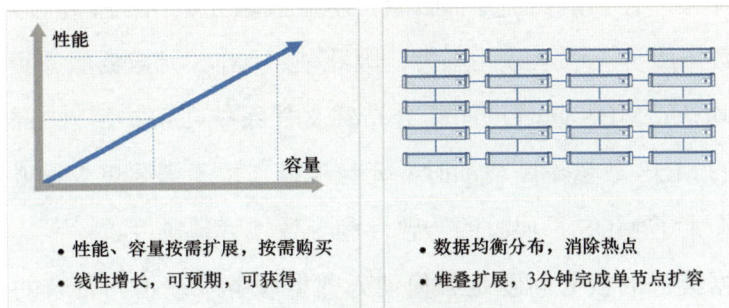

图 3.14　分布式存储系统线性扩容示意

3.3.2　FAST 数据中心温数据在线存储层采用的先进技术

针对 200 个以上的科学计算节点，FAST 数据中心为解决业务接入负载均衡问题，采用分布式、全对称架构存储平台，集合零散存储资源，提供统一命名空间，使用户可通过任意节点接入系统并处理客户端的连接请求。为实现不同存储节点业务、硬盘间的负载压力均衡，系统资源须最优化使用，提供轮询机制和连接数机制，从而均衡分发客户端的连接请求并确保业务的可靠性。

轮询机制：系统按照轮询机制进行负载均衡，多客户端通过域名挂载至系统，客户端请求被轮转分配到系统的各服务节点，以达到各系统节点间的负载均衡。轮询机制分为两轮，首先对地址池中对应的物理 IP 进行轮询，然后对选出的物理节点所对应的虚拟 IP 地址组进行轮询，选出最终返回给客户端的虚拟 IP，实现轮询策略的负载均衡。

连接数机制：客户端通过域名发起挂载至系统的访问请求，负载均衡主服务节点选择当前连接数（已建立的连接数）最少的节点对应的实体 IP，然后再对选出的物理节点所对应的虚拟 IP 地址组进行轮询，选出最终返回给客户端的虚拟 IP 供客户端与该节点建立连接，以达到系统节点间的负载均衡。系统按照各个节点的 CIFS/NFS 协议连接数进行负载均衡。

FAST 数据中心的各节点在数分钟内就能产生数万个小文件，且为了快速搜索脉冲星，会频繁扫描存储目录，这就要求元数据性能超过万级 OPS，而单个元数据服务无法承载此压力，因此使用 MDS 元数据服务集群进行元数据负载均衡。MDS 同时也面临分布式文件系统在可扩展性方面的挑战，当集群中的 MDS 数量不断增加时，元数据操作由于需要更大程度的相互依存关系，加大了 MDS 扩展时的一致性和一致性管理难度。

元数据集群的核心问题是如何使元数据服务承载不同目录的元数据业务。传统设计的两种方式——静态子树分区和目录负载均衡，在使用时有一定的限制：静态子树分区需要人工干预，即手动将目录导出至不同的MDS 进行压力负载；目录负载均衡功能需要先了解用户的目录结构以及应用特性，将指定层级目录均分至所有 active MDS，很难通过一次部署就满足元数据的性能需求，系统采用动态子树负载均衡设计，根据目录热度进行子树划分，实现元数据负载均衡，大幅提升系统对不同业务负载的自适应能力，简化部署及现网局点使用。

通常，每个分布式存储系统默认配置一个活跃 MDS 守护进程。但在大型系统中，为了扩展元数据的性能，可以配置多个活跃的 MDS 守护进程来共同承担元数据负载。如图 3.15 所示，两个 active MDS + 两个 standby MDS + 一个 standby-replay MDS，如果其中一个 active MDS 发生故障，standby MDS 会进行接替。

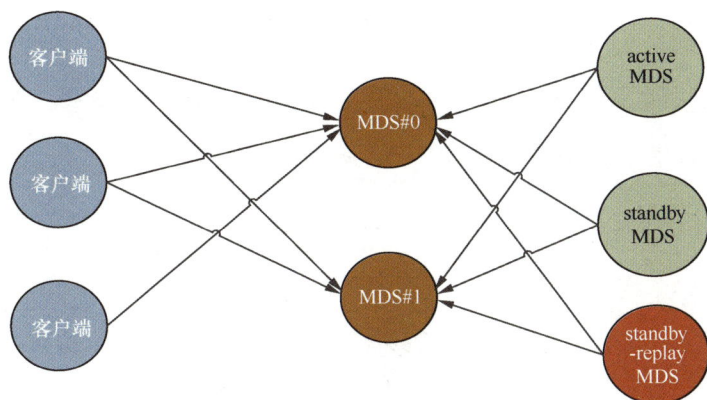

图 3.15　元数据集群

动态子树方案是基于文件元数据访问热度进行负载均衡。负载是指MDS 子系统对系统资源的消耗情况，采用请求数、消息队列深度、CPU 负载等进行加权和计算，每个 MDS 计算自己进程的负载值；热度是对文件元数据访问频率的体现，采用不同类型元数据操作的加权，按照时间进行"衰减"叠加计算。热度基于 inode（索引节点）和子树，每个 inode 计算自己的热度值，子树的热度为子树上所有 inode 的热度总和，系统设计采取热度

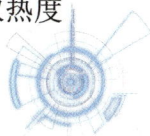

随时间动态衰减的算法来计算热度。

同一节点上的不同时刻，MDS 进程负载与其负责的所有子树的热度总和近似成正比，这也是基于热度的负载均衡方案的基本假设。由于不同节点的计算能力可能存在差异（节点配置不同的部署情况比较少），如图 3.16 所示，对于相同的热度、不同的节点，其负载不一定相同。

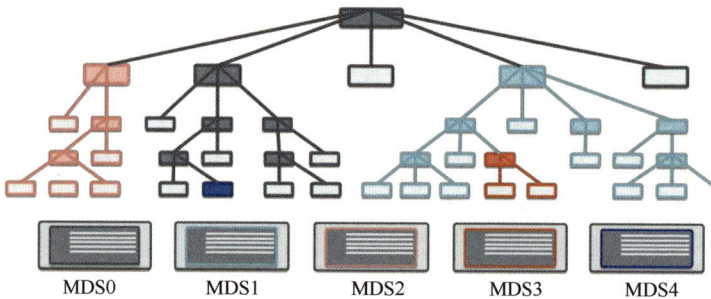

图 3.16　动态子树（每种颜色代表不同的子树）

对于大目录下的脉冲星搜索，需要采用虚拟子目录技术，充分利用元数据集群的性能，如图 3.17 和图 3.18 所示。

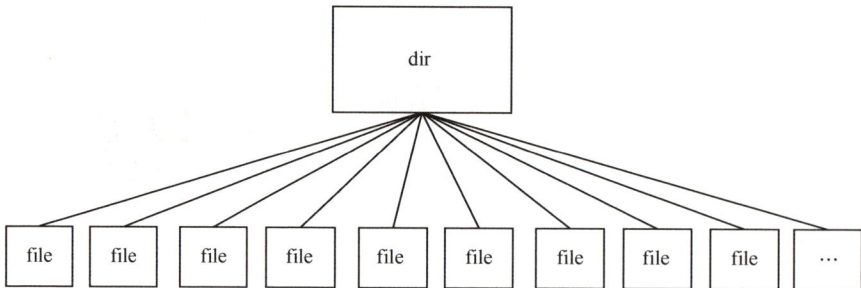

图 3.17　大目录对外显示

在 FAST 数据中心的谱线处理阶段会产生海量小文件，如果是小于 4 KB 的小文件，那么每个小文件在存储时是按照一个对象进行切割存储的，即每个小文件会占一个对象，百亿文件会成为集群中百亿个底层存储对象。当发生磁盘故障等需要数据重构时，是按照对象的粒度读取进行数据恢复的。图 3.19 所示为一个 4 KB 的小文件在磁盘存储的示意，该小文件的磁盘利用率为 16.7%，在 4 KB 小文件场景下，磁盘利用率很低。

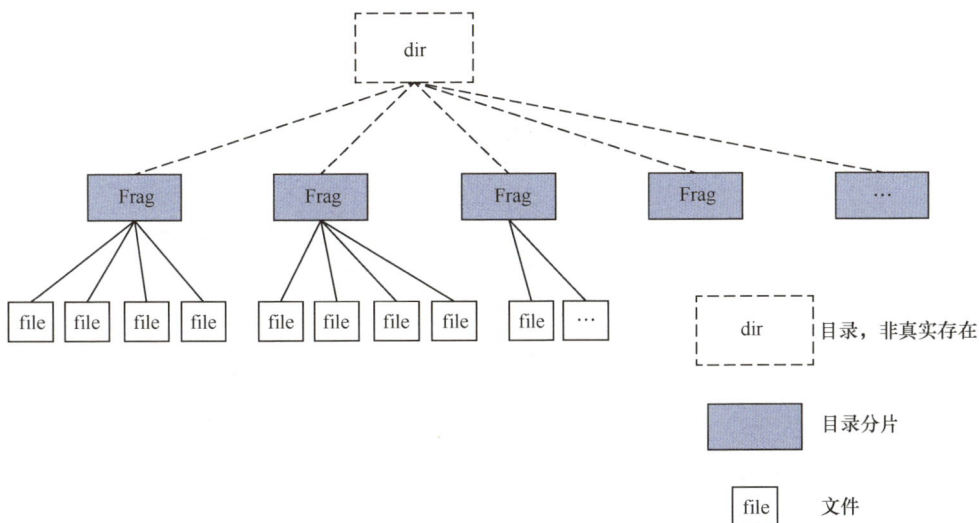

图 3.18　目录分片结构

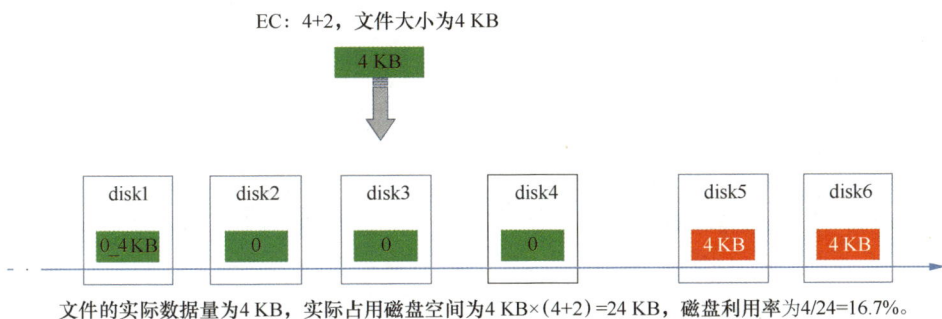

EC：4+2，文件大小为 4 KB

文件的实际数据量为 4 KB，实际占用磁盘空间为 4 KB×(4+2)=24 KB，磁盘利用率为 4/24=16.7%。

图 3.19　数据切片举例

通过小文件聚合方案，使多个小文件的数据先聚合至 4 MB 大小，以减少底层对象数。在指定的小文件聚合目录中，新创建的小文件（也称为源文件）通过紧密排列的方式（以 4 KB 对齐）写入一类特殊的文件（聚合文件）中。读文件时不再读取源文件的对象，而是从聚合文件的对象中读取源文件数据。

如图 3.20 所示，聚合文件中的文件以 4 KB 大小对齐排列，源文件间存在小于 4 KB 的空隙。每个文件最小占用 4 KB 空间，最大占用 512 KB 空间，在聚合文件最大占用 512 MB 空间的情况下，可以确定最大文件数和最小文件数。

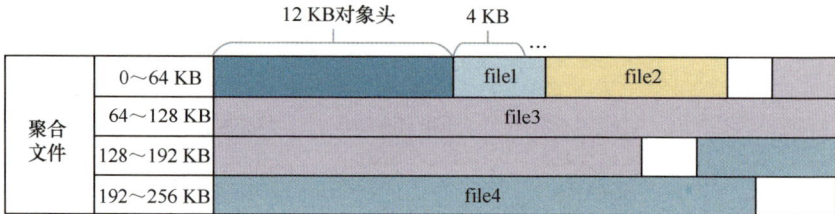

图 3.20　聚合文件

如图 3.21 所示，在开启小文件聚合功能前，读请求在每次小文件读取时均需向磁盘发起独立 I/O 请求，导致频繁寻址开销，整体吞吐，性能较低；而在开启小文件聚合功能后，客户端发送的读请求会将小文件所在对象读入缓存，之后进行对象内其他小文件读取时，由于缓存预读命中有效缩短了 I/O 路径，因此性能实现了提升。

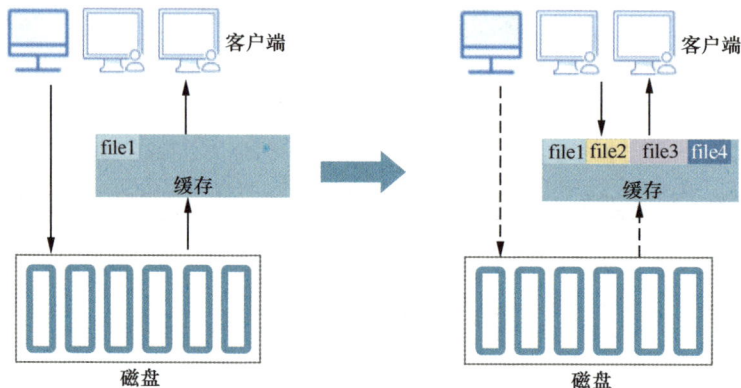

图 3.21　读小文件流程

3.3.3　给科研带来的价值提升

FAST 数据中心部署的全对称分布式架构不仅可满足目前对数据存储性

能和容量的需求，还可以随着科研规模的扩大使其呈线性增长。数千节点的有效管理，保障了节点在线扩展、弹性扩展至 EB 级容量，且数据全局均衡存放，实现了集群存储系统访问性能的近线性扩展，能满足承载处理后的热数据对架构性能的要求。从天文观测的需求出发，最大限度地保障科研的顺利进行及未来的科技创新。

3.4　冷数据近线存储

在完成数据分析后，观测数据的使用频率会下降，这是因为从少量数据本身能得到的科学成果是有限的。通常只有积累了更多数据后才能得到新的科学成果。数据的积累需要较长时间，所以数据在观测完成两三年之后的使用频率下降是一个必然趋势。这时的数据就成了可以放在近线存储中的归档数据。

按照观测时长估计，归档数据在所有观测数据中的占比随着时间的推移逐渐增大。因此，归档数据的存储是数据中心长期发展要考虑的问题。

冷数据近线存储专门针对数据的长期保存、永久保存需求而设计。充分利用蓝光存储介质和自动化光盘库的优势，结合数据归档系统软件，基于高速磁盘缓存技术及多台光驱并行工作原理，是实现海量数据的光盘在线管理保存，解决数据长期安全存储、快速查询与下载，以及海量数据统计分析等管理问题的完整解决方案。冷数据近线存储阵列专为存储行业用户的重要数据而设计，在提高数据长期保存过程中的安全性、降低数据存储成本等方面具有独到的技术优势。该系统由数据归档迁移软件、蓝光光盘库设备和蓝光光盘组成。

蓝光存储在提高数据长期保存过程中的安全性及降低数据存储成本等方面具有独到的技术优势，相比机械磁盘和磁带，蓝光光盘的存储寿命高 10 倍以上，并且相比同等机柜规模的数据中心，采用蓝光存储的整体能耗成本

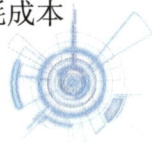

比采用机械磁盘的低 90% 左右。因此，在海量高价值数据需长期保存的归档场景下，蓝光存储在寿命和成本等方面具有明显优势，专门针对数据的长期保存需求而设计，是可实现数据长期安全存储和快速访问的优选解决方案。

3.4.1　冷数据近线存储的构成部分、所面临的需求及使用的设计方案

随着数据量的不断增加，高性能的热数据存储和温数据在线存储始终无法满足全部数据长期存储的需求。对于有价值的历史数据、访问频率逐渐下降但又需要长期保存且不丢失的数据，通常采用数据生命周期管理解决方案，即数据由热到温再到冷，用一套可基于数据热度来管理不同阶段数据的流动策略来实现数据的最经济、高效的存储。

如图 3.22 所示，按照数据被访问的频率可以看出，数据在产生后的开始阶段会被频繁访问，这一部分数据被称为热数据；到了中期阶段，数据被访问的频率降低，数据变为温数据；而后期则是基本不被访问，数据变为冷数据，但这些冷数据仍然蕴含着巨大的价值，在一定条件下有可能被重新利用，所以需要长期保存。

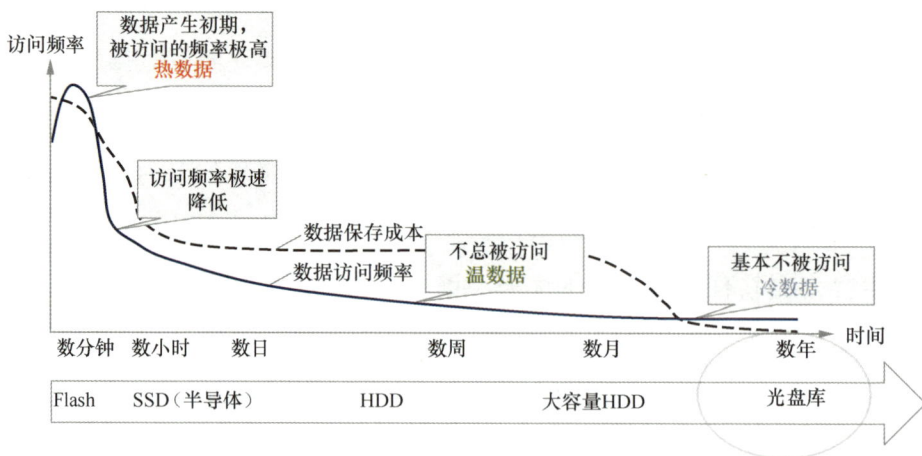

图 3.22　数据生命周期趋势

根据数据业务分析和数据管理要求，FAST 数据中心的温数据在线存储到冷数据近线存储之间需满足 5 GB/s 以上的带宽，才能实现数据分级传输，为实现在线数据与归档数据的高效迁移管理，实现数据管理要求，配置数据归档管理策略需同时遵循以下几点原则。

- 容量低成本：节约成本仍然是用近线存储替代部分在线存储方案的主要动机。

- 介质耐用性：归档数据必须得到妥善保护，站点灾难以及存储组件故障都是对耐用性的重大考验。

- 易存取数据：归档数据必须能够轻松存取，业务层面无感知或尽可能将影响降至最小。

- 可扩展性：采用的技术架构能轻松扩展，在技术趋势及产品形态上符合主流标准并节约成本。

- 非破坏性的技术迁移：解决方案必须能够无中断地迁移至新组件技术中，从而提供长期利益，并在当前投资中实现成本节约。

数据归档是将不再常用的数据经过温数据在线存储池迁移至单独的存储设备进行长期保存的过程。归档的海量数据对未来应用仍具有重要参考价值，要求支持数据索引和在线检索服务，以按需快速定位和数据回迁，满足业务系统数据访问偶发需求。

使用磁盘作为数据长期保存的载体已不再是最优选择，其使用成本高，且没有从根本上解决数据的长期安全存储问题。磁盘的使用寿命相对较短（一般为 4 ~ 5 年），数据会因病毒入侵、黑客攻击和人为修改等原因丢失，磁带数据会因老磁带机被淘汰而无法被读取。蓝光存储作为当前主流的光存储技术，正成为数据长期安全存储及高效管理的理想解决方案之一。

目前，主流光盘库使用 100 GB 以上的蓝光光盘，常温下无须加电，保存年限可达 50 年以上。相比于磁盘阵列，蓝光光盘库具有防病毒感染、防二次改写、防电磁干扰、后期保存无须加电、保存年限长等特点，主要用

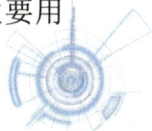

于冷数据的长期归档保存和重要数据的异质归档使用。

数据迁移系统是一套通过 API、任务感知等方式收集数据，并通过将数据从原始位置复制到目标位置的流转策略以及定制化数据管理软件。流转过程中支持对数据的打包压缩和断点续传，并可对整个流转过程进行统一监控、审核审批，保证文件传输的可监控性，一旦在流转过程中出现问题，能及时进行报警。

FAST 数据中心归档数据存储可满足以下三方面的需求。

（1）数据高效流转：建立数据迁移系统，在分布式存储和蓝光光盘库设备之间实现数据高效流转。

（2）权限审批流程：构建完善的权限审批流程，在数据迁移与回迁过程中，设计权限审批环节，迁移数据须经管理员审批。

（3）信息安全保障：通过软 / 硬件机制、查杀病毒、防篡改、合规性等安全保障措施，全方位保障数据中心安全运行。

3.4.2　FAST 数据中心冷数据近线存储层采用的先进技术

天文数据业务对冷数据近线存储的计算、传输及软件处理能力要求极高，FAST 通过自建智算中心有效实现资源池化，从而避免数据孤岛，全面提升天文大数据的存储、处理和实时分析能力，并且统一运维也使科研成本大幅降低。目前，智算中心计算性能每秒超 2000 万亿次，冷数据近线存储可用容量达 30 PB。

实现单一命名空间容量达到 30 PB 是个巨大的挑战。在冷数据近线存储中，通过去中心化架构、数据散列存储等关键技术，构建可灵活扩展至 EB 级容量的分布式存储系统。分布式存储系统采用分而治之的思路，通过哈希算法将所有存储节点的地址空间分区并统一编址后映射到一致性哈希空间上，每个存储节点分区负责一个小范围的地址空间路由，即负责存储地址空间中的一小部分数据，对每个数据对象的读写都能通过哈希算法寻址到对应的存储节点分区，从而实现数据空间的寻址和存储。

一致性哈希算法通过构建虚拟哈希环实现集群系统的分布式数据路由，其核心机制包含 3 个层面。

第一是节点虚拟化：将集群节点映射为环上的虚拟令牌，形成逻辑拓扑。

第二是数据定位规则：为数据对象分配唯一键值，经哈希计算映射至环空间后，沿顺时针方向定位首个虚拟令牌节点作为存储位置。

第三是动态平衡：当节点增减时，仅需调整相邻令牌区间的数据归属，实现 $O(1/K)$ 量级的数据迁移（K 为节点总数）。

该算法通过环状拓扑的闭环性保证数据分布连续性，利用虚拟令牌的多副本策略提升负载均衡度，最终实现大规模集群中数据定位与节点伸缩的解耦控制。

由于一致性哈希算法的地址空间接近无限，通过调整分区大小，使一致性哈希空间具备可伸缩性（见图 3.23），理论上可支撑存储单元的无限增加，为构筑 EB 级容量奠定根基。

图 3.23　一致性哈希空间

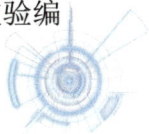

冷数据近线存储面对海量的原始天文数据，既要求数据高安全、高可靠，又要求数据具有高存储效率。在存储数据冗余领域，通常使用副本技术和纠删码技术来解决这一难题。

副本技术是将数据复制多份，每份数据完全一致，并将其保存到不同节点的硬盘中。如果某份数据丢失，可用其他副本修复丢失的数据。多副本模式工作机制简单，适用于类似元数据等容量规模小但性能要求高的场景。

纠删码技术是将数据切分为 K 份，通过纠删码算法计算出 M 份校验编

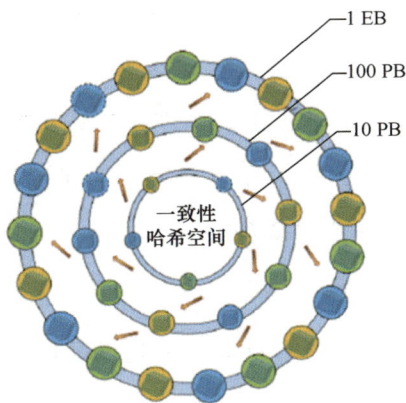

码块，并将（K+M）份数据保存到不同节点的硬盘中。当发生数据丢失时，可以利用（K+M）份数据的任意 K 份数据以恢复原始数据。通过设定 K 和 M，可以控制存储冗余容量的开销，实现以计算换空间，从而有效提高存储空间的利用效率。

FAST 数据中心采用了纠删码技术（K=8，M=2），数据进入分布式存储系统后，首先被切分为 8 份分片数据，并通过算法计算出两份编码块，然后将 10 份数据块散布到 10 个数据节点上，存储效率达到了 80%。这样即使某个节点发生故障，也可以通过剩余数据块计算出原始数据，保证了数据的高可用服务。

冷数据近线存储中，每个数据节点有 60 块高达 16 TB 的机械硬盘，单节点容量密度达到 960 TB。纠删计算后的 10 份分片数据在进入节点后被寻址到一块 16 TB 的机械硬盘上进行存储。同时，为了进一步提高数据的存储密度，使用 zstd（Zstandard，一种快速的数据无损压缩算法）对数据进行压缩，综合压缩率为 70%，最终单节点容量密度达到 1371 TB。

FAST 数据中心目前有 4000 余块机械磁盘在使用，为保证存储系统的可靠运行，引入了慢盘智能检测机制。慢盘智能检测机制分为带内监控和带外监控两种方式，通过两种方式的配合，可快速识别并剔除慢盘。带内监控由存储服务系统监控业务数据读写的时延，当存储系统发现当前数据读写 I/O 超时后，将磁盘标记为慢盘；带外监控在操作系统层监控机械磁盘的运行健康状态，出现告警阈值后，将磁盘标记为慢盘。无论是在带内还是带外发现慢盘，都会上报到管理服务进行告警，并对当前存储集群的数据故障域进行检测，决定是否将发现的慢盘踢出集群。慢盘智能检测机制可以在 15 s 内主动发现并隔离慢盘，避免对业务产生严重影响。

存储集群发生慢盘隔离或者坏盘后，对应的故障硬盘数据会进入降级状态，此时由于纠删冗余数据的存在，数据仍然可以正常使用。为了尽快恢复数据的完整状态，存储集群会进入快速重构状态，故障硬盘上的数据会在存储池进行并行重建，无须单独的热备盘支持，可极大地提高重构速度。快速重构技术基于"数据冗余为全局冗余"和"数据底层存储结构为对象存储"两大技术特点：数据冗余为全局冗余，意味着数据重构时，存储池内的所有硬盘都可以参与重构；数据底层存储结构为对象存储，这使得不同的数据块可以位于不同的数据布局组中。两大技术特点结合后，一块盘上的数据能被打散分配到故障域的所有硬盘中，实现多流并发重构。如图3.24 所示，以硬盘 A 的数据分布为例，硬盘 A、B、C、D、E 组成一个存储池，A 硬盘上的数据分布到了硬盘 B、C、D、E 中，当硬盘 A 出现故障时，硬盘 B、C、D、E 都会参与数据的重构，这样每块盘占用的带宽以及需要重构的数据就会被分布到所有剩余硬盘上，随着存储池的硬盘数量增加，数据重构速度在一定程度上呈线性增长。

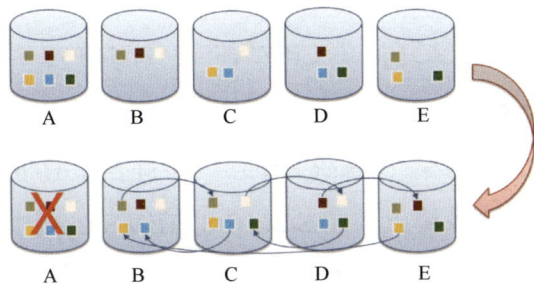

图 3.24　数据快速重构

数据重构时，根据不同的场景可以设置不同的数据重构策略，包括优先业务、优先重构和自适应。默认情况下选择自适应策略，存储集群可以在业务和重构速度之间实现平衡。

- 优先业务：数据恢复对前端业务的影响最小，业务压力较大的情况下可以选择该重构策略。

- 优先重构：以尽快完成恢复为第一目标，在前端没有业务或者业务少的情况下使用，使得数据能够尽快重构。

- 自适应：自动感知对业务的影响，在对业务影响较小的情况下保证

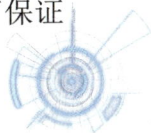

一定的重构性能。

FAST 数据中心使用的分布式存储支持多种文件存储协议,主流的光盘库管理软件支持网络附接存储(Network Attached Storage,NAS)协议接口,通过管理软件,可实现数据从分布式存储系统到光盘库的迁移和复制,同时,光盘库管理软件支持全库管理、读 / 写访问、自动策略设置、数据归档、数据回迁等,优化归档数据管理。蓝光光盘作为新型的光存储介质,具有存储容量大、对存放环境要求低、寿命长、数据不可更改、防止电磁辐射、盘面不易损坏等特点,完全适应对海量信息数据的归档备份存储和管理。蓝光光盘采用新型材料,存储数据为激光刻录方式,不受电磁因素的影响;档案级蓝光光盘保存时间长,几十年内无须进行数据迁移;蓝光光驱向下兼容,不存在驱动器更新、兼容性等问题。磁盘 + 光盘库存储模式还具有能耗小、运维简单、总体成本低等优点。

当前,分布式存储系统提供 CIFS/NFS/FTP/HTTPS 和私有客户端等多种访问协议,可满足多种存储系统的数据共享和访问以及数据的永久保留需求。未来,存储系统以文件系统为底座,支持 S3、HDFS 和 NAS 这 3 种协议融合互通,支持多协议(NFS/SMB/S3/HDFS)同时共享一份数据并实时互访互通,即通过 NAS 写入的文件后续可以通过 S3/HDFS 协议操作,S3 写入的数据也可以通过 NAS/HDFS 协议操作。

3.4.3 给科研带来的价值提升

FAST 数据中心部署的高密度分布式节点,单节点支持 60 块大容量硬盘,可存储 PB 级数据,节省了 40% 的机柜空间;全系统选用高效能的处理器、芯片组、风扇和散热片等部件,提高了系统的能效利用率。基于数据使用特点的数据中心存储分层方案,不仅满足现有不同科研项目不同时期的性能需求,而且从考虑长期能耗和空间成本的角度,采用以光盘库作为归档或数据长久低成本保存的四级数据分层解决方案。实现以采购、维护整体成本最优的模式，满足高性能和长期海量观测数据的存储需要，持续打造绿色安全的数据中心。

| 3.5　FAST 存储系统的建设 |

FAST 存储系统分两期进行建设。一期为存储系统建设，包括热数据高速缓存存储层、高性能计算存储和数据资源库存储集群（用户 + 采集数据）。二期为存储系统建设，基于一期的数据资源库进行扩容（专门用于采集数据的存储）。存储系统建设概要图如图 3.25 所示。

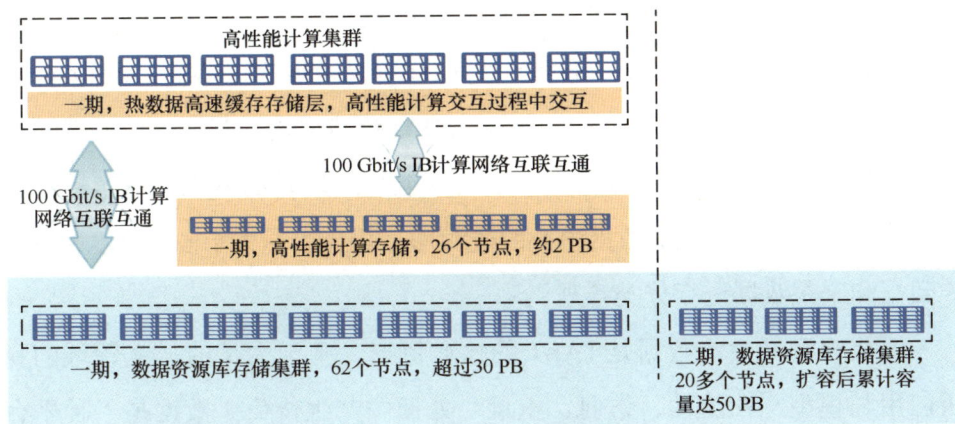

图 3.25　存储系统建设概要图

3.5.1　FAST 数据中心一期存储系统建设

热数据高速缓存存储层作为一级存储，快速承接高性能计算集群计算过程中大量临时小文件的 I/O。共使用高性能计算服务器的 30 个节点的 150 块 3.84 TB 本地硬盘（SSD），基于本地硬盘高速缓存技术创建高速缓存存储池，满足科研工作人员对数据进行快速处理的高要求。

高性能计算存储，作为二级存储承接一级存储的数据转存，并在高性能计算前将计算数据从资源库存储中上拉。共使用 26 个节点，基于 RAID

技术配置大容量、高性能的 SSD，实现数据冗余，搭载并行文件系统实现存储池部署，提供 2 PB 的可用容量，满足 FAST 观测中数据流转对性能和容量的需求。

一期存储系统通过纠删码技术保障数据的安全，提供大于 30 PB 的可用容量，可承载现场已有的 12 PB 数据（包含 8 ～ 9 PB 的采集数据及 3 ～ 4 PB 的用户数据），并作为资源库承接后续数据记录的在线存储。

3.5.2　FAST 数据中心二期存储系统建设

FAST 面向全球开放后，每月 2 PB 以上的观测数据采集任务不断增加，数据中心的存储容量亟待扩展。二期存储系统建设主要是针对一期归档存储进行在线扩容，扩容共计 24 个节点（4U60 高密度存储节点）。因为分布式存储具有在线横向扩展功能，分布式融合存储架构满足了 FAST 观测脉冲星精度提升带来的观测数据量激增与性能高速增长的需求，扩容后冷数据近线存储层作为 FAST 数据中心的资源库，累计容量大于 50 PB，并对用户数据和采集数据进行分类管理。

天文观测采集的数据是 FAST 的核心资产，基于大量的天文领域的科研应用与模型，在流动、访问、积累、处理中产生价值。数据是一种平台服务，即数据即服务（Data as a Service，DaaS），而存储作为基础服务，是数据的载体，是应用的基础平台，因此存储系统要深入应用场景业务优化，理解业务流、数据流和数据访问模式的特点，才能支撑高性能、高可靠、高效率的应用需求，让科学家们充分实现数据的价值，将 FAST 数据中心的观测数据转换为天文研究的科学成果。

数据全生命周期管理在满足不同数据对性能要求的同时降低了数据存储的成本，有效平衡了数据流转的管理成本与数据价值。存储系统作为数据基础设施，通过匹配 FAST 数据中心的业务流与数据特点，构建满足采集、处理、归档等不同需求的共享互通的存储池，避免形成数据孤岛，通过解决数据在数据全生命周期中 PB 级流转、GB 级单流等关键问题，构建 ZB 级数据全生命周期管理平台，让数据在高效地流动、访问、分析、加工处理的积累过程中不断增值。

当前科研数据的承载量呈指数级增长，业务处理不再是简单的"求解器"，而是互联互通的科研平台，打通业务流程中的数据孤岛是各个科研数据平台亟待解决的关键问题。结合天文领域观测研究中数据在采集、传输、存储、处理等不同阶段的特点，FAST 数据中心部署的数据全生命周期管理的存储数据平台能够解决科研领域以及相关领域的数据平台建设的问题，满足不同研究阶段对数据读取的需求，为天文领域的数据存储与管理提供了新思路，使数据能够更好地服务天文研究，探索地外文明，寻找宇宙起源。

| 3.6　数据分发 |

FAST 数据量相对较大，用网络难以快速传输。当前，如果采用网络传输，将导致网络拥堵，影响用户访问 FAST 数据中心。因此，FAST 数据分发不使用网络传输，而是通过硬盘或服务器传输。由用户事先查询、确定所需复制的数据，将容量充足的硬盘或服务器邮寄到 FAST 数据中心，完成数据复制后，FAST 数据中心将硬盘或服务器寄回给用户。

3.6.1　介质管理

为了集中精力进行数据分发工作，FAST 数据中心不提供复制数据的存储介质。用户需要自己准备硬盘或服务器用于复制数据。

用户在 FAST 网站查询数据的大小、路径等信息，准备容量充足的存储介质并邮寄到 FAST 数据中心，同时发邮件到 FAST 数据中心说明情况。FAST 数据中心的工作人员在收到存储介质后会开展数据复制工作。数据复制完成后，经检查无误，存储介质会被寄回给用户。

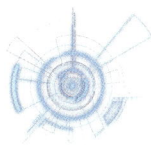

3.6.2　流程管理

FAST 数据一般在观测完成一年后就成为公开数据，用户可以自由复制数据。如果要使用尚在保护期内的数据，需要征得相应项目负责人的同意。

无论哪种情况，都需要填写数据传输申请表，提供用户信息、数据基本信息，并发送至 FAST 数据中心。如果是非公开数据，则需要抄送项目负责人。

确认无误后，FAST 数据中心会通知用户将硬盘或服务器寄到指定地址。FAST 数据中心的工作人员在收到存储介质后会按照数据传输申请表的信息复制数据，完成后寄回给用户。基于不同大小的数据，数据复制时间可以从几小时到几天不等。存储介质被寄回用户后，一次数据分发过程便完成了。

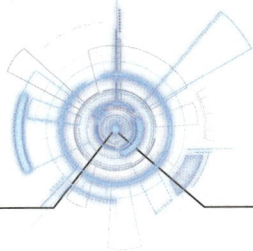

第 4 章　科学成果

FAST 在设计阶段就根据设计指标规划了一些可能的科学目标，包括脉冲星搜索和计时、河内中性氢谱线成图和河外中性氢星系搜索、分子谱线、甚长基线干涉测量、地外文明探索等。

FAST 自完成调试、正式运行以来，已逐渐实现了上述科学目标，并取得了一系列科学成果，本章选取其中有代表性的成果加以介绍。

| 4.1　脉冲星和快速射电暴 |

4.1.1　脉冲星搜索与发现

脉冲星上的 4 种基本相互作用都很强，因此是重要的宇宙实验室，可以用于研究极端物态，检验广义相对论，研究致密天体的性质。脉冲星研究是 FAST 重要的科学目标之一，是 FAST 时域科学目标最重要的组成部分。脉冲星搜索是脉冲星研究的基础，只有发现了脉冲星，粗略测定了周期、色散等参数，才能进一步进行后续研究。

截至 2024 年年底，全世界共发现脉冲星近 4700 颗。从脉冲星分布来看，由于南天可以看到银河系恒星更密集的部分，所以分布在南天的脉冲星更多。从天区覆盖来看，FAST 最南只能观测到赤纬大于 -14.5° 的天区，相对而言，这个天区的脉冲星要少一些。FAST 的高灵敏度在此区域的脉冲星搜索中起到了重要作用。

一方面，探测同样的源，FAST 所需的积分时间比口径为百米量级的望远镜少一个量级，因此 FAST 可以高效地进行脉冲星巡天和脉冲星搜索。另一方面，FAST 可以探测到其他望远镜探测不到的暗弱脉冲星。脉冲星信号通常被淹没在噪声中，需要消色散并按周期进行折叠才能发现。一些暗弱脉冲星需要长时间积分才能得到有足够大信噪比的信号。

虽然可观测天顶角限制了 FAST 的观测范围，但 FAST 依靠高灵敏度和高巡天效率发现了 1000 余颗脉冲星，这一数量比同一时期世界上其他望远镜发现的脉冲星总数还要多。

下面介绍几项具体的代表性成果。

（1）FAST 的优先和重大项目"多科学目标同时扫描巡天"（Commensal Radio Astronomy FAST Survey，CRAFTS；Li et al., 2018）利用漂移扫描模式，将 19 波束接收机旋转并保持到特定的角度以实现赤纬方向覆盖的最大化；固定 FAST 的面形和指向，以保持望远镜的最佳增益。观测期间，随着地球的自转，FAST 的视线扫描天空。借助新颖的高频噪声注入模式，该项目最终实现了河内中性氢、河外中性氢、脉冲星及暂现源数据流的同时记录，这样可以同时搜索脉冲星和中性氢谱线信号，大大提升了观测效率。CRAFTS 项目计划使用 5 年的时间覆盖 FAST 的可观测天空，预期最终将发现上千颗新的脉冲星。

在 FAST 调试期间，CRAFTS 项目组就已经开始了脉冲星搜索。2017 年 8 月 22 日，FAST 发现的第一颗得到国际公认的新脉冲星——PSR J1900-0134（Qian et al., 2019，见图 4.1）。值得一提的是，该脉冲星是利用 FAST 的漂移扫描数据发现的；64 m 口径的帕克斯射电望远镜为了证实这一天体的存在，足足安排了 35 分钟的后续观测，而且所得数据的信噪比还不如 FAST，这充分说明了 FAST 的 300 m 有效反射面口径带来了灵敏度优势。截至 2024 年年底，CRAFTS 项目已经有 220 余颗新发现的脉冲星得到了确认，其中包括 60 余颗毫秒脉冲星，以及 FAST 发现的第一个双脉冲星系统。

（2）截至 2024 年年底，FAST 的另一个优先和重大项目"银道面脉冲星快照巡天"(Galactic Plane Pulsar Snapshot，GPPS)累计观测了约 2750 个机时，完成了计划搜寻天区的近 1/4，新发现了超过 750 颗脉冲星，其中 170 余颗为毫秒脉冲星，在双星系统中的有 150 余颗，还有 8 颗脉冲星的自转周期超过 10 s，甚至还有一颗

图 4.1　FAST 发现第一颗脉冲星的艺术概念图
（图片来源：NAOC）

脉冲星的自转周期接近 30 s（Han et al., 2024）。GPPS 巡天的第一批成果于 2021 年 5 月作为封面文章在《天文和天体物理学研究》上发表（Han et al., 2021）。这些新发现的脉冲星可能为检验引力理论提供"探针"，为宇宙致密天体和基础物理研究展现可期待的前景。图 4.2 所示为 GPPS 公布的第一批脉冲星与阿雷西博射电望远镜和帕克斯等其他射电望远镜发现的脉冲星光度函数分布的比较。

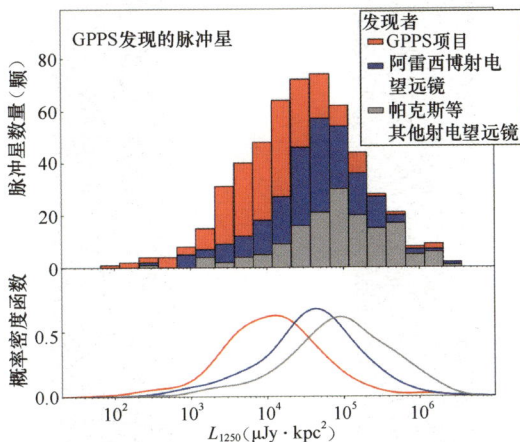

图 4.2　GPPS 公布的第一批脉冲星与阿雷西博射电望远镜和帕克斯等其他射电望远镜发现的脉冲星光度函数分布的比较
（图片来源：Han et al., 2021）

除了常规脉冲星，GPPS 项目组还充分利用 FAST 的灵敏度优势，找到了 100 多个自转型暂现射电源（RRAT），如图 4.3 所示，其中包括目前已知最暗弱的一批脉冲星，其辐射流量密度最低达到了 1 μJ 以下（Zhou D J et al.，2023）。与普通脉冲星每自转一周均伴有脉冲发射不同，RRAT 的脉冲只出现在少数自转周期中。同时，GPPS 项目还针对先前已知的其他 RRAT 进行了观测，发现这些 RRAT 的行为不尽相同，有的是偶发强脉冲的暗弱脉冲星或普通脉冲星，只是

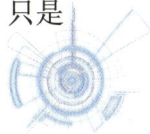

其他望远镜的灵敏度不足以探测到其发出的大部分脉冲；有的是极端消零脉冲星，哪怕凭借 FAST 的灵敏度，在 90% 以上的观测时间内也无法探测到来自它们的信号。偏振观测还表明，这些源的偶发强脉冲与通常情况下发出的弱脉冲应该来自星体磁层的同一区域。FAST 的这些发现可以用于深入研究 RRAT 的形成机制，并帮助研究者更好地认识脉冲星的辐射特征及其起源。

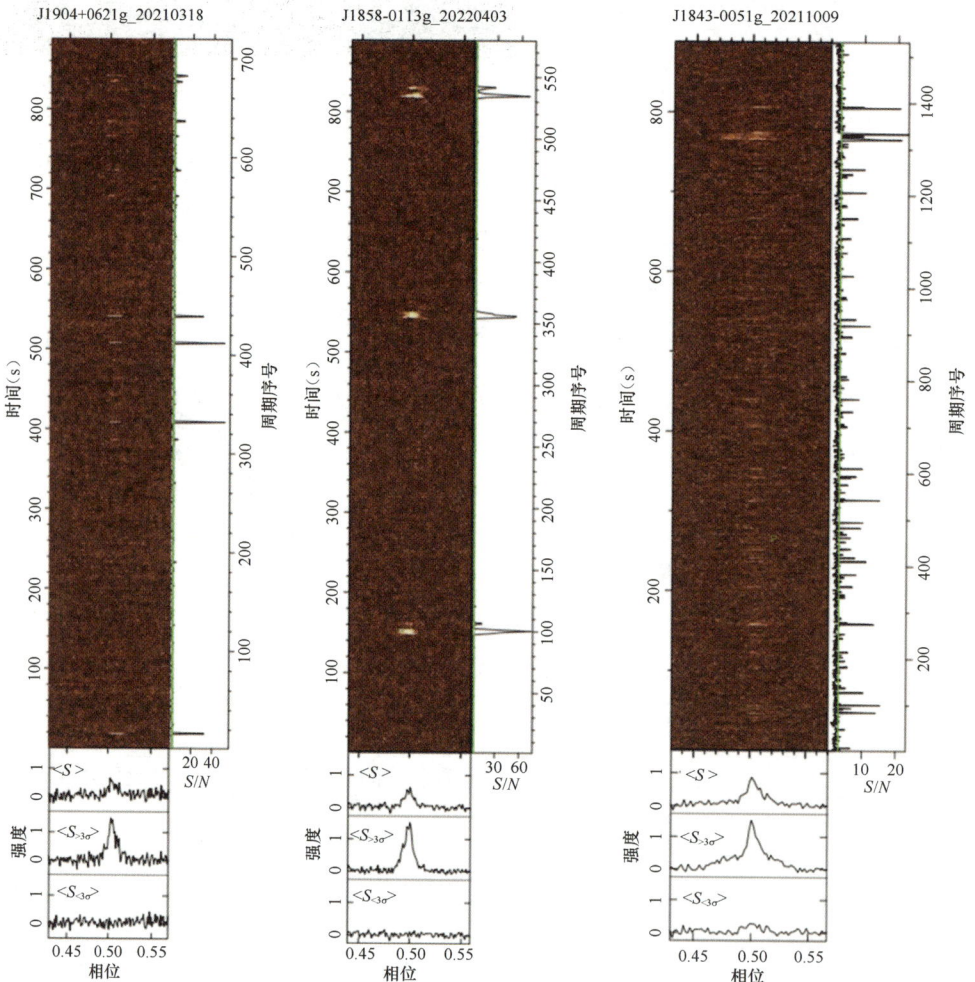

图 4.3　GPPS 项目发现的不同类型的 RRAT 示例，左起依次为经典 RRAT、极端消零脉冲星，以及偶发强脉冲的暗弱脉冲星
（图片来源：Zhou D J et al., 2023）

（3）基于 FAST 灵敏度国际领先的优势，如果能够将 FAST 与高能波

段的重要空间天文设施——费米 γ 射线空间望远镜（Fermi Gamma-ray Space Telescope，FGST）搭载的大面积望远镜（Large Area Telescope，LAT）相结合进行天地一体化协同和后随观测，就可以产生重大的科学突破。FAST 的国际合作团队由此发现了多颗脉冲星，并开展了多波段观测分析。图 4.4 就展示了这样一个例子，FAST 凭借其高灵敏度，将先前身份不明的 γ 射线辐射源 3FGL J0318.1+0253 成功辨认为射电辐射极弱的毫秒脉冲星 PSR J0318+0253（Wang et al., 2021）。多波段合作观测不仅开启了 FAST 脉冲星搜索新方向，而且开发了研究脉冲星电磁辐射机制的新路径，为研究中子星星族演化和探测引力波提供了更多样本。

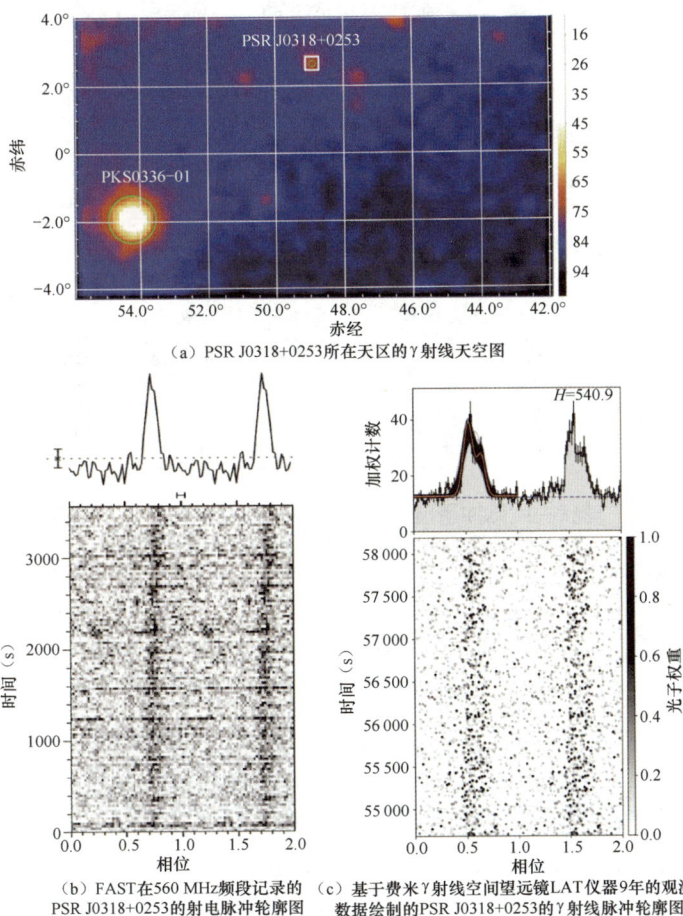

（a）PSR J0318+0253 所在天区的 γ 射线天空图

（b）FAST 在 560 MHz 频段记录的　　（c）基于费米 γ 射线空间望远镜 LAT 仪器 9 年的观测
　PSR J0318+0253 的射电脉冲轮廓图　　　数据绘制的 PSR J0318+0253 的 γ 射线脉冲轮廓图

图 4.4　脉冲星 PSR J0318+0253 位置和积分脉冲轮廓
（图片来源：Wang et al., 2021）

（4）自 2017 年以来，科研人员使用 FAST 开展了球状星团脉冲星巡天工作（Pan et al., 2021），截至 2024 年年底，已发现了近 60 颗球状星团脉冲星，将 FAST 覆盖天区内的球状星团脉冲星增加至 2 倍以上。图 4.5 所示为 FAST 球状星团脉冲星搜索工作新发现的部分脉冲星。

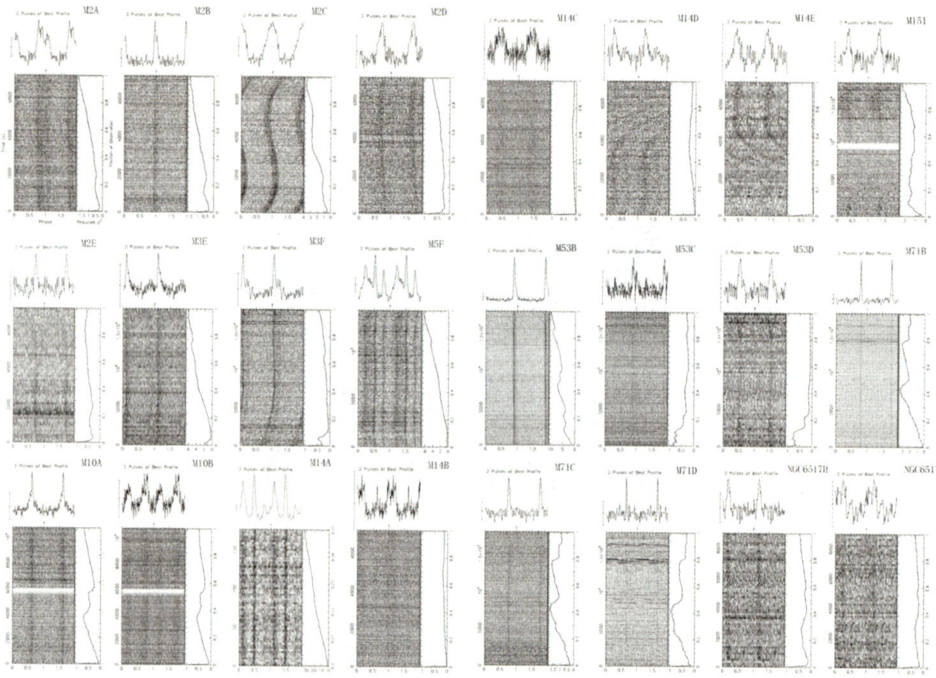

图 4.5　FAST 球状星团脉冲星搜索工作新发现的部分脉冲星，每组图表由一颗脉冲星的脉冲轮廓曲线以及相位 - 时间图组成
（图片来源：Pan et al., 2021，图 1 和图 2，©AAS，经许可使用）

球状星团是恒星紧密聚集构成的集合，其中的成员星数可达百万量级，有长达百亿年的演化年龄，通常分布在星系晕中，目前已在银河系中发现了超过 150 个球状星团。在球状星团中发现的脉冲星绝大部分是自转周期短于 30 ms 的毫秒脉冲星，观测证据表明，它们曾经经历过吸积加速的过程，见证了球状星团漫长的演化史。截至 2024 年年底，全世界的研究者在 45 个球状星团中总计找到了约 340 颗脉冲星，其中包括各种奇特的脉冲星和脉冲双星系统，有的自转周期短于 1.4 ms，有的轨道偏心率超过 0.9，有

的伴星质量不足太阳质量的 1%，它们为我们提供了研究极端条件下物理现象的宝贵机会。这些脉冲星主要由帕克斯射电望远镜、GBT、阿雷西博射电望远镜、FAST 等大口径射电望远镜和南非 SKA 先导阵（MeerKAT）等望远镜阵发现。

FAST 在球状星团中新发现的脉冲星大都是双星或毫秒脉冲星。这些发现中，脉冲星 M14A 属于"黑寡妇"（black widow）系统，自转周期为 1.98 ms，伴星质量相当于太阳的 1.8%，是球状星团中已知自转第二快的"黑寡妇"脉冲星。FAST 还第一次在 M2、M10 和 M14 这几个星团中探测到了脉冲星，其中脉冲星 M14D 和 M14E 是两个"红背"（redback）系统，M14E 还具有掩食现象。同时，FAST 观测到了受闪烁影响剧烈的脉冲星 M3A，验证其为"黑寡妇"系统，伴星质量为太阳的 1.25%。50 余颗球状星团脉冲星的发现，证实了 FAST 在探测弱信号方面空前的优势和球状星团中存在更多的暗弱脉冲星的猜想，也为我们提供了更多的研究特殊类型脉冲星的样本。

"黑寡妇"和"红背"都是蜘蛛的名字，表示一类特殊的脉冲星双星系统。它们的名称与相应的两种蜘蛛的生活习性有关：蜘蛛为了繁殖后代会进行交配，交配完毕，雌性就会把雄性吃掉。这与脉冲星逐渐消耗靠近自身的小质量伴星物质，甚至把伴星完全消耗的过程非常相似，所以它们被统称为蜘蛛类脉冲星（spider pulsar）。其中，"黑寡妇"系统是由脉冲星和质量小于太阳 0.1 倍的伴星组成的系统；"红背"系统的伴星质量更大。

（5）除了发现新的"黑寡妇"与"红背"蜘蛛类脉冲星系统，FAST 还在蜘蛛类脉冲星研究方面取得了重大进展——发现了一类全新的蜘蛛双星，并以中国本土蜘蛛"华美寇蛛"为其命名。这类双星的原型系统 M71E（见图 4.6）是一个轨道周期仅为 53 分钟的脉冲双星，是迄今为止科学界发现的最短轨道周期脉冲双星系统，填补了蜘蛛类脉冲星系统演化模型中缺失

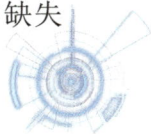

的一环（Pan et al., 2023）。

图 4.6　FAST 发现的 M71E 脉冲双星系统的艺术概念图
（图片来源：中国科学院国际合作局）

　　随着脉冲星逐渐吞噬伴星物质使得后者变小，蜘蛛双星将从"红背"蜘蛛演化为"黑寡妇"系统，这一过程可持续数亿年之久。此前天文学家只发现了分别处于"红背"与"黑寡妇"状态的系统，但并未找到二者演化的中间状态。这是因为，处在中间状态的双星轨道周期非常短，两星之间的距离也非常近，对观测提出了极大的挑战。如图 4.7 所示，现在借助 FAST 的超高灵敏度与极强的探测能力，这一演化路径第一次通过新发现的 M17E 得到了证实。图中的红色和蓝色曲线分别表示双星演化理论模拟的不同路径，可见无论采用哪种理论，M71E 都处于演化轨迹的中间。值得一提的是，FAST 仅用 5 分钟就捕获了来自该系统的信号，信噪比比其他望远镜观测一两个小时甚至更长时间所得到的结果还要显著。

　　此外，这项发现还使脉冲双星系统的轨道周期最短纪录缩短了约 30%，这说明蜘蛛类脉冲星在演化中仍存在新的未知现象，即介于"红背"系统到"黑寡妇"系统的演化中间状态。预计未来 FAST 有望凭借其高灵敏度，发现更多类似的脉冲双星样本，从而进一步认识这类天体的演化机制。

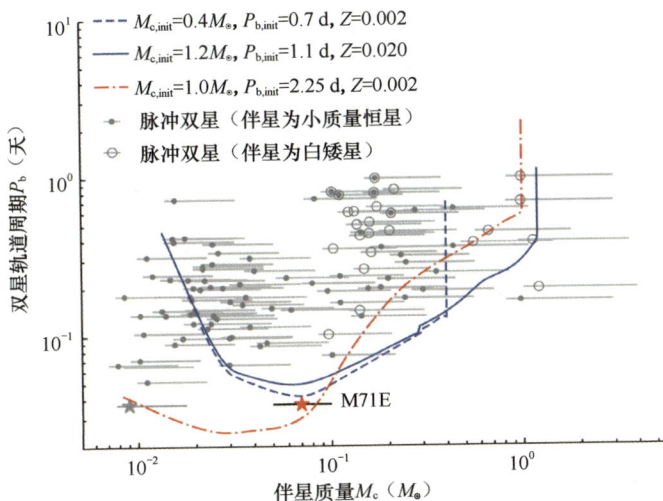

注：$M_{c,init}$ 为初始伴星质量；$P_{b,init}$ 为初始双星轨道周期；Z 为输质伴星初始金属丰度；$M_\odot$ 为太阳质量，⊙ 代表太阳。

图 4.7　M71E 在伴星质量 - 轨道周期图上的位置
（图片来源：Pan et al., 2023，遵照知识共享许可协议翻译并使用）

（6）球状星团是搜索毫秒脉冲星的理想场所，但在这类天体中，周期为秒级的长周期脉冲星却比较罕见。FAST 在此也贡献了两个样本——周期约为 1.92 s 的 M15K 以及周期约为 3.96 s 的 M15L，其中后者是当前已发现的脉冲周期最长的球状星团脉冲星（Zhou et al., 2024），从而让已知同类天体的数量翻倍。在球状星团这样的高恒星密度环境中，毫秒脉冲星可以通过俘获伴星、吸积加速的"再生过程"轻松形成，但长周期脉冲星的演化一直是未解决的难题。如图 4.8 所示，与其他身处球状星团内的脉冲星一样，FAST 这次发现的 M15K 和 M15L 在脉冲星的周期 - 周期导数图上仍位于自旋加速线之下。自旋加速线表示双星系统中的脉冲星通过吸积加速自转所能达到的上限，这意味着 M15K 和 M15L 曾经很可能是双星系统的成员，并且经历过吸积加速，只是在后来的变故中丢失了伴星。由于双星吸积会使脉冲星磁场减弱，而 M15K 和 M15L 又拥有较强的磁场，所以它们的吸积历史应该不会历时太久。

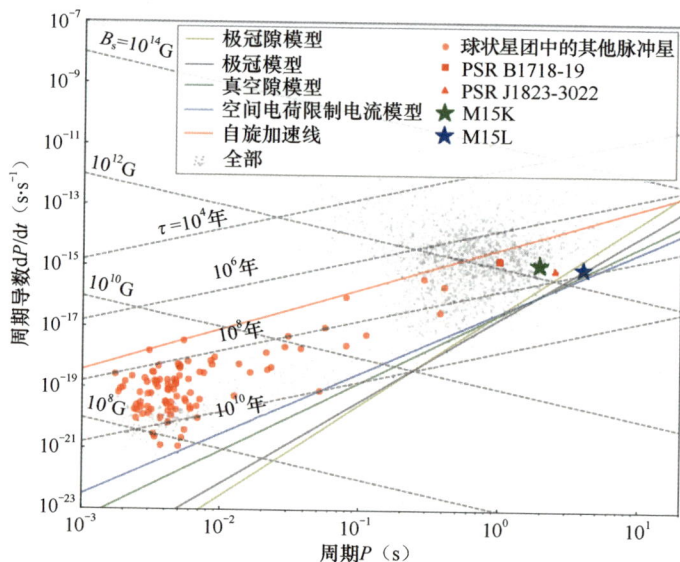

注：τ 指特征年龄，B_s 指表面磁场。

图4.8 M15K 和 M15L 在脉冲星周期 - 周期导数图上的位置
（图片来源：Zhou et al., 2024）

4.1.2 脉冲星计时和引力波探测

脉冲星搜索是脉冲星研究的基础。发现脉冲星之后，还需要进行后续的脉冲星计时观测。脉冲星在发现的时候，坐标、色散、周期、周期变化率等基本参数都是不准确的，需要经过一段时间的重复观测，通过调整这些基本参数，将每个脉冲的相位对准，才可以得到这些基本参数的准确值。这就是脉冲星计时的基本过程。

一些轨道半径小的双星会有明显的相对论效应，这些效应也会对脉冲到达时间产生影响，所以可以通过脉冲星计时精确测量这些效应。这些测量可以用来检验广义相对论和其他引力理论。以 FAST 为核心的中国脉冲星测时阵列（Chinese Pulsar Timing Array，CPTA）在 2023 年 6 月联合北美、欧洲和澳大利亚的同行，第一次发表了证明纳赫兹引力波存在的证据（Xu H et al.，2023），如图 4.9 所示。这样的信号往往来自星系中心特大质量黑洞的并合，这一发现对该级别黑洞的形成、演化乃至星系演化有着重要意义。值得一提的是，由于具有大口径、高灵敏度的优势，FAST 对 57 颗脉冲星只进行了 3 年 5 个月的监测，其结果的置信度就超过了国际同行十余年乃至更长时间的数据积累所得的置信度。由于 CPTA 现有数据时间跨度较短，所以数据时间跨度增长带来的效果会更明显，例如，如果数据时间跨度再增加 3 年 5 个月，CPTA 的数据时间跨度将翻倍，而其他国际团队仅增长不到 20%。

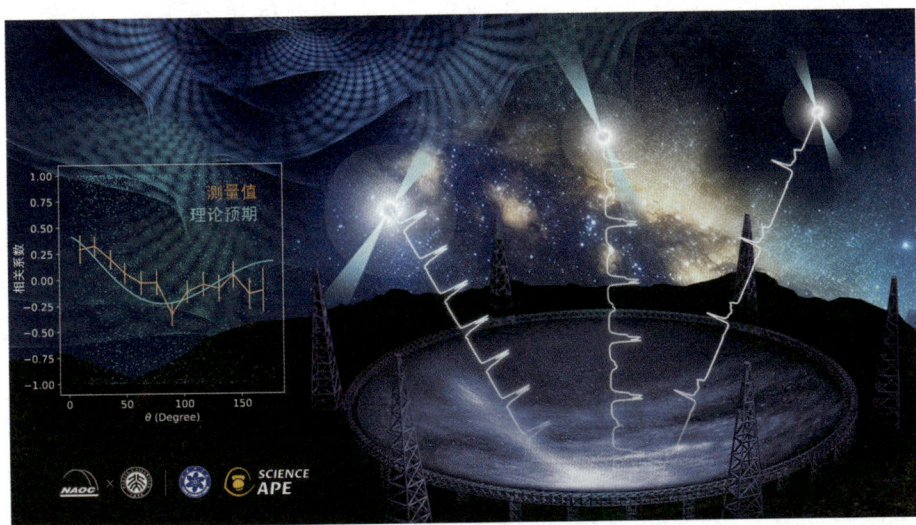

图 4.9 　利用 FAST 通过测量脉冲星的脉冲到达时间发现纳赫兹引力波信号的示意图，
左侧的插图代表 CPTA 的测量值与理论预期的比较
（背景图来源：中国科学院国际合作局；左插图来源：Xu H et al., 2023）

为了更好地进行脉冲星计时工作，FAST 脉冲星计时团队结合望远镜本身的特点，专门编写了一套脉冲星计时软件 DFPSR，并注册了相应的计算机软件著作权。该软件由脉冲星到达时间预测、FAST 脉冲星数据预处理、脉冲星数据查看修改和脉冲星计时四大模块组成，能够根据脉冲星星历与观测时间段，进行相应时段的时间标准转换、脉冲星系统运动状态计算以及脉冲星相位预测，并将 FAST 观测获得的脉冲星数据利用相应的脉冲星系统参数进行折叠、消色散与偏振定标，完成预处理。预处理得到的结果

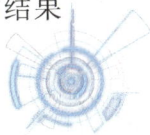

可以用于绘制时域、频域及脉冲轮廓图像，最后通过比对标准脉冲轮廓与观测轮廓计算脉冲到达时间来实现计时的功能。经测试，凭借 3 年的观测数据，由 DFPSR 构建的脉冲星时间精度优于 100 ns，已经超过了当前主流氢原子钟的计时水平。未来这套软件将帮助 FAST 在脉冲星计时领域更有效地发挥自己的作用。

4.1.3　快速射电暴

　　快速射电暴是目前已知宇宙中射电波段最明亮的爆发现象，起源尚不明确，是天文学最新的研究热点。快速射电暴在消色散之后的脉冲宽度只有几毫秒。最初发现的快速射电暴似乎是不重复的，是一次性的，爆发之后就探测不到后续的射电辐射。2016 年，研究者确认了第一个重复快速射电暴——由美国的阿雷西博射电望远镜最早探测到的 FRB 20121102A。这表明至少有一部分快速射电暴可以反复发作，这些事例无法用超新星这样的不会重复的剧烈爆发来解释。

　　重复快速射电暴的发现一方面拓展了我们的认知，另一方面也给了我们研究快速射电暴的机会。试想，如果所有快速射电暴都是不重复的，由于它们的持续时间极短，我们将很难对它们进行详细的研究。而对于重复快速射电暴，我们就有了明确的目标，虽然不是每次观测都能捕捉到爆发现象，但这比完全不确定目标的盲巡已经简单很多。更重要的是，重复快速射电暴是适合 FAST 的科学目标，FAST 因为视场有限，难以捕获一次性瞬变现象。

　　对于快速射电暴，FAST 采取的观测策略是对以往暴源所在方向进行跟踪观测，捕捉重复爆发。由于 FAST 的灵敏度较高，这种策略的观测效果较好。FAST 探测到了一些重复快速射电暴的大量爆发，使得我们可以对重复暴的能量等性质进行细致的统计。统计结果告诉我们，可能大部分快速射电暴都是重复的，只是因为现有射电望远镜灵敏度有限，无法探测到暗弱的爆发，所以看起来很多快速射电暴都是单次暴。这可能只是一种选择效应。

虽然复发快速射电暴的存在使我们对这类现象的研究方便了很多，但在很长一段时间里，我们对它们的起源仍然缺乏了解。对快速射电暴偏振的测量是一个突破。FAST 具有很好的偏振观测能力，系统自身造成的偏振测量的系统误差较小且较稳定，因此 FAST 可以准确地测量快速射电暴的偏振，尤其是偏振随时间的变化。2018 年，FAST 在对一个重复快速射电暴的观测中发现该射电暴的偏振度和偏振位置角随时间变化，这表明其射电辐射来自磁层中的磁活动而不是某种激波过程。FAST 后续的偏振观测进一步确定了快速射电暴来自超新星遗迹那样复杂的磁场环境。结合其他天线阵的观测，FAST 还给出了两个快速射电暴在河外星系中的准确位置。结果表明，快速射电暴确实处于类似超新星遗迹的环境中，这暗示快速射电暴和脉冲星有密切的关系。

如果最终能够证实快速射电暴的源头和脉冲星是同一类天体，那么我们对脉冲星和快速射电暴两者的认识都将产生新的飞跃，并能最终了解快速射电暴的本质。当然，这种猜测只是一种可能性，最终认识快速射电暴的本质还需要 FAST 等望远镜对更多的快速射电暴进行观测，积累更多的观测数据。

下面介绍几项具体的代表性成果。

（1）FRB 20121102A 是人类所知的第一个重复暴，在 2017 年成为首个被精确定位、能够确认其宿主星系的快速射电暴，这一成果被美国天文学会评为"天文学自 LIGO 引力波探测之后最重大的发现"。中国科学院国家天文台牵头的国际合作团队利用 FAST 对快速射电暴 FRB 20121102A 进行观测，在持续约 50 天的不间断监测中，FAST 成功捕捉到了其极端活动期，并累计获取了 1652 个高信噪比的爆发信号，最剧烈时段每小时可发生 122 次爆发，成为目前该快速射电暴最大的爆发事件集合，超过本领域此前所有文章发表的爆发事件的总和，创下了系统研究快速射电暴重复爆

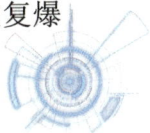

发的里程碑。这项工作还首次揭示了快速射电暴爆发率的完整能谱，发现其中存在双峰结构，排除了这一快速射电暴爆发的周期性或准周期性，严格限制了重复快速射电暴来自单一致密天体的可能，是揭示快速射电暴基础物理机制的重大进展（Li et al., 2021）。图 4.10 所示为快速射电暴 FRB 20121102A 平均每小时爆发率的能量分布。

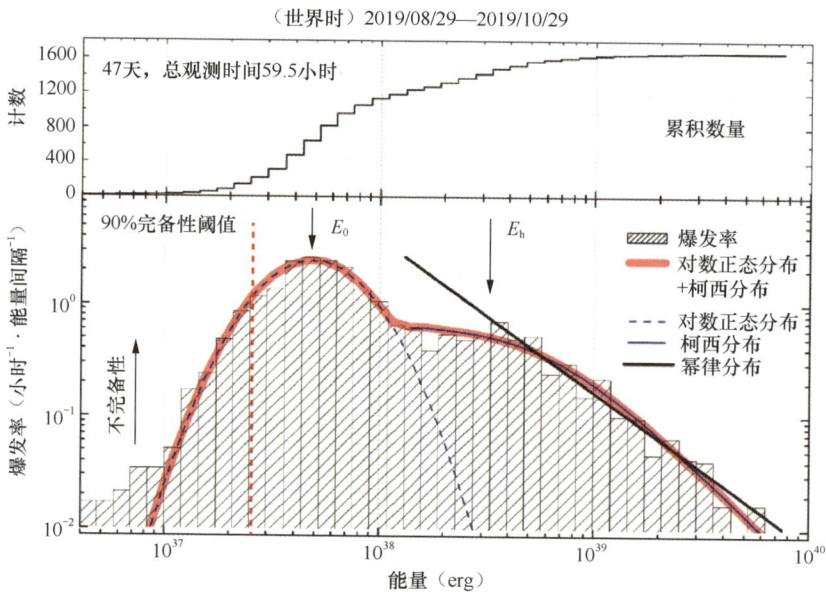

图 4.10　快速射电暴 FRB 20121102A 平均每小时爆发率的能量分布
（图片来源：Li et al., 2021）

（2）来自中国科学院国家天文台的团队在系统处理 FAST 脉冲星巡天数据的过程中发现，2019 年 5 月 20 日的数据中存在重复的高色散脉冲，从而发现了活跃的重复快速射电暴 FRB 20190520B。基于这一发现，该团队通过获取美国甚大阵的望远镜时间，在 2020 年 7 月完成了亚角秒量级的精确定位，并探测到了一颗致密的持续射电源（Persistent Radio Source，PRS）；随后利用美国帕洛玛天文台（Palomar Observatory）的口径 200 in（约 5 m）的海尔望远镜（Hale Telescope）、凯克望远镜（Keck Telescope）、加拿大 - 法国 - 夏威夷望远镜（Canada-France-Hawaii Telescope，CFHT）

和日本昴星团望远镜（Subaru Telescope）确定了 FRB 20190520B 的宿主星系（一个贫金属矮星系）及其红移；推导出其宿主星系贡献了总色散值的 80%，是目前已知所有快速射电暴源中最高的，这意味着该星系中的最大电子密度是目前已知最高的，如图 4.11 所示。该团队进一步结合散射特征，提出宿主星系的色散应主要来自邻近快速射电暴爆发源的区域（Niu et al., 2022）。

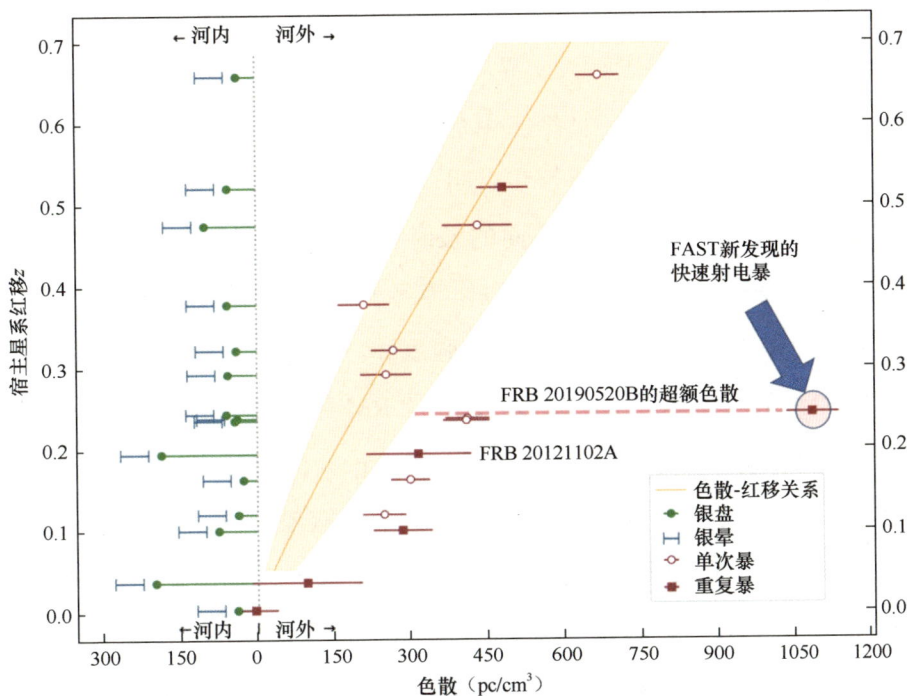

图 4.11　从色散 - 红移图上清晰可见 FRB 20190520B 拥有已知最大的宿主星系电子密度。图中橙黄色斜线表示描述快速射电暴色散随红移演化规律的马卡尔关系（Macquart relation，参见 Macquart et al., 2020），曾用于测量宇宙中的重子物质密度，而 FRB 20190520B 的位置相对该斜线距离较远；浅黄色阴影区域代表宇宙方差（图片来源：Niu et al., 2022，遵照知识共享许可协议翻译并使用）

美国阿雷西博射电望远镜发现的 FRB 20121102A 是第一个得到确认的重复快速射电暴和第一个被定位的快速射电暴，也是第一个被确认有致密射电源对应体（Compact Persistent Radio Source，致密 PRS）的快速射电暴。此次发现的与 FRB 20190520B 成协的 PRS 是已知的第二个快速射电暴的持

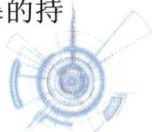

续射电源对应体，亮度相当于其宿主星系恒星形成活动所能贡献的射电连续谱辐射水平的 20 多倍，进一步证明了持续射电辐射与快速射电暴同源。FRB 20190520B 与 FRB 20121102A 非常相似，二者都极为活跃，并拥有复杂的电磁环境，而 FRB 20190520B 各方面的特征都更为极端，这揭示了活跃重复暴的复杂环境有类似超亮超新星爆炸的特征，为构建快速射电暴的演化模型打下了基础。该研究发现的初步结果发表后，围绕这一重要发现已经产生了数篇包含精细分析和理论模型（如散射时标模型、超新星爆炸解释等）的论文，成为国际天文界广泛关注的研究成果。

FAST 团队与国际合作者使用帕克斯射电望远镜以及 GBT 对 FRB 20190520B 开展的后续监测进一步表明，该快速射电暴表现出了法拉第旋转量（Rotation Measure，RM）方向的长时标剧烈变化（Anna-Thomas et al.，2023）。法拉第旋转量是电磁波在磁化等离子体环境中传播时偏振面旋转情况的衡量，具体数值与环境中磁场的强度和方向有关。如图 4.12 所示，在长达 17 个月的时间里，FRB 20190520B 的 RM 数值经历了两次正、负反转，这说明该暴周边区域（距离暴源 $10^{-5} \sim 10^2$ pc）的磁场也发生了极端的磁极倒转。最有可能产生如此磁场演化的环境是双星系统，来自暴源的射电脉冲在穿过伴星星风时，遭遇了湍动的磁化环境，从而受到了不同构型的磁场影响。这一发现为解密重复暴的起源提供了又一条重要线索。

（3）FAST 快速射电暴科学研究团队开展了对 FRB 20201124A 的深度观测，获得了迄今为止最大的快速射电暴偏振观测样本，首次探测到了距离快速射电暴中心仅一个天文单位的周边环境的磁场变化，为确定快速射电暴中心能源机制迈出了关键一步（Xu H et al.，2022）。该研究团队使用 FAST 对位于银河系外的 FRB 20201124A 进行了长期监测，在 54 天的时间跨度内开展了共计 82 小时的观测，探测到了来自这个快速射电暴的 1863 个爆发脉冲信号，它的高事件率使其成为最活跃的几个重复暴之一。基于迄今为止这一最大的快速射电暴偏振观测样本，该研究团队取得了若干重

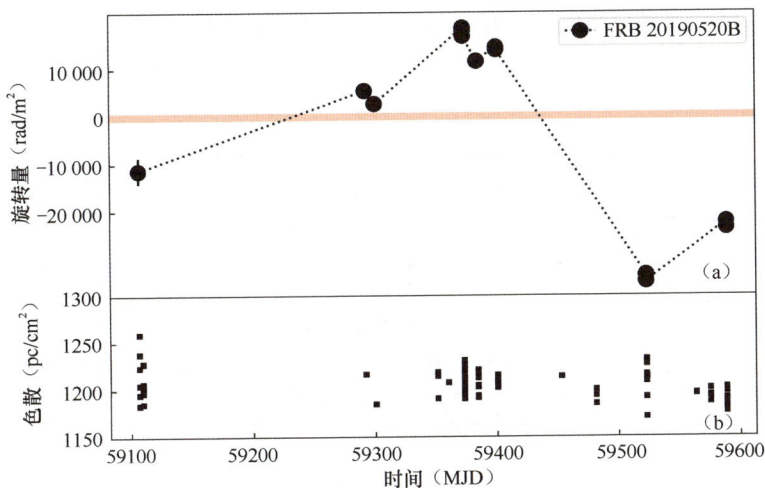

注：MJD 为"简化儒略日期"。

图 4.12　FRB 20190520B 的法拉第旋转量（a）与色散（b）在 17 个月时间里的长期演化，
图中淡红色直线表示 RM=0 的位置
（图片来源：Anna-Thomas et al., 2023，经 AAAS 许可使用，原图标注文字为英文，图中改为
本书作者的汉译版本，非 AAAS 官方翻译，AAAS 不对译文负责，请以论文图片中的英文原文为准）

大发现，均属于国际首次。该团队"拍摄"到了快速射电暴法拉第旋转量动态演化的"电影"，首次发现了法拉第旋转量的奇异演化行为，即在前 36 天时间里法拉第旋转出现了无规律的短时标演化，而在随后的 18 天时间里几乎不变，如图 4.13 所示；首次发现了快速射电暴的猝灭现象，即 FRB 20201124A 从保持高事件率状态到在 72 小时内突然熄灭；首次在快速射电暴中探测到了与之前所有快速射电暴都显著不同的高圆偏振度脉冲，偏振度最高值达到了 75%；首次发现了频率依赖的偏振振荡现象，如图 4.14 所示。这些现象都说明了，这个快速射电暴周围一个天文单位的环境非常复杂且持续发生着动态演化。通过偏振振荡现象，该研究团队对这个快速射电暴周围一个天文单位的环境的磁场给出了直接限制，发现数值达到了高斯量级以上。通过国际合作，该研究团队使用美国 10 m 口径的凯克望远镜对这个快速射电暴的宿主星系进行了深度观测，如图 4.15 所示，发现其宿主星系是尺度与银河系相当、富含金属的棒旋星系，并且发现这个快速射电暴所在区域恒星密度较低，处于旋臂之间，与星系中心的距离中等，表明该

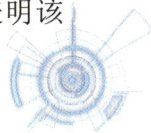

快速射电暴并非起源于大质量恒星极端爆炸导致的超亮超新星或γ射线暴后形成的年轻磁陀星。

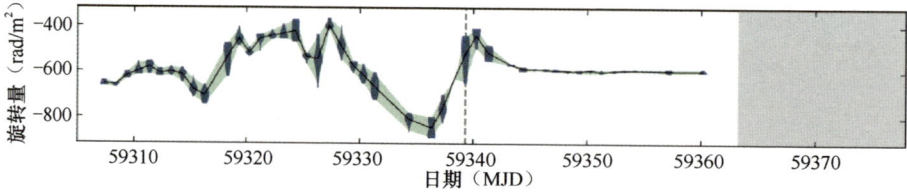

图 4.13 法拉第旋转量的短时标演化。阴影区有 FAST 观测，但是没有探测到快速射电暴爆发，说明快速射电暴是突然熄灭的
（图片来源：Xu H et al., 2022）

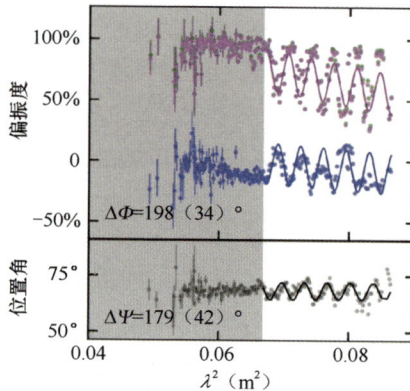

图 4.14 FRB 20201124A 中探测到的线 / 圆偏振度和偏振位置角的振荡现象
（图片来源：Xu H et al., 2022）

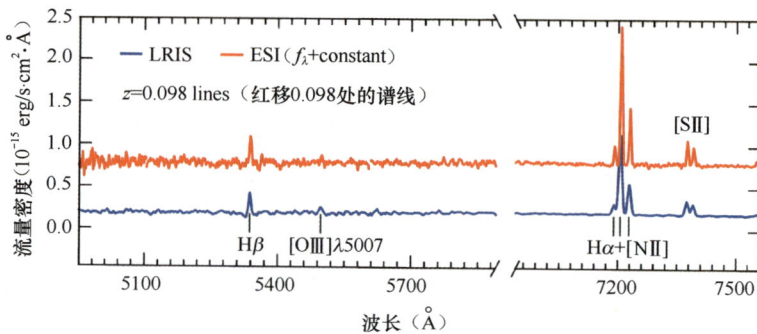

（a）FRB 20201124A宿主星系的高分辨率光谱

图 4.15 团队使用美国 10 m 口径的凯克望远镜对 FRB 20201124A 的宿主星系进行的光谱和高分辨率成像观测
（图片来源：Xu H et al., 2022）

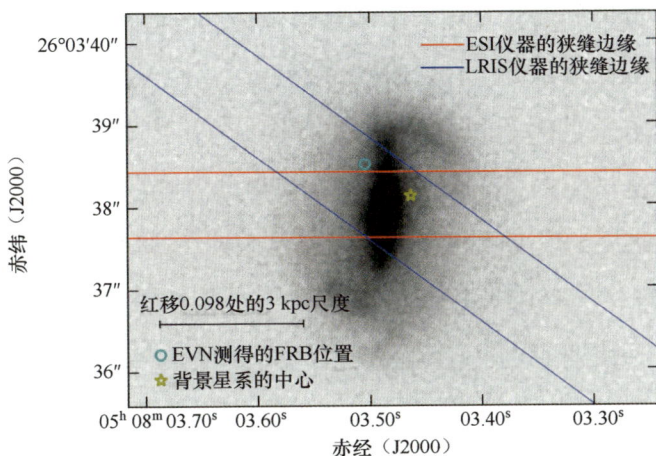

（b）FRB 20201124A宿主星系的光学图像

图 4.15　团队使用美国 10 m 口径的凯克望远镜对 FRB 20201124A 的宿主星系进行的光谱和高分辨率成像观测（续）
（图片来源：Xu H et al., 2022）

（4）FAST 团队通过系统分析包括 FAST、美国 GBT 在内的多架望远镜采集的数据，首次提出了能够统一解释重复快速射电暴偏振频率演化的机制，并基于此机制，导出了能够描述快速射电暴周边环境的单一参数，即"法拉第旋转量弥散（简称 RM 弥散）"。这一机制支持重复快速射电暴处在类似超新星遗迹的复杂电离环境中，并且可以通过偏振观测确定其可能的演化阶段，为最终确定快速射电暴起源提供了关键观测证据。快速射电暴的 RM 弥散越大，其周边环境变化越剧烈，因此其也很可能越年轻，这一参数有潜力成为辨识重复暴的"身份证"（Feng et al., 2022）。

快速射电暴的偏振性质包含快速射电暴本征特性与形成环境的丰富信息，对快速射电暴偏振性质的精确测量将继续推进对快速射电暴环境及其起源的理解进程。此项工作充分结合了 FAST 灵敏度高的优势和这一国际热点前沿的丰富观测资源［包括美国的 GBT、加拿大氢线强度映射实验（Canadian Hydrogen Intensity Mapping Experiment，CHIME）、澳大利亚平方千米阵探路者（Australian Square Kilometre Array Pathfinder，ASKAP）等］，为构建完整的快速射电暴起源模型提供了重要的观测基础。研究人员发现

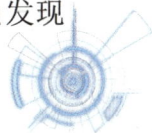

了重复暴的线偏振度存在随频率降低而降低的统一趋势——GBT 等望远镜接收到的高频信号具有接近 100% 的线偏振度，但 FAST 观测到的低频信号的线偏振度极低（见图 4.15），这一规律可以通过 RM 弥散（σ_{RM}）这个单一参数量化描述，反映了暴源地复杂的电离环境。RM 弥散的这一特性排除了基于辐射区磁层高度变化的脉冲星偏振内禀频率演化（intrinsic frequency evolution）等模型。FAST 的持续深度监测结合其他先进设备，有望在未来两三年回答关于快速射电暴起源的一系列关键问题，如重复暴与非重复暴是否存在统一起源等。

图 4.16 所示为重复快速射电暴的偏振 - 频率演化关系。不同颜色的线代表不同的快速射电暴的偏振随频率演化的关系曲线，每条线仅用一个参数 σ_{RM} 拟合。σ_{RM} 越大，代表快速射电暴所处的环境越复杂，其所处的演化阶段可能越早，和超新星等爆发类现象的特征更吻合。

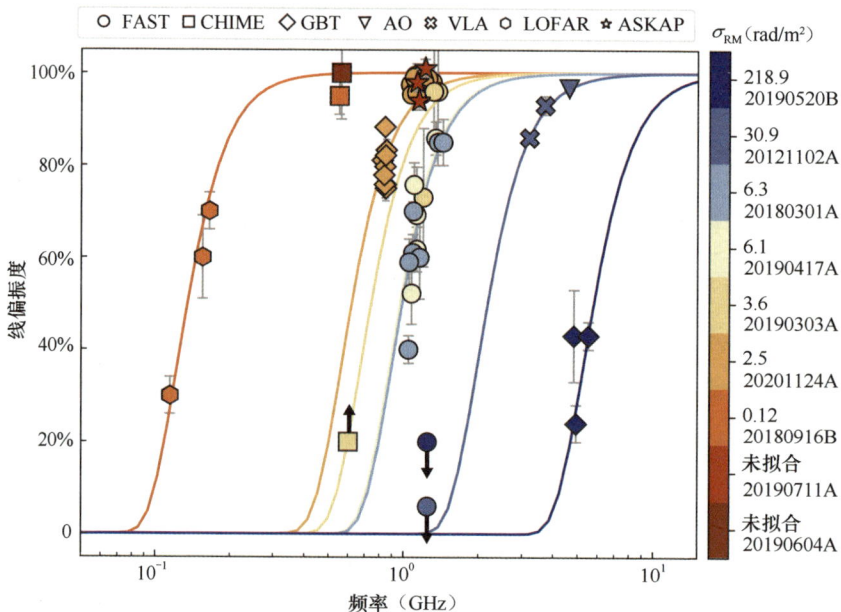

图 4.16　重复快速射电暴的偏振 - 频率演化关系
（图片来源：Feng et al., 2022，经 AAAS 许可使用，原图标注文字为英文，图中改为本书作者的汉译版本，非 AAAS 官方翻译，AAAS 不对译文负责，请以论文图片中的英文原文为准）

| 4.2　中性氢和分子谱线 |

4.2.1　河内中性氢

第 1 章曾提到过,FAST 的中性氢研究除了要对特殊目标开展跟踪观测,更重要的是大尺度巡天。这样的谱线巡天项目观测本身的持续时间就要以年计算,后续的数据处理工作更是费时费力(以阿雷西博射电望远镜进行过的 ALFALFA 巡天为例,相关观测从 2005 年进行到 2011 年,最终的 HI 源表更是到了 2018 年才正式发表),因此当前 FAST 的中性氢巡天还在进行中,只有部分观测成果陆续发表出来。本小节主要关注已正式发表的研究成果,当然,更多谱线研究成果的问世还有待时日。下面介绍 FAST 开展河内中性氢观测取得的主要成果。

(1)当前河内中性氢大尺度巡天观测的主要进展是“银道面脉冲星快照巡天”(GPPS)在脉冲星搜索之余描绘出的银河系中性氢分布图(Hong et al., 2022)。GPPS(Han et al., 2021)的主要目标在于搜索距离银道面不超过 10°,且身处 FAST 视野范围之内的脉冲星。项目组为此专门设计了 19 波束接收机的“快照”观测模式,通过合理安排接收机指向,进行 4 次跟踪即可完全覆盖一块面积约为 0.1575 $\deg^2$ 的六边形天区。GPPS 对每个指向的跟踪时间是 5 min,比一次漂移扫描对某天区的有效观测时间(约 12 s)长得多,这样就大大提升了巡天的灵敏度。这个项目截至 2024 年年底已完成了约 1/4 的观测计划。

GPPS 项目在搜索脉冲星之余还记录了谱线观测数据,灵敏度与频谱分辨率在已有的同类巡天中首屈一指;其空间分辨率受益于 FAST 的大口径,更是在单口径满面望远镜中排名第一。已获得的河内中性氢观测数据涵盖银经 33°～55°、银纬为 −2°～+2° 的天区。借助 FAST 灵敏度和频谱分辨率超高的优势,GPPS 辨认出了一系列被先前的巡天所忽略的暗弱氢云,还

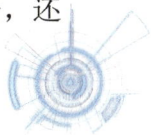

成功发现了来自恒星形成区 W51 以及两个超新星遗迹的 HⅠ 吸收特征——来自新生恒星的明亮辐射以及超新星抛射物与星际介质相互作用产生的非热连续谱，为吸收线的产生提供了合适的背景。虽然这个项目当下公布的天空图只是初步的结果，但足以证明 FAST 在河内中性氢研究方面的潜力。

图 4.17 所示为利用 GPPS 已完成的部分绘制出的河内 HⅠ 天空图，图中涵盖的 HⅠ 谱线速度范围为 -150 ～ 150 km/s，虚线标出了恒星形成区 W48、W49 与 W51，还有超新星遗迹 G034.7-00.4、G039.2-00.3 与 G041.1-00.3，以及 HⅡ 区 G034.3+00.1，这些区域的 HⅠ 柱密度明显低于周边天区。

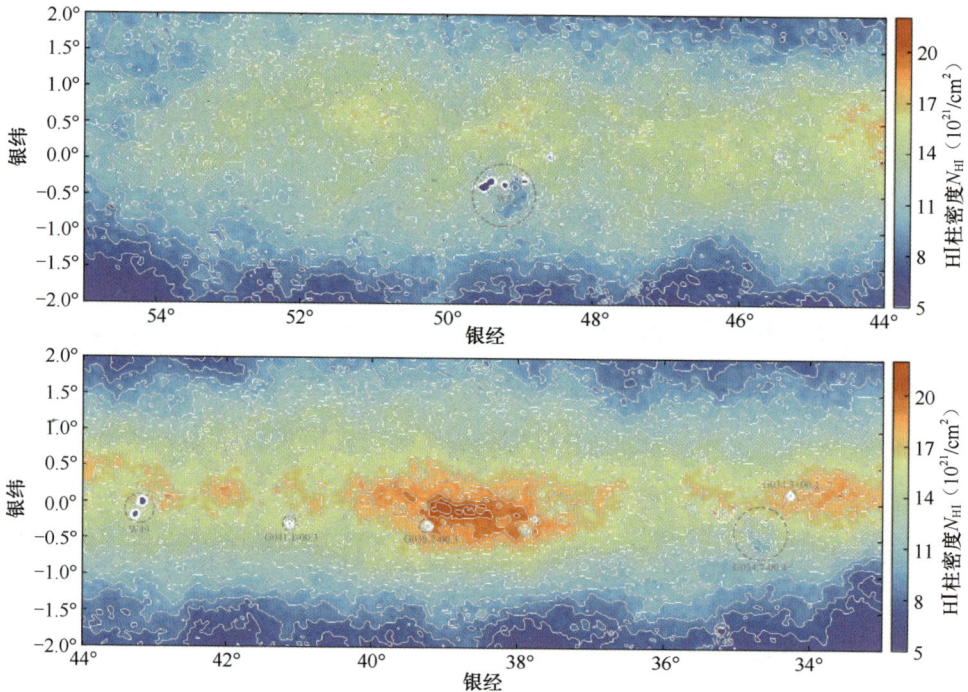

图 4.17　利用 GPPS 已完成的部分绘制出的河内 HⅠ 天空图
（图片来源：Hong et al., 2022）

（2）除了 GPPS 巡天，CRAFTS 项目组也在 2023 年上半年公布了第一批谱线巡天的结果，涵盖了 FAST 大约 20% 的可观测天区。这批谱线数据是利用创新的高频噪声注入技术，与脉冲星观测数据同时获取的。完成处理的天空图具有 4′ 左右的有效空间分辨率、高达 0.2 km/s 的频谱分辨率以及低至 0.17 K 的单频谱通道灵敏度，涵盖 ±600 km/s 的谱线速度范围，各方面指标均优于先前的同类观测。CRAFTS 项目的第一批数据不仅证实了 HI4PI、GALFA 等河内 HI 巡天计划所辨认出的银河系氢云局域结构的存在，还从中解析出了更多的细节。随着 CRAFTS 项目观测和数据处理工作的进行，预计在不久的将来，研究者将解析出更多的河内 HI 结构，从而加深我们对人类所在星系的认知。CRAFTS 项目获得的河内 HI 天空图示例如图 4.18 所示。

图 4.18　CRAFTS 项目获得的河内 HI 天空图示例，涵盖了赤经 4 时至 8 时，
赤纬 -13° ~ -3° 的天区以及 ±100 km/s 的速度范围
（图片来源：CRAFTS 项目组）

（3）上面介绍的两项巡天观测关注的主要是 HI 发射线信号。而对于 HI 吸收线来说，河内中性氢更令人感兴趣的是所谓的 HI 自吸收（HI Self-Absorption，HISA）特征，它产生自映衬在温度较高的气体背景之上的冷中性氢，表现为原本的 HI 发射线中出现的凹陷结构。尤为重要的是，HI 窄线自吸收（HI Narrow Self-Absorption，HINSA）特征又与致密分子云（对恒星形成至关重要）密切相关。FAST 团队针对一系列致密的普朗克冷云团开展了单点观测研究（Tang et al., 2020; Liu X et al., 2022），发现 HINSA 特征存在于大多数此类目标天体中，图 4.19 即展示了这样的一个例子。由此，研究者通过统计探索了 HINSA 线深与分子云中 ^{13}CO 气体的相关性，并且证实了在大质量云团的分子气体形成过程中中性氢成分耗尽的现象。另外，通过比较 HINSA 特征与一氧化碳（CO）线宽的差异，研究人员发现 HI 原子与 CO 分子气体的空间分布存在差异，与温热尘埃、电离背景辐射或周边恒星成协的云核出现 HINSA 现象的概率较低。

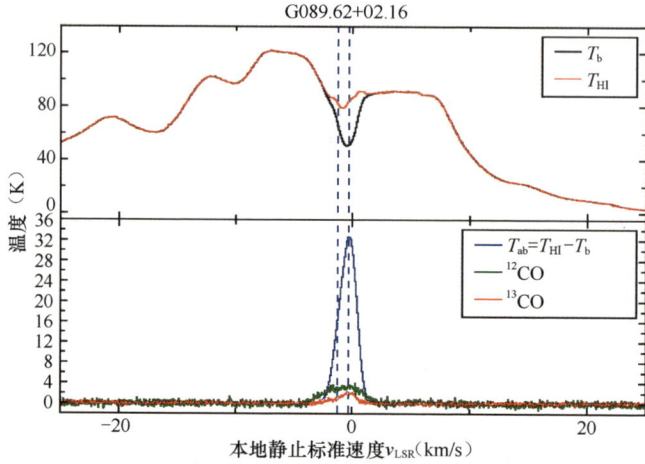

注：T_b 为实测 HI 亮温度；T_{HI} 为背景 HI 亮温度；T_{ab} 为吸收温度。

图 4.19　致密普朗克冷云团的 HINSA 谱（上）与 CO 分子发射谱（下）示例，图中以蓝色虚线标出的部分即吸收特征
（图片来源：Tang et al., 2020）

（4）FAST 的高灵敏度和全偏振观测能力还使针对 HINSA 塞曼效应的测量成为可能。塞曼效应是谱线在磁场作用下产生的分裂，由于分裂后的线距直接与磁场强度相关，因而针对 HINSA 塞曼效应的测量成为直接测量星际环境下天体磁场强度仅有的方法（其他测量方法，如根据电磁波的偏振特性或传播过程中的法拉第旋转来推测磁场结构，均属于间接测量）。由于星际磁场较弱，再加上有效探测手段的匮乏，一直以来关于这方面的研究屈指可数。中国科学院国家天文台的科学家首次提出了使用 HINSA 特征作为塞曼探针的技术，并成功测量了即将转变为星前核 L1544 外包层中的磁场，称得上目前 FAST 取得的最重要进展之一（Ching et al., 2022）。

测量云核磁场结构的意义在于了解恒星演化的过程。产生恒星的必要条件是分子云坍缩形成一个致密云核。由于分子云中大尺度磁场结构的存在，只有当向内的引力足以抗衡方向相反的磁场作用（也就是质量与磁通量之比 λ 达到临界点 $2\pi G^{1/2}$，其中 G 是引力常数）时，所需的云核才有可能出现，但是对该临界点的理解至今未达成共识。传统的小质量恒星形成理论认为，λ 跨过临界点的过程与致密云核的形成同步发生。为了证实这一点，需要对同一原恒星核周边的磁场结构开展详尽的测量。但是，先前塞曼测量所依据的现象都有各自的适用范围，如 HI 发射线只能用于每立方厘米不足 40 个粒子的稀疏环境，而利用 OH 谱线要求每立方厘米的粒子数量超过 1000 个，中间存在不小的空缺。但理论预言的磁临界点又偏偏对应 300/cm³ 的数密度。Ching et al.（2022）所使用的 HINSA 塞曼效应正好提供了衔接二者的可行方式。

FAST 这项研究的对象是小质量暗云核 L1544，这是一个位于金牛分子云的星前核（prestellar core），由致密的核心区与外围密度较低的包层组成。图 4.20（a）展示了这个星前核的红外 / 光学合成图，其上叠加了 HI 柱密度（橙色实线）与 HINSA 柱密度（白色虚线）等高线图，可见这两种成分的中心相对星前核均有所偏离。图中绿色圆圈表示阿雷西博射电望远镜借助 OH 谱线塞曼效应测量 L1544 磁场时所指向的位置以及波束宽度；4 个青色圆圈是 GBT 测量时的指向与波束宽度；红色圆圈是 FAST 利用 HINSA 的塞曼效应开展测量时的指向与波束宽度。图 4.20（b）展示了阿雷西博射电望远镜的 GALFA 巡天给出的 L1544 周边天空图，图中方框代表图 4.20（a）所覆盖的天区，还标出了 FAST 借助 HINSA 效应测量星前核外围磁场的两个类星体的位置。图 4.20（c）则描绘了星前核周边环境的大致结构，其中展示了星前核本身、产生 HINSA 特征的分子云包层，还有周边的若干处冷中性介质（CNM）的分布。

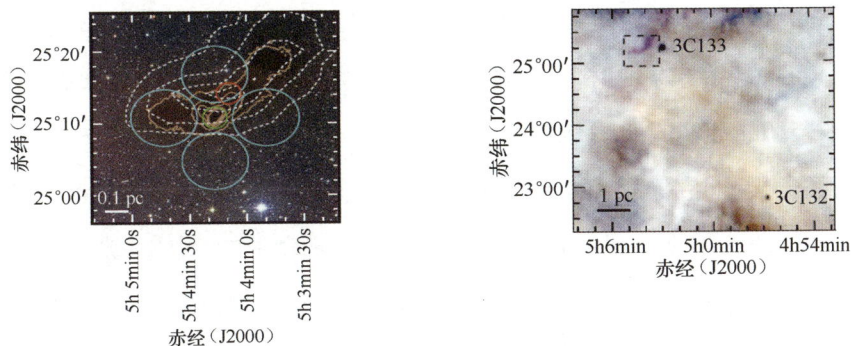

（a）L1544 的红外 / 光学合成图，其上叠加了 HI 与 HINSA 柱密度的等高线，分别以橙色实线和白色虚线表示

（b）GALFA 巡天给出的 L1544 周边天空图

图 4.20　星前核 L1544 的多波段图像以及星前核周边环境的结构图
（图片来源：Ching et al., 2022，遵照知识共享许可协议翻译并使用）

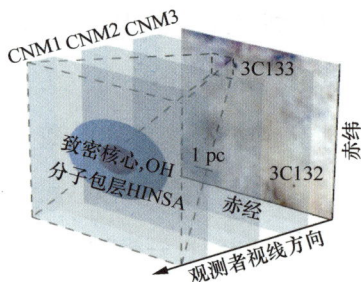

（c）L1544 周边环境的结构示意图

图 4.20　星前核 L1544 的多波段图像以及星前核周边环境的结构图（续）
（图片来源：Ching et al., 2022，遵照知识共享许可协议翻译并使用）

　　先前阿雷西博射电望远镜与 GBT 分别利用 OH 谱线测量了 L1544 的中心以及外包层在视线方向上的磁场，磁场强度分别为 10.8 μG 与 2 μG 左右，其中后者是相当勉强才探测到的。这次 FAST 在 L1544 的吸收体柱密度峰值点附近测量了 HINSA 特征的塞曼效应，并推导出了强度约合 3.8 μG 的磁场，这里距离星前核中心点 3'.6，相当于被 GBT 测量过的天区靠近系统核心的部分。再结合对星前核附近类星体 3C132 与 3C133 的塞曼效应测量所揭示出的周边冷中性介质中的磁场，L1544 周边所展现出的磁场结构从外围冷气体到星前核本身具有连贯的特征，在包层处的磁化水平更是较经典理论模型的预言低了一个数量级以上。这意味着，就 L1544 这个例子而言，磁场环境跨过临界点这一事件对应的时间应该早于星前核本身的形成时间，可能在包层出现时就已发生；随后，星前核也不会像经典模型所认为的那样因磁力阻滞而形成缓慢，而是会快速诞生。当然，这一过程的最终确认还需要对更多类似的星前核样本进行详尽的塞曼效应测量才能确定，不过 FAST 的这项观测已经可以称作恒星形成研究中的重大突破。

　　（5）在数千秒差距的更大尺度上，来自南京大学的研究团队利用 FAST 的观测，结合 HI4PI 巡天的数据存档，在距离银河系中心 22 kpc 的区域辨认出了一个长达 5 kpc 的 HI 结构，并根据其形态将其命名为"香蒲"（Cattail）。根据分析，香蒲可能是目前银河系中距离最远、尺度最长的巨纤维结构，或者是一段新的旋臂（见图 4.21 中的蓝色虚线）。在此过程中，研究者还顺带发现了外盾牌 - 半人马臂在银经 70°～100° 天区的延伸（见图 4.21 中的绿色虚线）。

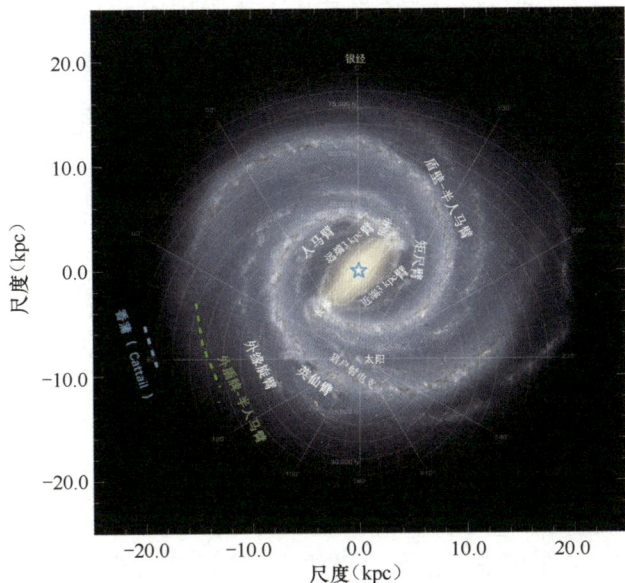

图 4.21　使用 FAST 发现的"香蒲"HⅠ结构（蓝色虚线）与
外盾牌 - 半人马臂延伸段（绿色虚线）在银河系中的位置示意
（背景图片来源：NASA/JPL-Caltech/R. Hurt, SSC-Caltech）

近年来，基于赫歇尔空间天文台（Herschel Space Observatory，HSO）等设备的观测，天文学家发现银河系星际气体普遍呈现纤维状或丝状分布。在多层次的气体纤维结构中，长度大于 10 pc 的被称为巨纤维结构。发现"香蒲"之前，银河系已知的巨纤维结构尺度最长只有 1 kpc 左右，与银心的距离最远为 12 kpc。绝大部分巨纤维结构都是借助分子气体探针发现的。

得益于巨大的接收面积，FAST 能够获取空间分辨率和灵敏度综合性能最好的 HⅠ的 21 厘米谱线数据，这是"香蒲"结构得以现身的关键。根据 FAST 的观测，研究者估计这道气体纤维长约 1.1 kpc，总质量达到了太阳的 65 000 倍；其 207 pc 的宽度起伏不大。结合 HI4PI 巡天所提供的全天数据，

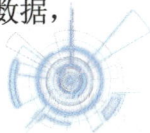

这一结构的尺度得到了进一步扩展，其总长度和银心距都创下了巨纤维结构的纪录。但如此庞大的结构，两端的气体速度差却只有 20 km/s 左右（Li et al., 2021）。

根据"香蒲"的形态，研究者就其本质提出了两种可能性。其中一种可能性将它视作银河系中的一段巨纤维构造，但理论模型预言巨纤维一般应与旋臂成协，难以解释在"香蒲"视线方向上已知的旋臂离银心最远只有 15 kpc 的事实。另一种可能性认为，这是一段银心距为 22 kpc 的新旋臂，但是研究发现，它的银纬高度与这个距离上物理银盘的翘曲程度不能很好地吻合，因此也同目前对银河系结构的认知存在明显偏差。"香蒲"的发现为我们深入了解银河系提供了新的线索，也彰显了 FAST 在寻找河内大尺度结构方面的前景。

4.2.2　河外中性氢

中性氢（HⅠ）是星系的重要组成部分，广泛存在于星系的不同演化阶段。FAST 有着无与伦比的高灵敏度以及优异的频谱分辨率，是探测暗弱 HⅠ 星系的利器。当下 FAST 已经识别出了数万个河外 HⅠ 辐射源，并对部分目标进行了深入观测。本小节将介绍 FAST 在河外中性氢研究方面取得的一些代表性成果。

（1）自 2020 年起，FAST 团队就长期利用 FAST 开展中性氢星系巡天的工作。该项目的英文全称为 FAST All Sky HI survey，英文缩写为 FASHI，故又名"法师"，旨在覆盖整个 FAST 可探测的天空，也就是大致位于赤纬 -14°～ +66°约 22 000 deg^2 的天区，频率覆盖范围为 1000 ～ 1500 MHz。从 2020 年 8 月到 2024 年 11 月，FASHI 巡天扫过的天区已经达到 18 300 deg^2，占整个 FAST 可观测天区的约 83%。如图 4.22 所示，当前 FASHI 团队已在 1305.5 ～ 1419.5 MHz 的频率范围内（相当于红移 $z<0.09$）识别出了 41 741 个河外 HⅠ 源（Zhang et al., 2024a）。

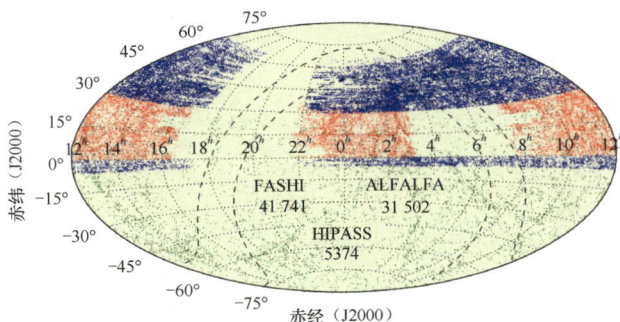

图 4.22　FASHI 巡天公布的首批 41 741 个河外 HI 源在天球上的分布图，其中两条黑色虚线标出了银道面的位置（银纬 $b = \pm10°$），蓝色表示 FASHI 探测到的 HI 源，红色和绿色分别表示早年 ALFALFA 巡天和 HIPASS 的探测结果
（图片来源：Zhang et al., 2024a）

FASHI 巡天项目是迄今为止规模最大、最灵敏的河外中性氢星系巡天项目。在 FASHI 之前，样本最大的 HI 星系巡天是美国康奈尔大学领导的 ALFALFA 巡天，它使用 305 m 口径的阿雷西博射电望远镜，耗时 13 年（2005—2018 年），在约 7000 deg² 的天区中辨识出了 31 502 个 HI 星系。而 FASHI 巡天利用 FAST，仅用 3 年时间就完成了约 7600 deg² 的巡天工作，发现了 41 741 个中性氢星系样本，数量已经超过了 ALFALFA。同时，FASHI 巡天具有更高的灵敏度（约 0.76 mJy/ 波束）以及更好的频谱分辨率和空间分辨率（在 1420 MHz 频率上分别对应约 6.4 km/s 和 2′.9，作为比较，ALFALFA 巡天的频谱分辨率和空间分辨率分别为 10 km/s 和 3′.8×3′.3），天空覆盖范围更广。未来 5 年，FASHI 巡天有望在约 22 000 deg² 的天区中发现超过 10 万个河外 HI 样本。

这项重要研究成果的源表已向全世界公开，为星系宇宙学研究领域提供了最大样本的河外 HI 星系数据，以及近邻星系的中性氢气体分布情况和大尺度结构的无偏差视图。由于 FASHI 巡天第一批公布的河外 HI 源主要分布在 ALFALFA 巡天未能覆盖的天区，因此对后者构成了有力补充。这些数据对研究河外星系的 HI 质量函数（HIMF）、发现未知的星系、研究宇宙的大尺度结构与演化等领域具有重要的意义。图 4.23 展示了由 FASHI 以及 ALFALFA 巡天的结果描绘出的宇宙大尺度结构，可见前者有着更大的天区和速度分布范围。

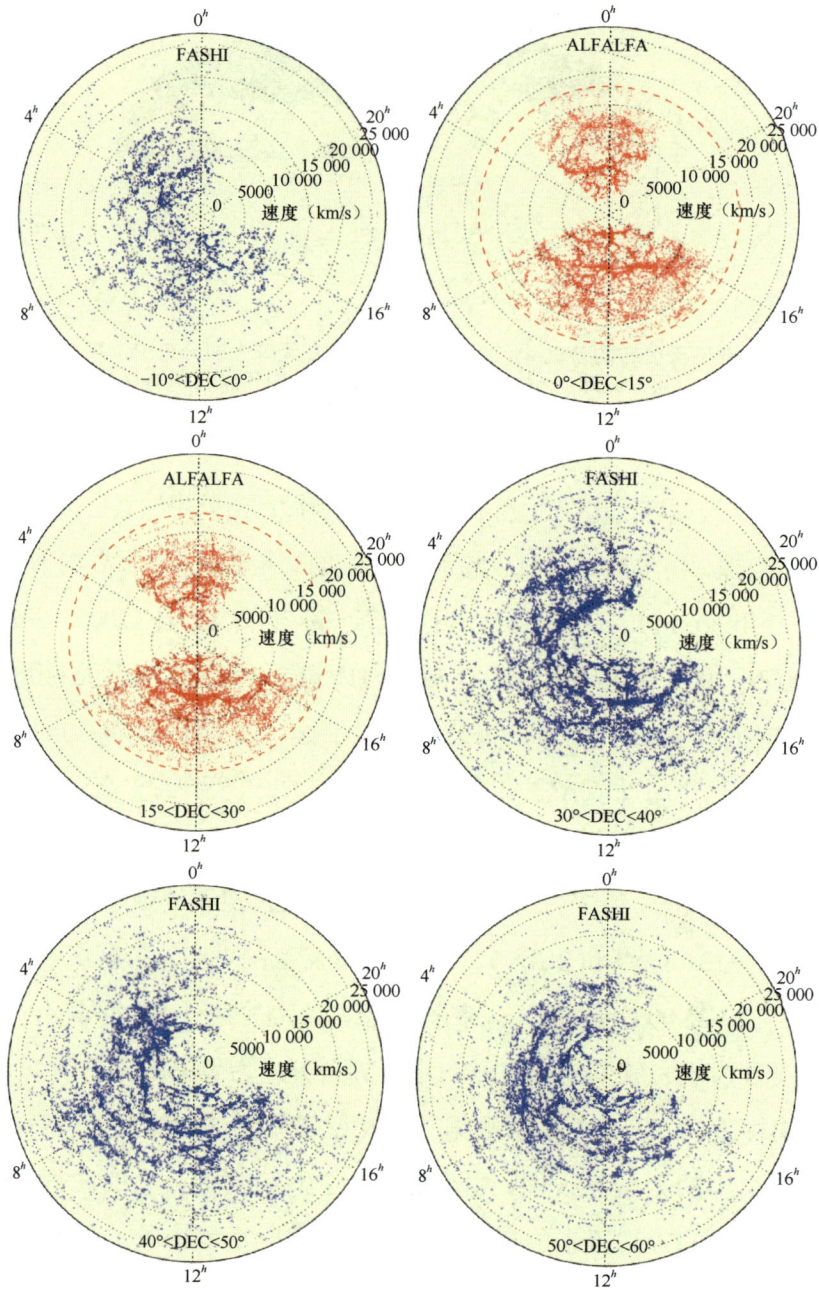

注：DEC 指赤纬（J2000）。

图 4.23　FASHI（蓝色）与 ALFALFA（红色）巡天探测到的河外 HI 源在不同赤纬范围上
的大尺度分布
（图片来源：Zhang et al., 2024a）

　　图 4.24 比较了 FASHI（蓝色）和 ALFALFA（红色）巡天探测到的河外 HI 源的质量与距离分布，可见 FASHI 不仅探测距离更远，而且还能发现更多 HI 质量较低的矮星系。图中，FASHI 的数据在 190 Mpc、210 Mpc 和 266 Mpc 处乍看起来存在很奇怪的数据缺失，这其实是相应频率处存在的射频干扰导致的。作为比较，ALFALFA 的数据在 80 Mpc 和 230 Mpc 处也存在数据缺失，这是由阿雷西博射电望远镜台址附近圣胡安（San Juan）国际机场的雷达等已知射频干扰源所引起的。

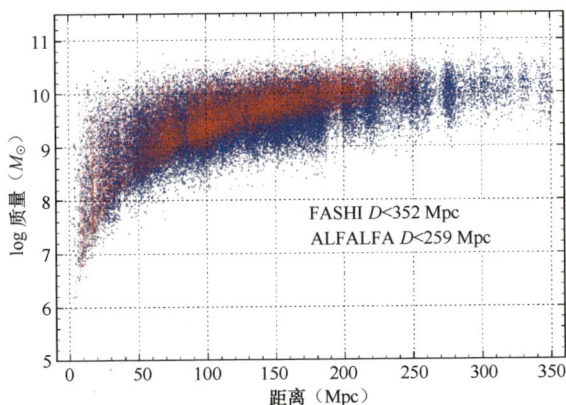

图 4.24　FASHI（蓝色）与 ALFALFA（红色）巡天探测到的河外 HI 源的质量 D 与距离分布
（图片来源：Zhang et al., 2024a）

　　虽然 FASHI 巡天所探测到的大部分河外 HI 源都能在 SDSS 等巡天的数据库中找到相应的光学对应体，但也有少量 HI 源在现有的数据中缺乏对应体。这些源可能是单纯的 HI 云团，由于星系相互作用等原因流落到星系际空间，也有一部分可能是"暗星系"，也就是被暗物质晕吸积成团的气体，但还没有形成恒星。下面将要介绍的这项成果就是后一种情况的典型案例。

　　（2）暗星系是已经聚集了一些气体成分，但还没有恒星形成的暗物质晕。根据冷暗物质（Cold Dark Matter，CDM）宇宙学标准模型，宇宙空间应该存在大量的暗星系。由于 HI 成分是星系冷重子物质起点，是形成分子气体和恒星的基石，因此，中性氢的盲巡天是搜寻暗星系最好的方法之一。然而，近几十年来，已经完成的和正在进行中的 HI 巡天都没能探测到一个理

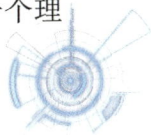

想的暗星系候选体。考虑到 FAST 是当今世界上接收面积最大、灵敏度最高的单口径射电望远镜，且同时可以实现极高的谱线分辨率的观测，而暗星系一般具有中性氢辐射弱、线宽窄的特征，因此 FAST 是搜寻这类天体的强有力工具。

正如上一项成果介绍中提到的，FAST 的 HI 巡天——FASHI 项目已经发现了一些暗星系的候选体，其中最典型的一个例子是红移 $z = 0.0083$ 的一个孤立的暗星系，被命名为 FAST J0139+4328（Xu J L et al., 2023a），图 4.25（a）所示即为该星系叠加在可见光 g 波段图像之上的 HI 柱密度等高线图。如图 4.25（b）和（c）所示，该星系的谱线轮廓呈现双峰结构，在位置 - 速度图上呈现"S"形结构，表明这是一个存在自转的典型盘星系。但 FAST J0139+4328 与其他已知星系不同的是，在存在转动盘的情况下，研究者并没有在其内部区域探测到相应的光学、红外或紫外波段的延展辐射。根据已有数据推算，该星系 98% 的物质可能是人们至今仍不甚了解的暗物质，而恒星质量不超过太阳的 6.9×10^5 倍，甚至比很多大型球状星团的质量还要小。该天体的发现，将帮助研究人员解释 Λ CDM（Λ Cold Dark Matter，含宇宙学常数的冷暗物质）理论的预言和观测到的极暗弱的星系数明显不一致的问题，并更好地理解普通星系的形成过程。

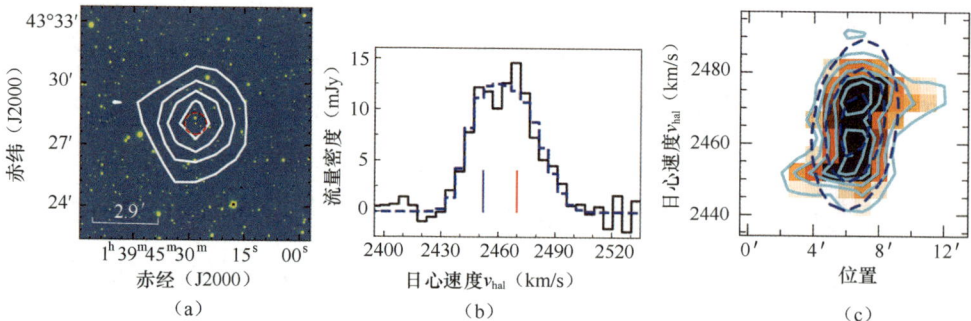

（a）FAST 探测到的 FAST J0139+4328 的 HI 柱密度（等高线）与泛星 1（Pan-STARRS1）巡天获取的 g 波段图像的对比，可见在 HI 盘面所在区域并无光学对应体；（b）FAST J0139+4328 的 HI 谱线，其中黑线是观测数据，蓝色虚线表示对谱线轮廓拟合的结果，蓝色和红色竖线各表示辨认出的一个谱峰；（c）FAST J0139+4328 的位置 - 速度图，可见由盘面旋转产生的"S"形结构

图 4.25   FASHI 巡天发现的一个暗星系候选体 FAST J0139+4328
（图片来源：Xu J L et al., 2023a，遵照知识共享许可协议翻译并使用）

（3）在星系群的尺度上，FAST 已开展了不少值得一提的 HI 谱线观测。首先是中国科学院国家天文台的研究人员在著名的斯蒂芬五重星系中发现的巨型原子气体系统，其规模相当于银河系的约 20 倍，堪称当前已知的最大 HI 结构（Xu C K et al., 2022）。位于大约 3 亿光年之外的斯蒂芬五重星系是一个著名的致密星系群，不过其中只有 4 个星系彼此之间存在真正的物理联系，另一个是正巧处在同一视线方向上的前景星系。先前的众多观测已经发现了该星系团正在经历的一系列相互作用，包括正在撞击星系际介质的高速外来侵入星系以及其在高温星系际气体中产生的激波、发生在星系之间的恒星形成活动，还有潮汐矮星系的形成等。

图 4.26 所示为斯蒂芬五重星系周边的 HI 分布。图 4.26（a）中的背景是 CFHT 拍摄的该星系团的光学图像，其上叠加的是 FAST 在相应天区位置测得的 HI 谱线，左下角的红色圆圈则代表 FAST 的波束大小。图 4.26（b）所示为艺术家渲染的中性氢结构的分布（用红色光晕显示，光晕越淡，表示气体柱密度越低），叠加在光学背景上。由图 4.26 可见，在这个星系团系统中，中性氢气体的分布范围较肉眼可见的更加广泛。

（a）来自斯蒂芬五重星系不同区域的 HI 谱线，背景是该星系团的光学图像（图片来源：Xu C K et al., 2022，遵照知识共享许可协议使用）

图 4.26　斯蒂芬五重星系周边的 HI 分布

（b）艺术家渲染的中性氢结构的分布，叠加在光学背景上
（图片来源：Duc et al., 2018，图 2/NAOC）

图 4.26　斯蒂芬五重星系周边的 HI 分布（续）

　　在这个早已得到深入研究的星系群中，FAST 又凭借空前的高灵敏度，额外发现了一个新的延展中性氢成分。这个庞大的中性氢原子云宽达 0.6 Mpc，其中的中性氢柱密度低至 $1 \times 10^{16}/cm^2$ 量级，堪称目前已知最大的连续中性氢结构。我们尚不清楚为什么这么大尺度的延展结构能在星系际空间稳定存在。整体结构相对星系团本身并不对称。这样的弥漫氢云很自然的起源就是斯蒂芬五重星系形成历史中发生过的潮汐作用——当前距离星系团中心 300 kpc 的 NGC 7320a 星系据理论模拟估计是在 15 亿年前从星系团中穿过，并将某个成员星系的气体拖曳成长长的潮汐尾。作为中性原子气体，如此大型的稀疏结构是如何免遭星系际强烈的紫外辐射破坏的，这倒是一个饶有兴味的未解谜题。同时，斯蒂芬五重星系这个例子也说明，类似的大尺度弥漫中性氢结构也有可能出现在其他星系团中，对它们的搜寻和后续研究将更新我们对星系相互作用以及星系团环境的认知。

　　（4）FAST 团队还对多个邻近星系群开展了深度成图观测，并结合望远镜的空间分辨率与灵敏度优势，在其中辨认出了不少新的中性氢结构。比如在类似银河系的星系 M106 及其不规则伴星系 NGC 4288 之间，FAST 首次发现了一道长达 130 kpc 的超长吸积流，其中中性氢的气体柱密度低至 $1 \times 10^{18}/cm^2$（Zhu et al., 2021）。虽然在本星系群之内，银河系同大、小麦哲伦云之间也存在麦哲伦流，但 M106 系统中的这道气体流距离更长，行踪也更难捕捉——在光学波段，这个星系几乎看不出存在与伴星系相互作用的迹象；而先前无论是单天线还是干涉阵进行的 HI 观测都因为灵敏度不足，未能确定两个星系之间的联系。M106 的吸积流提供了一个大型星系经由长距离相互作用来吸取伴星系物质以供应自身生长的范例。而 FAST 大口径所带来的高灵敏度是使研究者得到这一发现的关键。

图 4.27 所示为 M106 及其伴星系 NGC 4288 的射电图像。图中，蓝色等高线代表 FAST 测量的中性氢流量，绿色等高线是韦斯特博克综合孔径射电望远镜（Westerbork Synthesis Radio Telescope，WSRT）记录的 M106 星系盘细节。图 4.27（a）的背景是 FAST 记录下的 HI 流量积分图，图 4.27（b）的背景为光学影像。

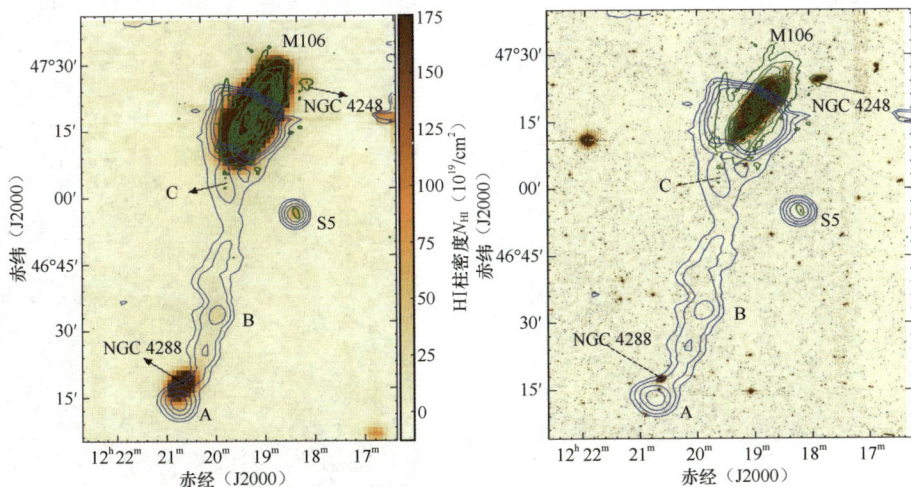

（a）FAST 测量的 HI 流量积分图，其上叠加有 HI 等高线　（b）M106 的光学影像，其上叠加有 HI 等高线

图 4.27　M106 及其伴星系 NGC 4288 的射电图像
（图片来源：Zhu et al., 2021，遵照知识共享许可协议翻译并使用）

在更大的尺度上，FAST 团队对整个 M106 星系群区域进行了更深入的后续观测。结果发现，在距离 M106 更远处也存在新的中性氢纤维和气体

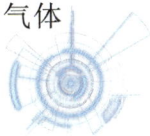

云结构（Liu et al., 2024）。图 4.28 展示了 FAST 观测到的 M106 星系群的 HI 与光学影像。在伴星系 DDO 120（又名 UGC 7408）和 NGC 4288 之间，FAST 发现了 3 个新的气体云，表明 DDO 120 与 NGC 4288 正在发生相互作用，从而产生了由 M106 延伸到 NGC 4288 的气体流。新的发现让这一 HI 流的长度从 160 kpc 增加到了约 190 kpc，连接 DDO 120、NGC 4288 和 M106 这 3 个星系，其形成机制可能与麦哲伦流类似，也就是先由 DDO 120 与 NGC 4288 发生相互作用，拖出长长的潮汐尾，然后整个潮汐尾被 M106 吸引，流向 M106。此外，FAST 还在 M106 星系群的大部分伴星系中探测到了中性氢的存在，并发现这些星系都富含气体，说明 M106 星系群所处的演化阶段比由银河系和 M31 所组成的本星系群更加早。

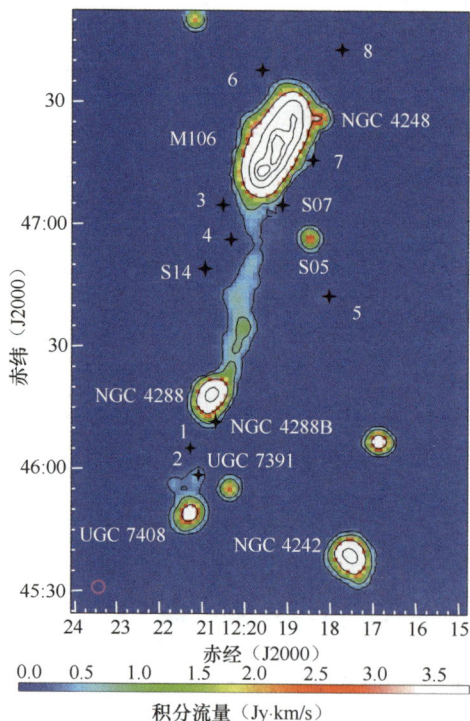

（a）FAST 观测到的 M106 星系群的 HI 图像，图中以黑色十字标记出了 FAST 所见的星系和气体云，这些气体云以数字表示

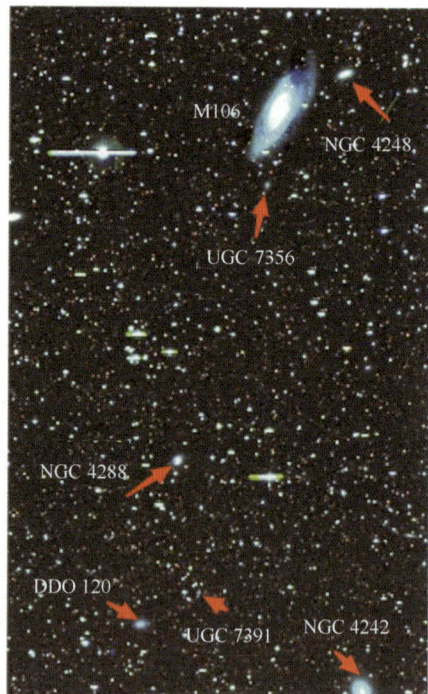

（b）同一天区的光学影像
（图片来源：Legacy Surveys/D. Lang, Perimeter Institute）

图 4.28　M106 星系群的 HI 与光学影像
（图片来源：Liu et al., 2024，遵照知识共享许可协议翻译并使用）

　　M106 星系群成员之间的相互作用在光学波段几乎毫无踪迹，只能凭借对气体云的射电观测来考察。而 FAST 的另一个观测对象——NGC 4631 星系群的情况就有所不同了。这个星系群的主导星系被称为鲸鱼星系，因其侧向地球的光学形态扭曲成楔形，与鲸类似，故而得名。在可见光波段，NGC 4631 星系即表现出了星流结构，据信这是该星系与周边矮星系发生潮汐作用所产生的。实际上，NGC 4631 中心附近就存在一个矮椭圆星系的 NGC 4627，其南侧不远处还存在一个较大的旋涡星系 NGC 4656。NGC 4656 与 NGC 4631 组成了近域宇宙一对著名的相互作用星系，荷兰 WSRT 干涉阵的观测就揭示出了二者之间存在大量 HI 气体，这些气体构成了一座连接两个星系的桥梁。

　　由北京大学等高校及科研院所的研究者组成的团队使用 FAST 对 NGC 4631 星系群所在天区进行了深度成像观测，进一步发现，存在相互作用的整个系统都被包裹在大量的稀薄气体中（Wang et al., 2023）。这些气体应该属于星系周介质（CircumGalactic Medium，CGM）的一部分。如图 4.29 所示，背景是 NGC 4631 星系群的光学影像，蓝色部分表示 FAST 在该星系群中探测到的弥漫 HI 气体，在 NGC 4631 光学星系盘附近最为集中，并一直延伸到星系外围；浅蓝色表示 WSRT 的近域星系的氢吸积（Hydrogen Accretion in LOcal GAlaxieS，HALOGAS）项目通过干涉观测获取的中性氢图像。相比 FAST 的观测，HALOGAS 由于灵敏度较低，只能勾勒出 HI 分布最为致密的部分，包括集中在星系盘附近的中性氢云以及由此延伸的潮汐尾构造。

　　FAST 在 NGC 4631 星系群中探测到的弥漫 HI 气体延伸距离超过了 120 kpc，其数量占该望远镜在此区域内探测到的 HI 总量的 1/4 以上。在潮汐尾区域，弥漫 HI 成分的典型柱密度高于 $10^{19.5}/\mathrm{cm}^2$，并具有高度湍动的特征，以约 50 km/s 的速度弥散，而且在分布上往往与同天区致密 HI 成分的运动学热区成协。研究者通过简单的建模发现，潮汐尾区域的大部分弥漫 HI 气体可能会诱导高温的星系际介质（InterGalactic Medium，IGM）冷

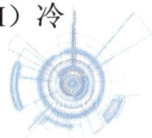

却，而不是被蒸发或辐射电离。通过比较不同相的气体之间的关系，他们发现，弥漫的 HI 可能代表着 IGM 的冷凝相。持续活跃的潮汐作用首先催生了广泛扩散的 HI 分布，然后通过弥漫 HI 相触发了气体向 NGC 4631 和 NGC 4656 的星系盘吸积的过程，从而形成了延展的气体包层。

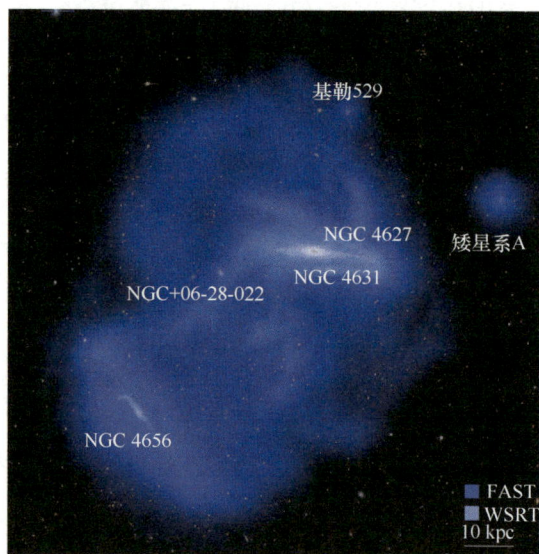

图 4.29　NGC 4631 星系群中延展的弥漫 HI 气体的分布图
（图片来源：Wang et al., 2023，遵照知识共享许可协议翻译并使用）

　　解析不同类型星系的形成途径是天体物理学的重要问题。M106 与 NGC 4631 这两个例子均属于在哈勃分类序列中被划分为"晚型"的旋涡星系。沿该序列向气体匮乏的"早型"椭圆星系过渡，中间状态就是透镜状星系（S0/SB0 星系）。这类星系由中央核球与一个不具备旋臂的恒星盘组成（其中，SB0 星系额外具有一个棒状结构），多半缺乏气体，且一半以上都是在星系群中发现的。当前观测和数值模拟结果普遍认为，透镜状星系由一个旋涡星系通过环境剥离机制产生，或由两个旋涡星系通过并合形成。

　　由于距离银河系较近（约 3400 万光年）、质量较大且气体含量较高，属于本超星系团成员的有棒透镜状星系 NGC 1023，它一直以来都是重点研究对象。FAST 团队对该星系主导的星系群开展了高灵敏度、高频谱分辨率的

HI 成图观测，解析出该透镜星系与周边 4 个矮星系正在发生相互作用的迹象（见图 4.30）。通过结合光学等多波段的数据进行动力学分析发现，NGC 1023 是由一个晚型旋涡星系在一群矮星系的潮汐作用下发生形态转化所形成的，由此提出了大质量透镜状星系形成的新模式（Xu J L et al., 2023b）。

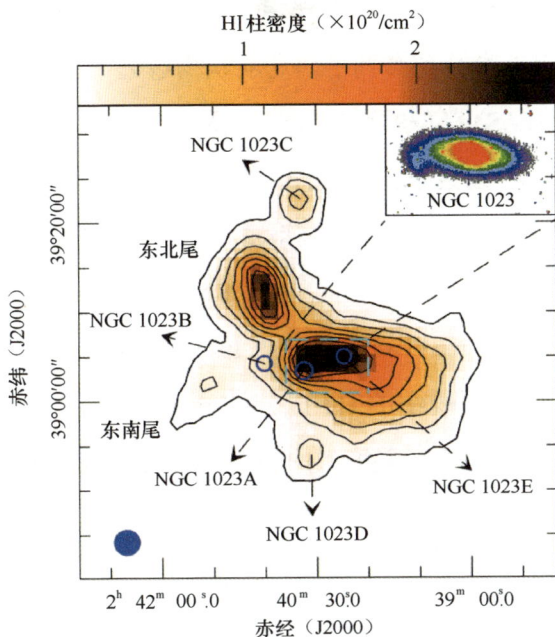

图 4.30　NGC 1023 的 HI 柱密度分布图，右上小图是中心区域的数字化巡天 B 波段光学图像，左下方的圆点代表 FAST 的波束大小
（图片来源：Xu J L et al., 2023b，遵照知识共享许可协议翻译并使用）

（5）FAST 在星系群尺度上探测到的大量气体桥和弥漫 HI 云，在很大程度上都是星系相互作用的见证。为了更好地认识这一过程，FAST 团队还对多个存在相互作用的邻近星系进行了深度 HI 成图观测，本小节将对这方面的成果作简要介绍。

著名的猎犬座 M51 系统由一个旋涡星系 M51（NGC 5194）及其伴星系 NGC 5195 组成。这两个星系距离较近，彼此之间明确存在潮汐作用。FAST 获取了灵敏度达到 HI 柱密度 $3.8 \times 10^{18}/cm^2$ 水平的 M51 射电影像，发现整个 M51 系统与前文介绍过的多个星系团一样，也浸没在弥漫的中性氢云之中（Yu

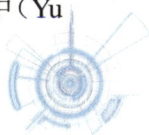

H et al., 2023）。同时，研究者还从 FAST 的观测数据中发现了若干起源于潮汐作用的新结构，并将早年由射电干涉阵辨认出的东南尾（Southeast Tail）、东北云团（Northeast Cloud）、西北羽状构造（Northwest Plume）等特征的总体轮廓补充得更加完整，从而可以帮助我们更好地了解这两个星系的相互作用历史——当前气体较为匮乏的伴星系 NGC 5195 可能在过去并非如此，其中的气体成分也许早被剥离到了西北羽状构造之中。

图 4.31 所示为 FAST 获取的 M51 及其伴星系的 H I 射电图。其中，图 4.31（a）描绘了 FAST 获取的该天区 H I 柱密度等高线图，背景是甚大阵（VLA）的 M51 干涉影像，其中展现了主旋涡星系富含气体的中性氢盘以及因两个星系相互作用而拖出的潮汐尾。图 4.31（b）是 FAST 测得的 M51 周边区域 H I 谱线速度梯度分布图。图 4.31（a）、（b）左下角的圆点均表示 FAST 的波束大小。由图 4.31 可见，M51 系统中的 H I 成分的分布范围极广，宽度达到了星系 H I 盘的数倍，而且 FAST 新观测到的 H I 总质量也比以前用 VLA 观测到的增加了 46%。

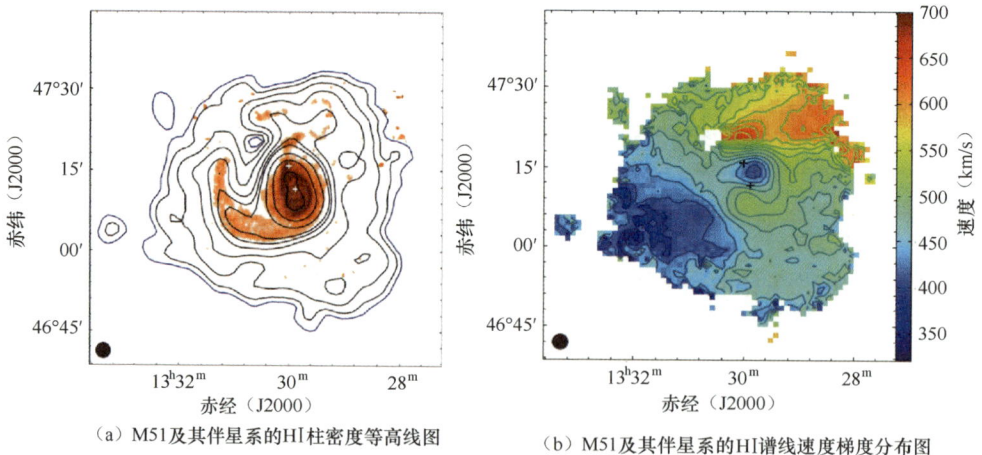

（a）M51及其伴星系的HI柱密度等高线图　　　　（b）M51及其伴星系的HI谱线速度梯度分布图

图 4.31　FAST 获取的 M51 及其伴星系的 H I 射电图
（图片来源：Yu H et al., 2023，图 4 和图 5）

同样，位于猎犬座的矮星系 NGC 4490/85 是另一对彼此靠近且存在明显相互作用的星系。这个系统由较大的棒旋星系 NGC 4490 与小型不规则星系 NGC 4485 组成，正在发生并合，预计最终二者将合二为一。由于 NGC 4490/85 的特征与银河系的伴星系大、小麦哲伦云存在相似之处，因此常常被视作未靠近任何大型星系的孤立版大、小麦哲伦云来研究，从而受到了广泛的重视。FAST 对 NGC 4490/85 的 H I 成像观测不仅证实了先前已由 VLA 和 WSRT 探测到的低密度弥漫 H I 包层，还发现了系统中的延展潮汐尾（Liu et al., 2023）。图 4.32 展示了使用 FAST 描绘的 NGC 4490/85 系统的 H I 积分流量图与速度场分布。

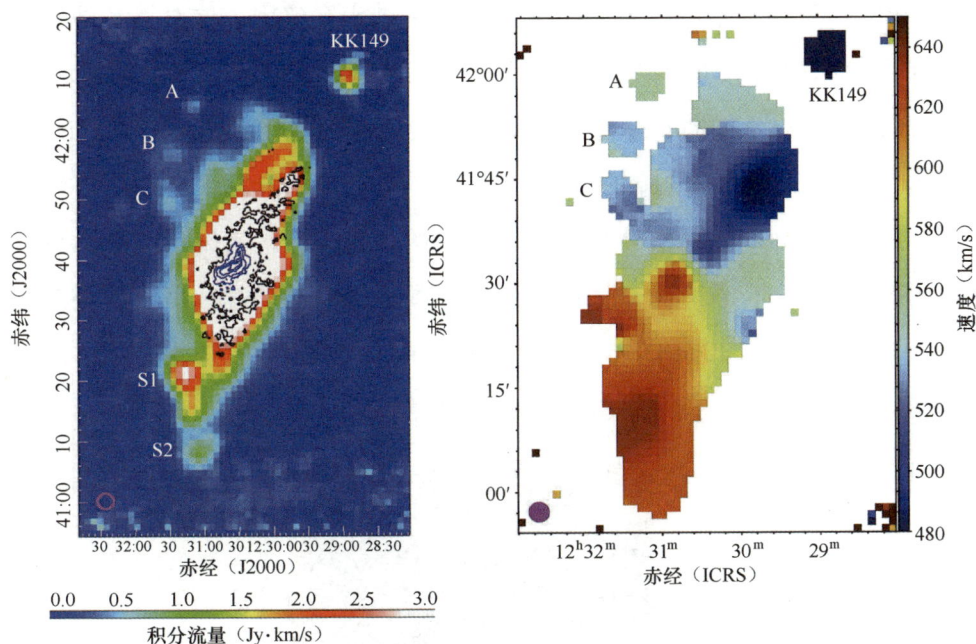

（a）NGC 4490/85 的 H I 积分流量图，其上叠加的黑色等高线是 WSRT 角分辨率 30″ 的数据

（b）NGC 4490/85 的 H I 速度场分布

图 4.32　FAST 获取的 NGC 4490/85 系统的射电图像（图片来源: Liu et al., 2023，图 1 和图 3）

由图 4.32 可见，NGC 4490/85 系统中的弥漫 H I 成分大致对称地分布在 NGC 4490 的星系盘两侧，延伸了将近 40′，且 NGC 4490 的南北侧均有潮汐尾存在，南侧的 H I 速度更高，而东北方向靠近 NGC 4485 的区域结构更加复杂，FAST 在此辨认了 3 个大致呈环状分布的暗弱云团（图中分别以 A、B、C 表示），其中云团 A 的位置与谱线速度都与一个有着活跃恒星形

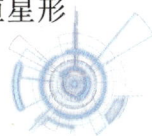

成活动的矮星系 MAPS 1231+42 相吻合。由于 MAPS 1231+42 的金属丰度远低于 NGC 4490/85，前者的恒星形成活动可能是受后者的潮汐作用影响而激发的。而速度特征表明，NGC 4490/85 西北部速度较低的 H I 云团可能是 NGC 4490 与矮星系 KK 149 相互作用的结果。FAST 对 NGC 4490/85 的观测结果说明了矮星系相互作用的复杂性和普遍性，如果没有望远镜的高灵敏度作为基础，像 A、B、C 云团之类的特征是无法被研究者发现的。

矮星系对 DDO 168/167 由两个富含气体的不规则星系组成，早先的射电和光学观测暗示，二者之间很可能发生过相互作用。这对星系同样在 FAST 的视野中展现了新的 H I 气体结构，证明这种相互作用确实存在（Yu N P et al., 2023）。如图 4.33 所示，新发现的延展羽状构造位于 DDO 168 的北侧，大致呈宽约 0.5 kpc 的环形，其中还存在一个较为致密的"扭结"，扭结中超过位力质量的气体总量暗示着它的不稳定性，未来可能有恒星在其中形成。这个有着大约 2 亿年历史的延展羽状构造是过往两个星系发生潮汐作用的见证，其间 DDO 167 可能从 DDO 168 的盘面外围穿过，从而激起了一道气体环，形成了 FAST 所见的新结构。

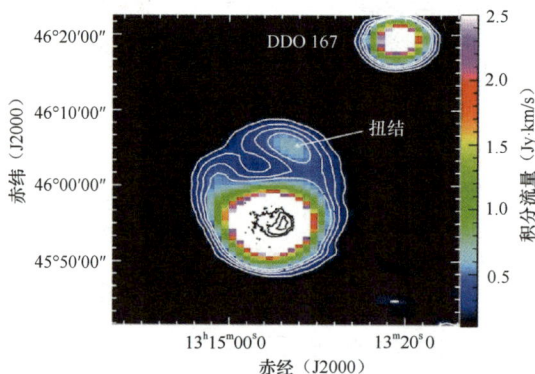

图 4.33　FAST 观测到的 DDO 168/167 中的 H I 分布图，其中背景的假彩色图像以及白色等高线是 FAST 的观测，黑色等高线是 VLA 对同天区 H I 分布的观测
（图片来源：Yu N P et al., 2023，图 4）

以巨大的 H I 气体盘著称的 NGC 4449 是一个明亮的不规则星暴星系，有着每年约 $1.5M_\odot$（$M_\odot$ 表示太阳质量）的恒星形成率，距离银河系约 3.9 Mpc。

根据早先使用百米级望远镜的测量结果，NGC 4449 HI气体盘的半径至少达到了光学半径的 14 倍。为了发挥灵敏度优势、搜索更多的稀薄气体，并更好地认识星系与周边环境的相互作用对星系形成的影响以及大型 HI 盘同高恒星形成率的关系，FAST 对 NGC 4449 开展了成图观测（Ai et al., 2023），并发现了延展到光学半径22倍之外的不规则HI 盘。图 4.34（a）与图 4.34（b）分别展示了 FAST 与 VLA 观测到的该星系 HI 分布的对比。其中，图 4.34（a）的背景是该星系所在天区的光学影像，以深红色表示的光学盘只占据了中心很小的区域；南侧还存在一个伴星系DDO 125。作为比较，图 4.34（b）的 VLA 数据只能揭示 HI 密度最高的结构。

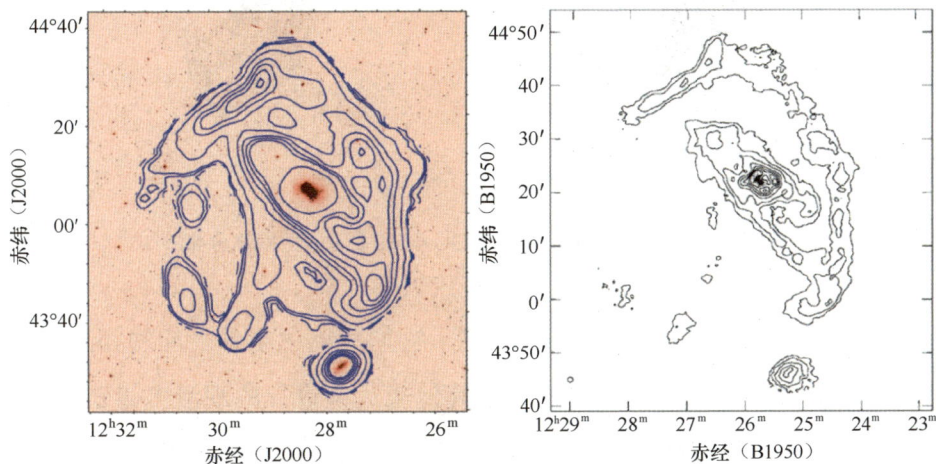

（a）FAST 测得的 NGC 4449 的 HI 等高线图，
背景为同天区的光学影像

（b）VLA 测得的同天区 HI 等高线图，因灵敏度
不足，只能勾勒出 HI 分布最为致密的区域
（图片来源: Hunter et al., 1998, 图 2, © AAS，经许可使用，
原图标注文字为英文，本图为本书作者的汉译版本，
AAS 不对译文负责）

图 4.34　NGC 4449 的 HI 分布等高线图

如图 4.35 所示，对 FAST 观测结果的运动学分析表明，NGC 4449 庞大的气体盘由内盘与外环两个子结构组成，这两个结构沿不同的方向旋转，对应先前在此星系中发现的内部气体反转现象。而 NGC 4449 南部的 DDO 125 也有部分气体被前者剥离、捕获，说明两个星系之间存在相互作用，同时这种相互作用也塑造了 NGC 4449 气体盘不规则的外观。

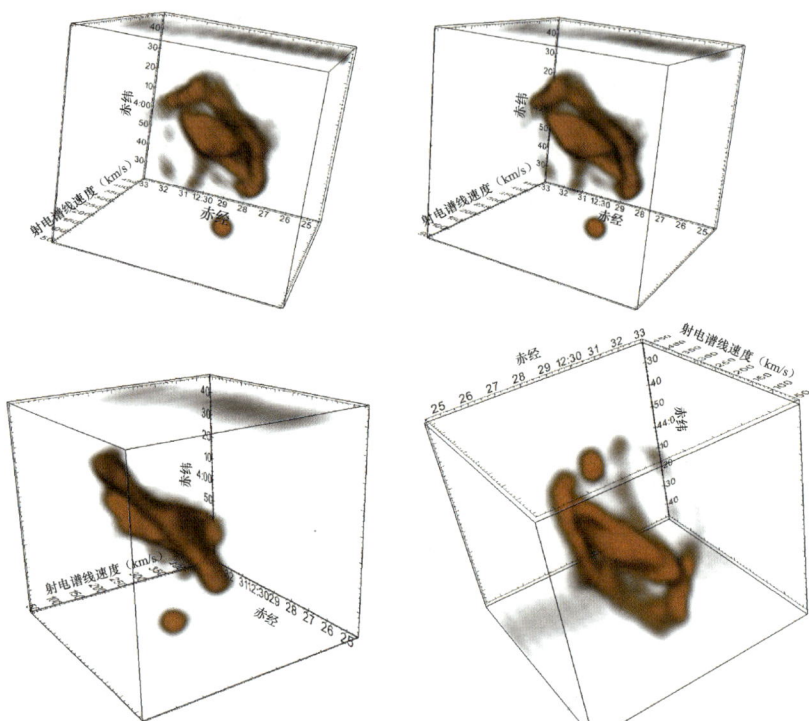

图 4.35　不同视角所见的 NGC 4449 周边 HI 气体分布
（图片来源：Ai et al., 2023，图 2）

　　FAST 在上述星系中或多或少发现了它们与周边星系之间的相互作用，但这样的结果并不奇怪，因为早先由其他望远镜进行的观测多半已揭示了相关的迹象，只是没有 FAST 那样全面、深入而已。但是，FAST 对"猫眼星系" M94 的 HI 成图结果就有点出乎意料了（Zhou R et al., 2023）。这个距离地球只有 4.66 Mpc、尺度与银河系相当的星系是公认最孤立的大型星系之一，它不仅不是任何已知星系团或星系群的成员，其周边的矮星系也寥寥无几。但 FAST 还是凭借其优异的灵敏度，在 M94 外围发现了大量延展结构。如图 4.36 所示，FAST 所见的 M94 气体盘尺度不仅远大于光学尺度，其延展范围也相当于先前 VLA 所见盘面的 3 倍。另外，图中的 1 号结构是长长的气体纤维；2 ～ 7 号结构都是在 M94 周边新发现的 HI 云；右下插图则是距离星系本体更远的 9 号 HI 云。这些新结构在可见光波段均无对应体存在。

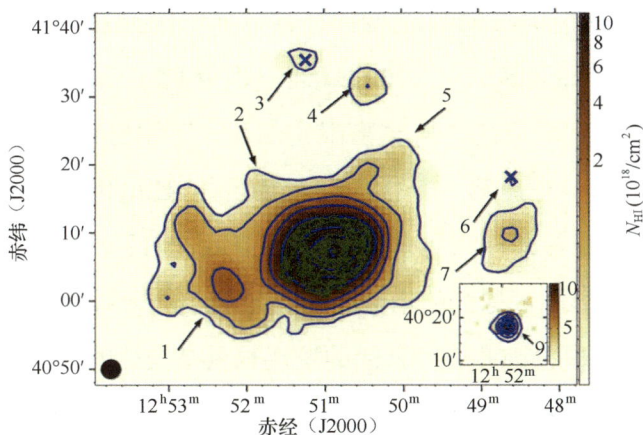

（a）FAST（黑色）与 VLA（绿色）观测到的 M94 的 HI 柱密度分布图，
背景为 FAST 测得的 HI 柱密度分布假彩色图像

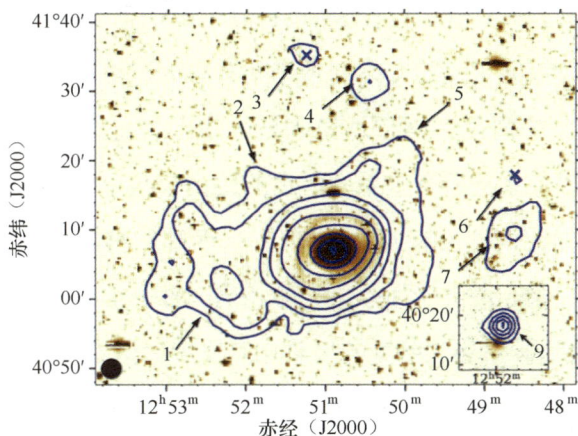

（b）FAST 获取的 M94 的 HI 柱密度等高线图，背景是 DESI 遗珍成像巡天拍摄的光学照片

图 4.36　M94 的 HI 分布图，两图左下的黑色斑点均代表 FAST 的波束大小
（图片来源：Zhou R et al., 2023，遵照知识共享许可协议翻译并使用）

　　这些延展结构的存在说明，M94 的动力学历史可能远较先前所认为的更加复杂，塑造如此庞大的气体构造最直观的机制自然是与其他星系并合过程中发生的潮汐作用。对此类过程开展的数值模拟工作表明，两个质量比约为 3∶1 且自转方向相反的星系，以垂直于较大星系盘面的运动轨迹彼此靠近并合二为一，就可以大体再现 FAST 所观测到的一切，其中最古老的结构就是图 4.36 中呈纤维状的 1 号气体云，它的形成可以追溯到 50 亿年前两个前身星系第一次穿越彼此的时刻。另外值得一提的是 9 号云团，

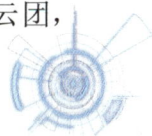

FAST 未能发现该结构与 M94 之间的任何联系，因此这可能是一个孤立的 HI 云。Benitez-Llambay et al.（2023）进一步分析了云团的特性，发现它可能是第一个得到探测的"再电离限定 HI 云"（REionization-Limited HI Cloud，RELHIC），也是第一个位于近域宇宙的 RELHIC 候选体。RELHIC 是一类大质量暗晕，晕中气体的低温和高密度使 HI 成分大致呈球状聚集在中心，有可能形成可探测的谱线信号，被视为揭示冷暗物质主导的宇宙"黑暗面"的新手段，因此 9 号云团的发现也具有较大的宇宙学意义。

上面列举的这些 FAST 星系 HI 谱线成图结果充分说明了星系之间潮汐作用的普遍存在性和复杂性。无论是大型旋涡星系还是矮星系，也不管是身居致密星系团中还是看上去孤立存在，FAST 都在其周围找到了潮汐作用的新证据。这除了证明射电望远镜灵敏度的提升会带来新知之外，更为星系演化理论提供了重要线索。考虑到先前由空间望远镜和地面望远镜进行的光学观测已经发现，如今宇宙中旋涡星系在所有星系中所占的比例较数十亿年前已有了很大的提高（但椭圆星系的比例并没有明显的变化），而高红移的星系盘也表现出了遭受过明显扰动的迹象，很可能如今所见的相当一部分形态规整的旋涡星系都经历了潮汐作用的塑造，FAST 所见的星系相互作用案例不过是冰山一角而已。

如图 4.37 所示的这个例子，初步的数值模拟工作证明，FAST 在诸多星系周边观测到的 HI 分布更适宜借助星系之间的主并合（major merger，通常指参与并合的两个星系体量相近，质量比不低于 1∶5）事件来解释。主并合过程往往涉及两个星系多次彼此穿越并通过潮汐作用相互影响，最终形成的星系在结构和形态上均可能发生大规模的重组，并导致星系盘翘曲以及星系环、大尺度潮汐尾等结构的形成。当然，真实星系所经历的过往要比模拟复杂得多，可能还涉及多个星系的相互作用，以及大量规模较小的次并合（minor merger）事件，这些过程共同塑造了星系 HI 结构复杂而延展的外观。使用 N 体 / 光滑粒子流体动力学模拟程序 GADGET-2，借助两个质量比为 1∶3 的星系对 M94 的形态形成进行初步模拟，演化 20 亿年即可再现 FAST 所见的主要结构，图中的蓝色箭头表示潮汐尾从较小的前身星系流向较大前身星系的方向。

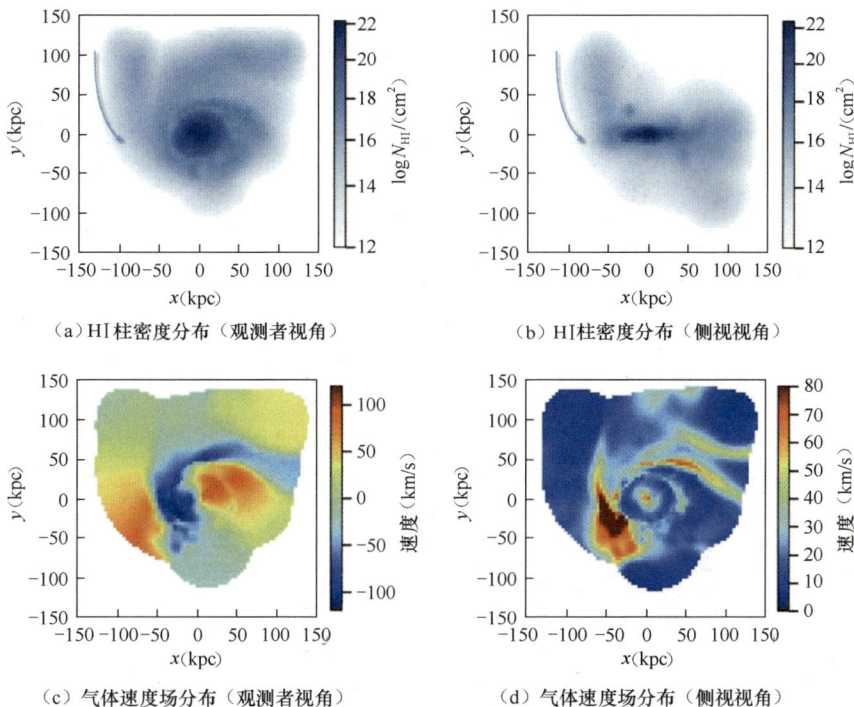

（a）HI 柱密度分布（观测者视角）　　（b）HI 柱密度分布（侧视视角）

（c）气体速度场分布（观测者视角）　　（d）气体速度场分布（侧视视角）

注：侧视表示星系盘走向垂直于图片所在的平面。

图 4.37　使用模拟程序 GADGET-2 对 M94 形态形成过程进行的初步模拟结果
（图片来源：Zhou R et al., 2023，遵照知识共享许可协议翻译并使用）

（6）前面介绍的 M51、DDO 168/167、M94 等星系，因为体量较大和 / 或距离较近，在 FAST 的视野中具有足够的展宽，因而能让望远镜辨识出足够细节的星系其实是少数。以 FAST 的角分辨率，绝大多数河外星系不过是点源而已，其大小还不如波束的宽度。但 FAST 也可以凭借其超高灵敏度以及强大的频谱解析能力，为研究者带来新知。以 FAST 发表的第一项河外中性氢研究——VALES（Valparaíso ALMA/APEX Line Emission Survey，瓦尔帕莱索 ALMA/APEX 发射线巡天）星系的中性氢观测（Cheng et al., 2020）为例，它选择了 4 个具有阿塔卡马大型毫米 / 亚毫米波阵 CO（1-0）谱线探测的低红移星系作为样本，成功探测到了其中 3 个星系流量低至几个 mJy

的 HI 谱线，并确定了 HI 谱线宽度以及谱线整体轮廓类似 CO 谱线，但流量要低一个数量级。而根据 HI 发射线推定的星系动力学质量比根据 CO 推定的重子物质质量和动力学质量要高一个数量级，这意味着星系中的中性氢主要由暗物质晕所支配，而 CO 更多反映了重子物质的情况。

图 4.38 所示为 4 个 VALES 星系的 CO（1-0）谱线（红线）与 FAST 观测到的 HI 谱线（黑线）的比较，其中图 4.38（a）中的样本还描绘了先前阿雷西博射电望远镜的 HI 观测数据（蓝线）。可见这几个样本的 HI 流量只有几 mJy，充分说明了 FAST 研究河外星系的能力。

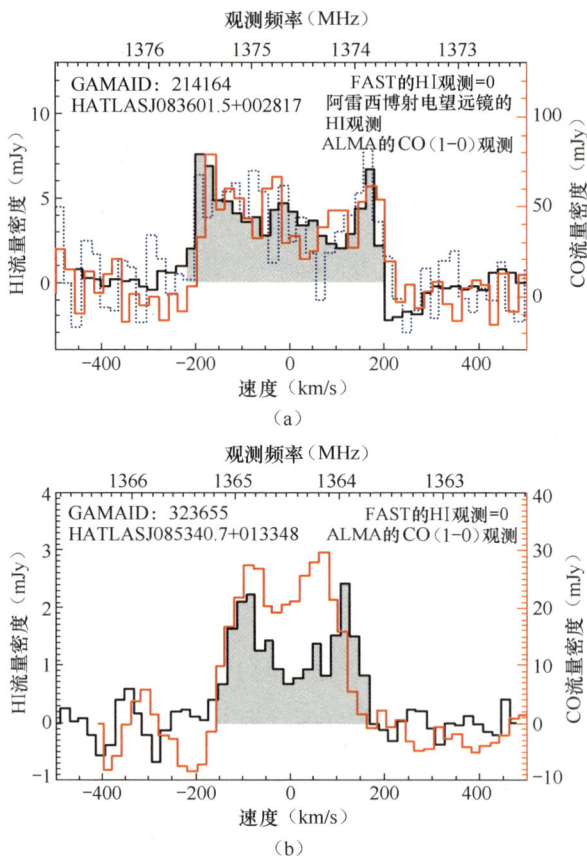

图 4.38　4 个 VALES 星系的 CO（1-0）谱线（红线）与 FAST 观测到的 HI 谱线（黑线）的比较

（图片来源：Cheng et al., 2020, ©ESO，经许可使用）

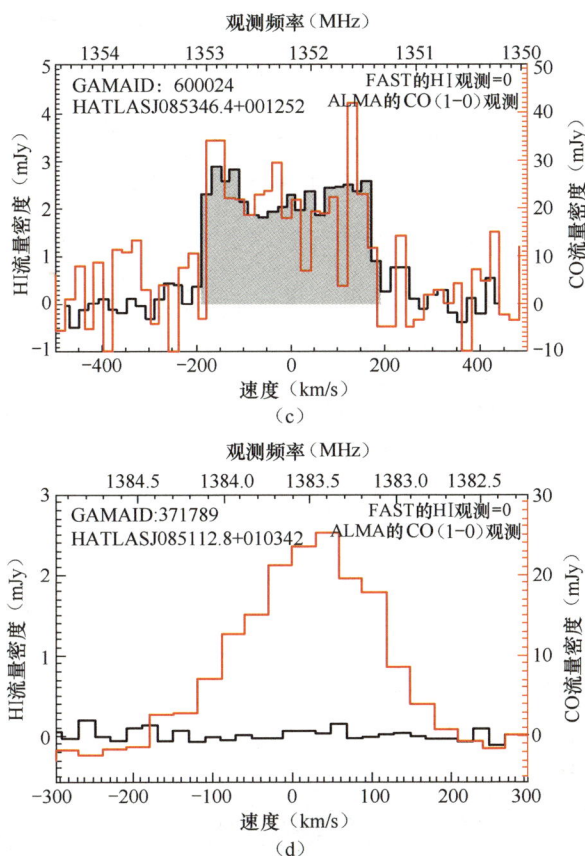

图 4.38 4 个 VALES 星系的 CO（1-0）谱线（红线）与 FAST 观测到的 HI 谱线
（黑线）的比较（续）
（图片来源：Cheng et al., 2020, ©ESO，经许可使用）

　　FAST 还凭借其超高灵敏度、较宽的频谱覆盖以及多波束接收机的优势，一举发现了 6 个红移超过 0.38 的河外 HI 辐射源，并通过多架光学望远镜的观测，认证出了这些源所对应的星系（Xi et al., 2024）。由于仪器探测到的 HI 谱线强度同中性氢数量呈正相关，又反比于目标星系距离的平方，因此 HI 发射线的探测率受制于目标星系的距离。先前其他望远镜开展的河外 HI 巡天基本只关注近域宇宙，红移超过 0.35 且得到单独探测（而非借助谱线叠加以提升灵敏度而发现）的已知 HI 发射线样本只有两个，其中之一还是经由引力透镜效应显现的。为了搜索更多的高红移 HI 谱线，为星

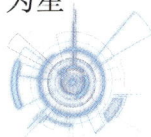

系和宇宙演化提供更多的线索，研究者提出了 FAST 超深场巡天（FAST Ultra-Deep Survey，FUDS）项目。他们首先针对一个以赤经 08^{h}17^{m}12^s、赤纬 +22°10′48″ 为中心、总面积 0.72 deg^2 的天区开展了 95 小时的观测，并认证了前述 6 个中性氢星系，其中一个拥有已知最大的中性氢总质量。图 4.39 展示了这些星系的 H I 谱线（黑色）与最佳拟合轮廓（红色），以及作为参考的 Hα 或 [O II] 光学谱线（青色 / 橙色）；图 4.40 则展示了星系所在天区的光学图像，以及叠加在其上的射电 H I 等高线轮廓，其中以青色和橙色十字标出了可能的光学对应体位置，红色圆圈表示 FAST 的波束宽度。考虑到 FUDS 项目在第一个目标天区内即辨认出了 6 个高红移 H I 发射线样本，我们完全可以预期，当更多天区得到观测后，FUDS 项目将大大加深人们对遥远星系中性氢成分的认知。

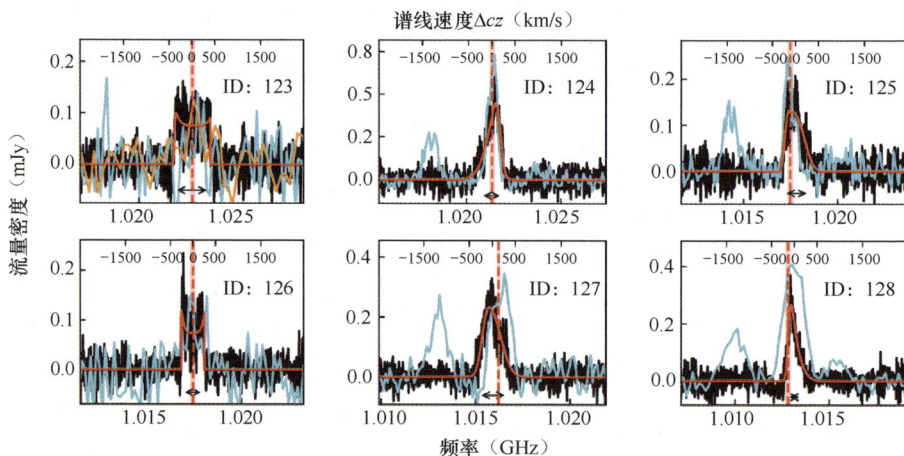

图 4.39　FUDS 项目发现的 6 个高红移中性氢星系的谱线图
（图片来源：Xi et al., 2024，遵照知识共享许可协议翻译并使用）

（7）在河外 H I 吸收线探索方面，FAST 也开始发挥自己的作用。与严重受制于距离的 H I 发射线探测不同，H I 吸收线的深度只取决于视线方向上的中性氢数量与吸收体的性质，与中性氢云的距离没有关系，因而就不存在如发射线那样的高红移源探测率大幅降低的问题，可以作为 H I 发射线的有力补充。同时，因为河外 HI 吸收体有相当一部分来自射电星系的自吸收（由星系自身的辐射充当连续谱背景），而来自星系的射电连续谱大概率是活动星系核（AGN）的贡献，故 HI 吸收线中还蕴含有关 AGN（也就是特大质量黑洞）周边环境，乃至 AGN 与恒星形成之间的关系的信息。

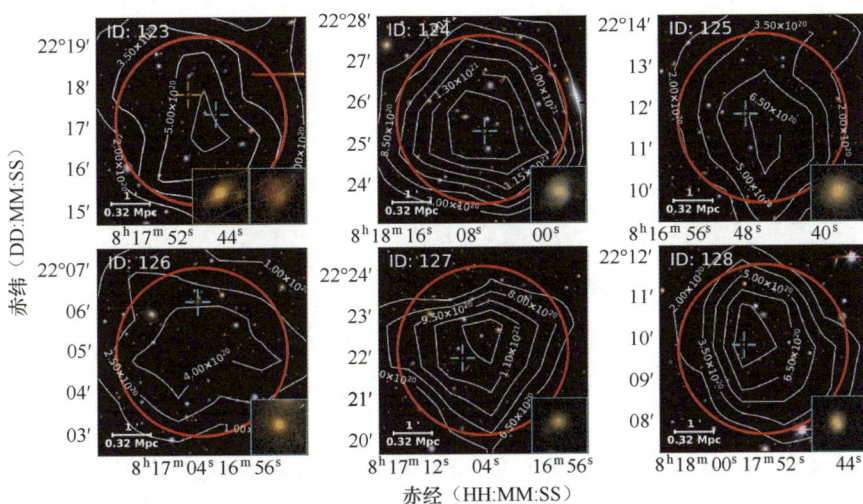

图 4.40　FUDS 项目发现的 6 个高红移中性氢星系所在天区的光学影像与相应的射电 HI 等高线（图片来源：Xi et al., 2024，遵照知识共享许可协议翻译并使用）

早在验收之前的调试期，FAST 团队就对 ALFALFA 新识别出的若干河外 HI 吸收体开展了验证性的观测，并成功确认了这些吸收线的存在，还证明了只需一次曝光时间（约 12 s）的漂移扫描，即可凭借超过 3σ 的置信度，成功识别出线深不足 -10 mJy 的吸收特征（Zhang B et al., 2021）。这些观测到的目标天体均属于 AGN，其中线深最浅的 CGCG 049-033 更是一个具有巨型延展射电瓣的椭圆星系——这是恒星形成匮乏的年老星系也存在中性气体的证据。而 FAST 优越的频谱分辨率有助于解析被阿雷西博射电望远镜错过的谱线精细结构，进而能够更加可靠地分析吸收气体的结构。

图 4.41 所示为河外吸收体 J153437.6+251311.4 的 HI 谱线，图中的黑色曲线是 FAST 的观测数据，而绿色曲线是频谱分辨率更低的 ALFALFA 巡

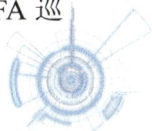

天数据，黄色表示因为存在射频干扰而未用于数据处理的频段。可见，凭借更高的频谱分辨率，FAST 成功辨认出了该系统几乎被阿雷西博射电望远镜错过的双峰结构。

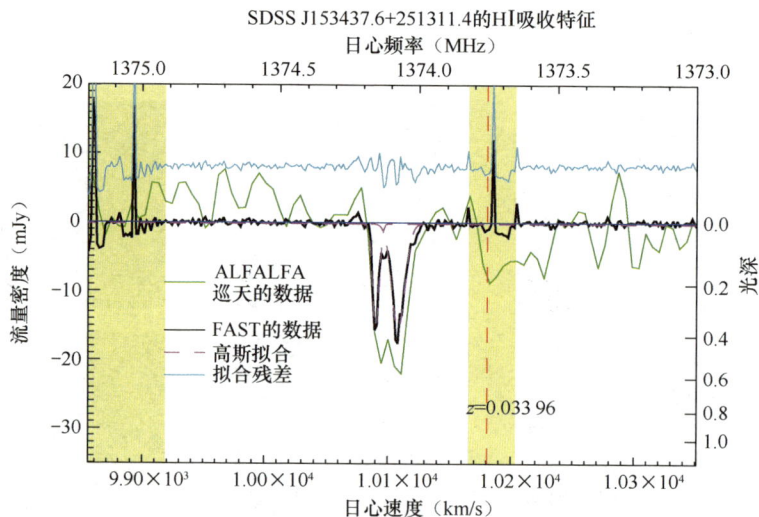

图 4.41　河外吸收体 SDSS J153437.6+251311.4 的 H I 谱线
（图片来源：Zhang B et al., 2021，图 7）

FAST 还在观测并合星系对的过程中，无意中发现了一个新的河外 H I 吸收体——SDSS J155900.65+275907.4（Yu et al., 2022）。这是一个位于红移 0.051 40 处的 II 型赛弗特星系，与另一个星系正在发生并合。新发现的吸收线频率同星系的光学红移之间存在偏移，意味着相应的气体正在落向星系，这也许正提供了开启星系核活动的钥匙。不过想要确认吸收气体云的来路和去向，就必须通过干涉阵对吸收线进行高空间分辨率的后续研究。另外，研究者利用 CRAFTS 项目持续 640 余小时、覆盖天区 3155 deg^2 的数据，确认了 3 个已知河外 H I 吸收体，并找到了两个新的吸收体——NVSS J231240–052547 和 NVSS J053118+315412（Hu et al., 2023）。其中，吸收体 NVSS J053118+315412 表现出了复杂的多峰式吸收轮廓，也暗示了宿主星系中存在活跃的气体行为，可能与星系中心特大质量黑洞的吸积有关（见

图 4.42）。FASHI 项目组也在红移小于 0.09 的巡天数据中挖掘出了 51 个河外 HI 吸收体的候选样本，其中有 30 个是先前未知的。与具有 HI 发射线的星系相比，这些吸收体的恒星形成率普遍较高，而且在 HI 柱密度和宿主星系恒星质量之间似乎存在反相关现象（Zhang et al., 2025）。

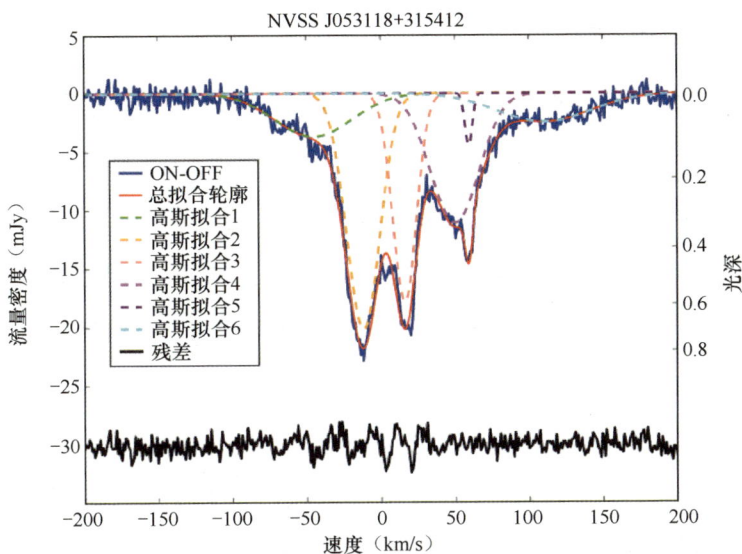

图 4.42　研究者在 CRAFTS 存档数据中发现的新 HI 吸收体
NVSS J053118+315412 的谱线图，可见复杂的吸收线轮廓
（图片来源：Hu et al., 2023，遵照知识共享许可协议翻译并使用）

对于来自中性氢柱密度较高（大于 2×10^{20}/cm^2）的阻尼莱曼 α 系统（Damped Lyman α system，DLA）的吸收线，还可以借助桑德奇 - 勒布检验（Sandage-Loeb test），通过测量氢云相对背景连续谱源产生的吸收线丛两侧的红移差异，直接给出宇宙膨胀的加速度。Lu et al.（2022）第一次使用 FAST 对类星体 PKS 1413+135 视线方向上源于不同距离的两组 HI 吸收线进行了观测，并开展了这方面的尝试。虽然由此得出的红移误差较理论预言大了不少，导致实际应用价值有限，但由此积累的经验将有助于未来类似工作的进行。

随着 FAST 观测的进行，更多的 HI 吸收体正逐渐被挖掘出来，其中不

乏线深很浅的吸收源。考虑到当前已知河外 H I 吸收线的样本总数只有 100 个左右，FAST 凭借其优越性能，在这一领域将大有可为。根据最乐观的预期，完整的河外漂移扫描巡天将有望发现上千个 H I 吸收体，从而为相关研究带来突破。

4.2.3　分子谱线

分子是星际介质的重要成分。在密度足够高的情况下，氢原子会两两聚合形成氢分子。大量分子氢、少量原子氢以及额外的尘埃成分共同构成了分子云。

通常认为，分子云是恒星形成的摇篮，恒星是在分子云中形成的。恒星作为星系的重要组成，其形成对于理解星系的形成和演化以及行星、各种小天体的形成和演化至关重要。分子云的研究就是理解恒星形成过程的基础。

分子云中除了含量最多的氢分子，还有其他多种分子。由于特殊的化学条件和激发条件，一些特殊的分子云可以产生众多分子谱线，其中可能含有此前未探测到的星际分子发出的谱线。在这些分子云中进行谱线搜寻，寻找新的分子谱线和星际分子是 FAST 的重要目标。

在 FAST 的工作频段，可能存在的分子谱线分布相对稀疏，理论上容易辨认。FAST 已经在 L 波段对 TMC1 等分子云进行了谱线搜寻，目前探测到了一些已知的谱线，但尚未发现新的分子谱线。未来随着研制中的新一代接收机投入使用，FAST 将有可能探测到某些长链分子产生的信号。

4.2.4　其他谱线

先前认知相对较少的射电复合谱线主要来自被新生大质量恒星点亮的 H II 区，因此是恒星形成和演化过程，以及星际介质动力学的重要表征。在作为当前 FAST 主力科学观测仪器的 19 波束接收机的覆盖频段内，存在 $n = 164 \sim 186$ 的一系列 Hnα、Henα 和 Cnα 射电复合谱线有待考察。2020 年完成 FAST 验收后，研究团队已经针对多个 HⅡ 区开展了单点观测，并在其中成功探测到了大部分可能存在的复合线。

图 4.43 所示为河内 HⅡ 区 G43.148+0.013 的射电复合谱线。FAST 在该电离区内找到了氢和碳元素除 $n = 177$ 和 $n = 180$ 之外的所有主量子数在 $(n+1)$ 和 n 之间的跃迁线，还有少量 Henα 线。

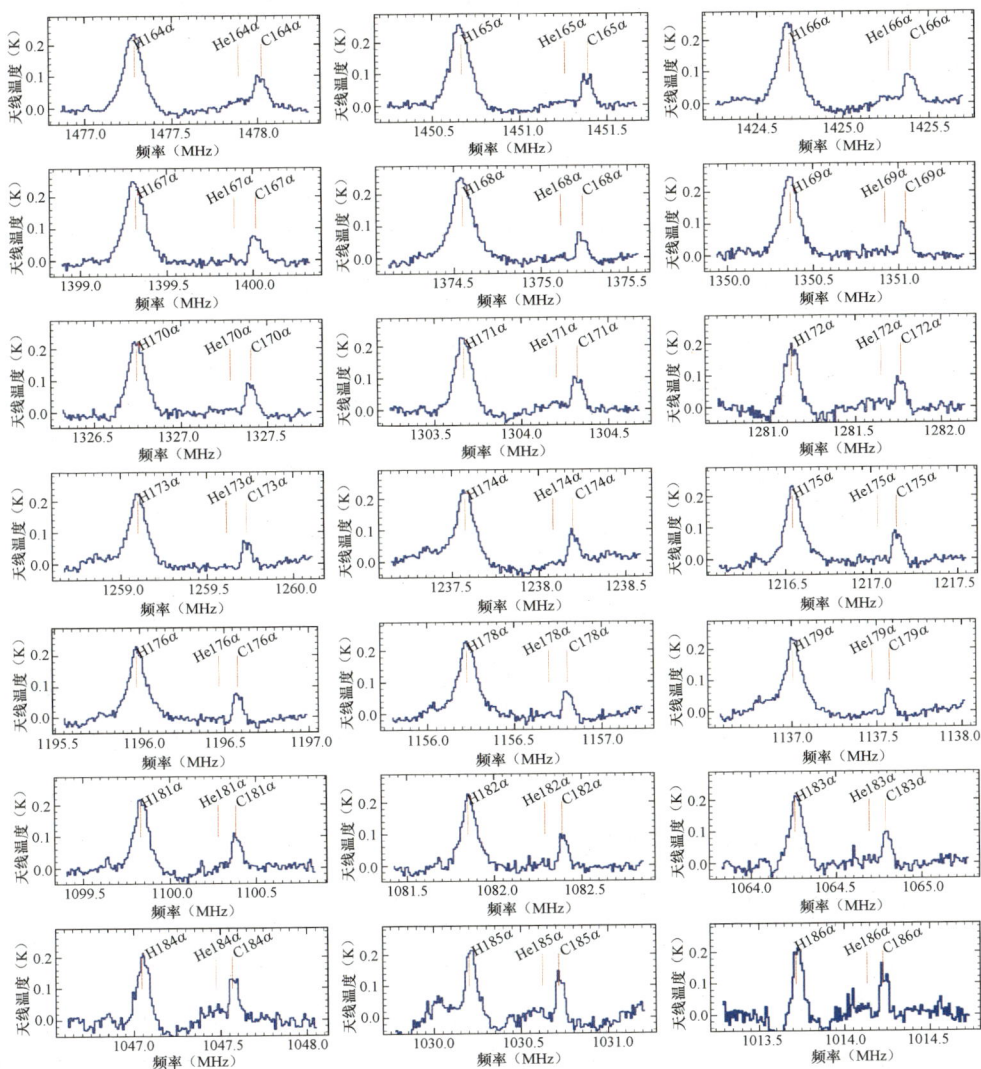

图 4.43　河内 HⅡ 区 G43.148+0.013 的射电复合谱线
（图片来源：Zhang C P et al., 2021）

在这些单点观测中，每个 HⅡ 区分配的跟踪时间是 20 min。除了 $n = 177$ 和 $n = 180$ 两种情形受射频干扰影响而难以观测，FAST 成功探测到了 19 波束接收机工作频段内其他所有的氢和碳元素可能存在的 H$n\alpha$ 和 C$n\alpha$。在探测率方面，9 个观测到的目标 HⅡ 区都明确展现了 H167α 和 C167α 谱线，还有 3 个具有可探测的 He167α 谱线，这说明在 FAST 高灵敏度的保证下，$1.05 \sim 1.45$ GHz 频段射电复合谱线的样本探测前景得到了充分的保障。此外，氢和碳的射电复合谱线之间往往存在不到 1 km/s 的速度偏差，这意味着两种元素身处恒星形成区的不同位置，从而具有不同的运动行为。

在更大的尺度上，由中国科学院国家天文台研究人员利用银道面脉冲星快照巡天（GPPS）的数据也生成了已覆盖天区的 H$n\alpha$ 复合线天空图（Hou et al., 2022）。虽然 GPPS 的曝光时间不如针对 HⅡ 区的单点跟踪观测，但也足以揭示由 HⅡ 区主导的复杂结构，还有一系列延展的电离气体分布。在已覆盖的巡天天区内，绝大多数已知的 HⅡ 区都有射电复合谱线的探测；同时，在广域红外巡天探测者（Wide-field Infrared Survey Explorer，WISE）卫星识别出的大量 HⅡ 区候选体中，有 43 个也因探测到了 H$n\alpha$ 谱线的存在而获得了身份确认。此外，GPPS 团队还尝试对恒星形成区 W51 开展了 C$n\alpha$ 和 H$n\beta$ 谱线成图，并取得了初步结果。与单点观测类似，C$n\alpha$ 谱线的天空图同样表明了碳氢射电复合谱线是由恒星形成区的不同结构发出的；而结合 H$n\alpha$ 和 H$n\beta$ 谱线，还有望揭示 HⅡ 区的局部热动平衡状态等重要性质。图 4.44 所示为 GPPS 绘制的 H$n\alpha$ 复合谱线天空图。

此外，FAST 团队当下还在进行着专门的银道面射电复合谱线巡天（Liu B et al., 2022）。结合 FAST 的高性能以及为此工作专门开发的新式基线校准算法，更多的复合谱线特征有望被揭示出来，从而更新人们对电离的恒星形成区的认知。

对于以 OH 脉泽线为代表的射电分子谱线而言，无论是 FAST 调试期内

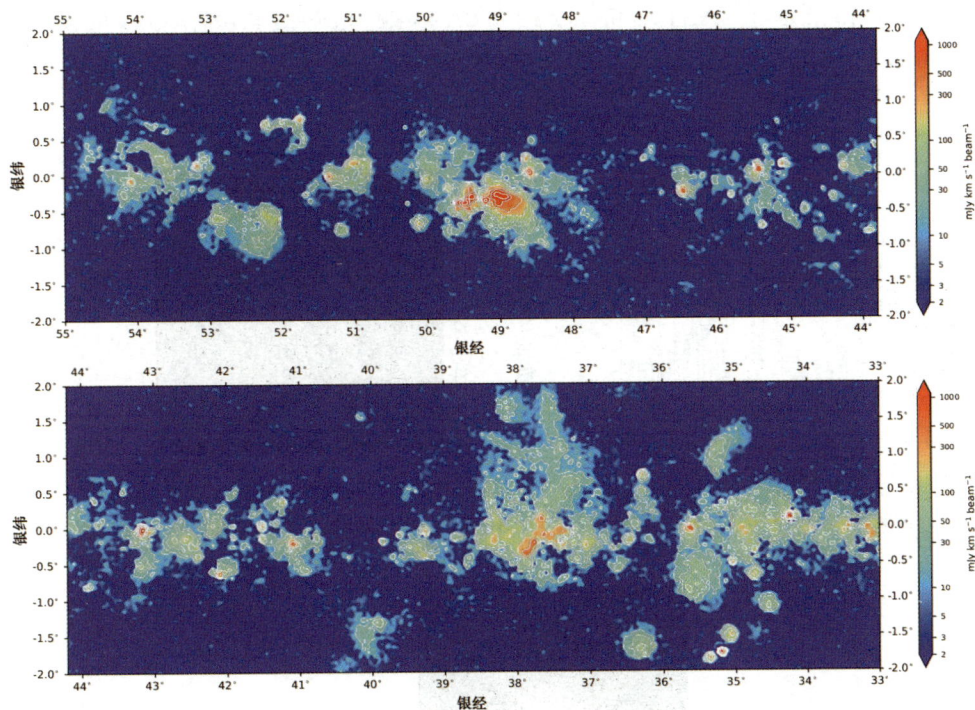

图 4.44　GPPS 绘制的 H$n\alpha$ 复合谱线天空图
（图片来源：Hou et al., 2022）

早期科学阶段所用过的超宽带接收机，还是当前作为主力科学观测仪器的 19 波束接收机，频率覆盖的局限性使得它们都无法对河内分子谱线开展系统性的研究。不过 FAST 还是进行了一些河外 OH 巨脉泽线的观测，并取得了良好的效果。如 FASHI 团队就通过交叉比对 FAST 巡天数据与红外天文卫星（Infrared Astronomical Satellite，IRAS）点源的方法，认证出了 27 个河外 OH 巨脉泽源（OH Megamaster，OHM），其中有 2/3 是之前未知的新源，这对已知只有 100 余个的 OHM 样本构成了有力补充（Zhang et al., 2024b）。这些源的一大共性是宿主星系恒星质量较大，且具有较高的远红外光度，其中后一条意味着星系在不久之前发生过强烈的星暴活动。不过这批新源的 1665 MHz 与 1667 MHz 两条脉泽线的流量比，以及羟基脉泽线与宿主星系远红外的光度比等特性，相较先前已知的 OHM 并无特殊之

处。图4.45展示了FAST对位于 z 约为0.143处的IRAS 11087+5351的观测，该源的1667 MHz与1665 MHz脉泽线流量比是这27个OHM中最低的。

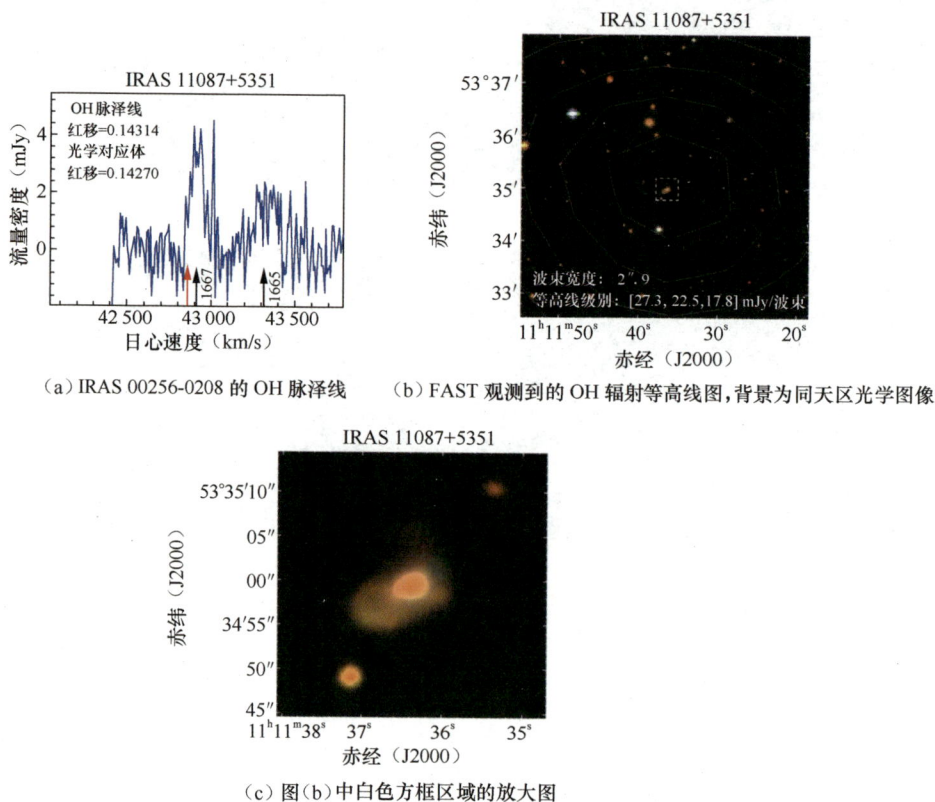

（a）IRAS 00256-0208 的 OH 脉泽线

（b）FAST 观测到的 OH 辐射等高线图，背景为同天区光学图像

（c）图（b）中白色方框区域的放大图

图 4.45　FAST 对高红移 OH 巨脉泽源 IRAS 11087+5351 的观测
（图片来源：Zhang C P et al., 2024b，遵照知识共享许可协议翻译并使用）

此外，研究者还尝试使用FAST对8个红移为0.1919～0.2241的星系搜索了河外非脉泽起源的OH吸收线，但暂时未得到新的发现，只是对这些星系中OH的数量进行了限制，并验证了OH丰度随红移增加而减少的趋势（Zheng et al., 2020）。随着漂移扫描巡天数据处理工作的进行，未来FAST团队有望发现新的河外OH吸收线样本，从而为恒星形成过程的探索"添砖加瓦"。

| 4.3 其他科学成果 |

4.3.1 射电星际闪烁

　　我们通过大气看恒星，会看到恒星在闪烁，这是因为地球大气中的湍流会影响星光的传播，使恒星的像抖动。星际介质中的湍流也会产生类似的效应，这就是星际闪烁。射电波的星际或行星际闪烁是射电波传播介质发生湍动所导致的辐射强度与相位变化，发生闪烁现象的频带取决于介质的运动、密度等性质。很自然地，如果我们能同时顾及更宽的频带，捕捉闪烁现象的概率将大幅提升。对 FAST 而言，最适宜从事这项工作的自然是在早期科学阶段使用过的超宽带接收机，它可以覆盖 270 ～ 1620 MHz 的频率范围。因此，在望远镜的调试期内，FAST 团队就开展过行星际闪烁观测的尝试（Liu et al., 2021）。这些观测是使用身为类星体的射电源 3C 286 与 3C 279 完成的。以 FAST 的角分辨率来看，这些身居宇宙学距离上的 AGN 是正宗的射电点源，本身无法展示出任何结构，因而可以让闪烁现象充分表现。

　　用于观测行星际闪烁的方式较为多样化，可以借助单一天线，也可以由多台站共同完成。如果是单天线观测，又可分为单频带与双频带分析两种方式，二者可以根据不同的方式给出激起闪烁的太阳风速度信息，从而在太阳风环境和空间天气监测方面具有重要的应用价值。中国科学院国家天文台的前身——北京天文台在 20 世纪 90 年代就进行过这样的尝试；位于乌鲁木齐南山的新疆天文台 25 米天线自 2008 年起更是具备了对行星际散射进行常规监测的能力。

　　与上述其他望远镜相比，FAST 在行星际闪烁观测方面的优势在于高灵敏度，其超宽带接收机更使得单、双频带分析的同时开展成为可能。实践证明，只要获得区区 20 s 的 FAST 观测数据，就可以通过其中的行星际闪烁现象可靠地获取太阳风速度 v，这比其他望远镜所需的时间足足短了一个

数量级，因此大大提升了监测效率，极具应用价值。

图 4.46 所示为根据 FAST 对类星体 3C 286 的 285 MHz 单频观测数据获取行星际闪烁谱的示例。图中，实线表示根据实际观测数据获取的闪烁谱，虚线是拟合谱。其中，图 4.46（a）、图 4.46（b）、图 4.46（c）对应积分时间各持续 20 s 的不同观测，质量更高的图 4.46（d）对应的积分时间为 300 s。

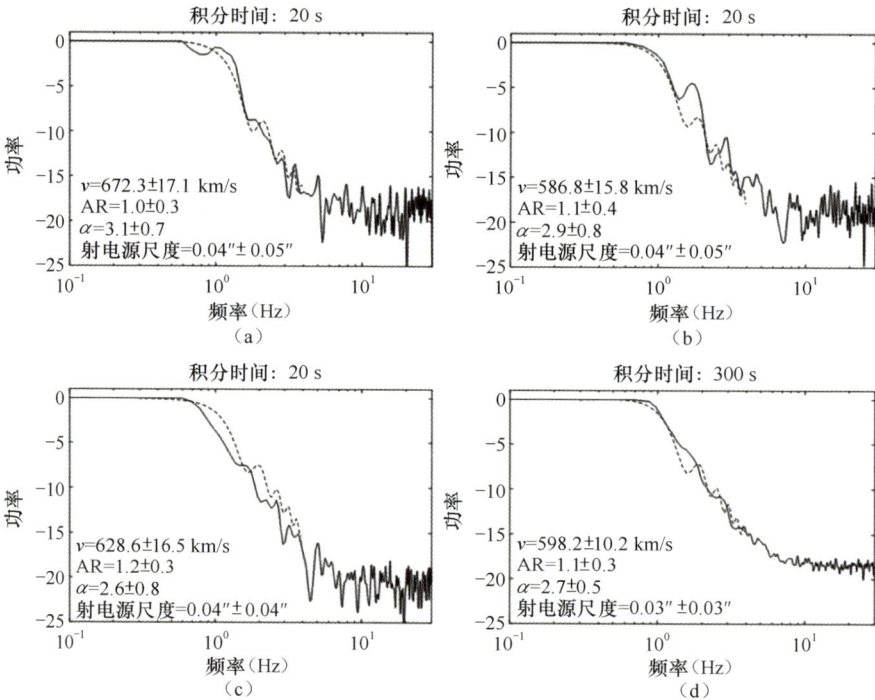

图 4.46　根据 FAST 对类星体 3C 286 的 285 MHz 单频观测数据获取行星际闪烁谱的示例
（图片来源：Liu et al., 2021，图 6）

不过，根据 FAST 的行星际闪烁观测得出的单、双频太阳风速度存在不小的差异。以 2017 年 11 月 13 日对 3C 286 的观测为例，单凭 305 MHz 闪烁导出的太阳风速度是 564.4 km/s，715 MHz 闪烁对应的速度则是 554.2 km/s，二者相差很小。但是，进行双频率观测时，根据不同于单频多参数模型拟合的闪烁功率谱第一过零点频率法给出的太阳风速度却高达 713 km/s。这样的差异可能是因为单、双频率法侧重点不同，根据双频率法给出的结果受随机速度的影响较大；也可能是太阳风本身的时间变化所致。不过，由于仪器性能的限制，早先类似 FAST 这种同时使用单、双频率法，借助行星际闪烁探索太阳风性质的工作相对较少，由不同分析方法给出的太阳风速度差异还有待更多探讨。

在星际闪烁方面，中国科学院国家天文台的研究人员对脉冲星 PSR B1929+10 与 B1842+14 开展了相关观测（Yao et al., 2020）。研究脉冲星星际闪烁的重要工具是次级谱，也就是原始的动态频谱图（时间 - 频率图）经二维傅里叶变换的产物。一颗脉冲星的次级谱表示被散射信号的时延与多普勒频移之间的相关性，图中最主要的结构是大多呈对称式分布的抛物线形闪烁弧，它意味着信号的时延与多普勒频移之间存在二次方的关系。由于星际介质分布的不均匀性，闪烁弧可能存在不止一对，其轮廓反映了引发闪烁的闪烁屏位置、尺度、速度以及脉冲星的径向运动等信息，是探究星际介质分布和结构的重要手段。但在 FAST 之前，人们只在数十颗脉冲星中发现了这样的弧状结构。FAST 凭借其优异的灵敏度，第一次在 B1842+14 的次级谱中辨认出了两对暗弱的新弧，相应的闪烁屏分别距离地球 0.3 kpc 和 1.6 kpc。图 4.47 所示为脉冲星 PSR B1929+10 在 1100 MHz、1200 MHz、1300 MHz 和 1400 MHz 频率处的次级谱，所有频率处均可见中央脊以及两侧的抛物线弧。

与超新星遗迹 S147 成协的脉冲星 PSR J0538+2817 的闪烁特性带来的信息更具研究价值（Yao et al., 2021）。这颗脉冲星的动态频谱图经二维傅里叶变换所得的次级谱中清晰地展现了抛物线式的闪烁弧结构，由此导出的星际闪烁屏位置与超新星遗迹壳层靠近地球的一侧相吻合；还一并给出了脉冲星的径向运动速度。再结合根据 FAST 的高置信度偏振观测得出的脉冲星自转轴取向，以及早年对切向速度的干涉测量结果方法获得的切线速度，研究者第一次确认了星体三维运动速度与自转之间大致的共线性（在 1σ 的置信度上，夹角不超过 23°），弥补了原先针对年轻脉冲星速度与自转只能做到二维共线的不足。基于脉冲星形成的传统理论以及超新星爆发数值模

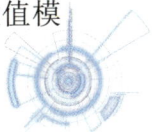

拟给出的脉冲星速度和自转轴取向之间的夹角大于 FAST 的观测结果，说明脉冲星的形成过程存在大量仍待探索的细节问题。

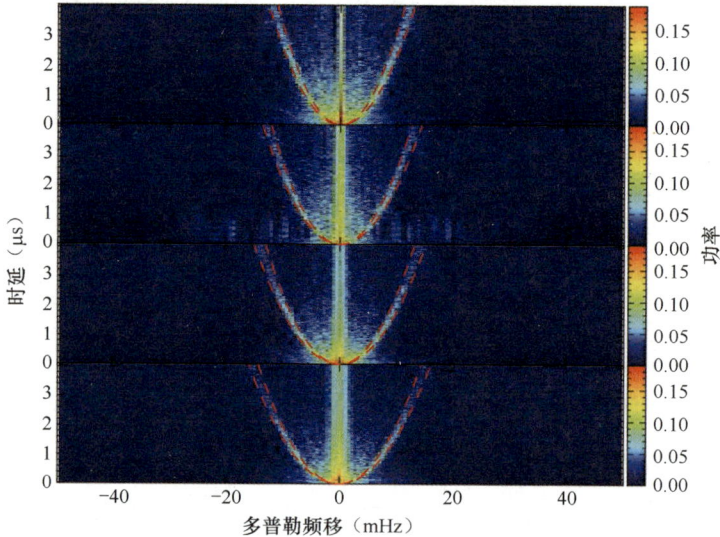

图 4.47 脉冲星 PSR B1929+10 在 1100 MHz、1200 MHz、1300 MHz 和 1400 MHz 频率处的次级谱
（图片来源：Yao et al., 2020）

图 4.48（a）左图所示为脉冲星 PSR J0538+2817 的自转轴和速度矢量的位置角（Ψ），其中蓝、绿、红色曲线分别表示 X 射线观测所得的脉冲星自转轴位置角、FAST 的偏振观测所得的脉冲星自转轴位置角，以及 VLBI 观测所得的脉冲星速度矢量位置角；右图所示为该脉冲星的自转轴和速度矢量沿视线方向的倾角（ζ），其中蓝、绿、红色曲线分别表示 X 射线观测所得的脉冲星自转轴倾角、FAST 的偏振观测所得的脉冲星自转轴倾角，以及星际闪烁观测所得的速度矢量倾角。可见使用不同方法得到的自转轴和速度矢量指向之间的偏差都不大。图 4.48（b）所示为同一脉冲星的自转轴和运动速度在天空中的指向示意。图中，红色和灰色弧线分别表示三维运动速度的 1σ 和 2σ 置信区间；深绿色、浅绿色、蓝色和黄色圆斑分别表示根据 FAST 的偏振观测以及先前的 X 射线数据给出的星体自转轴指向的 1σ 和 2σ 分布区间。

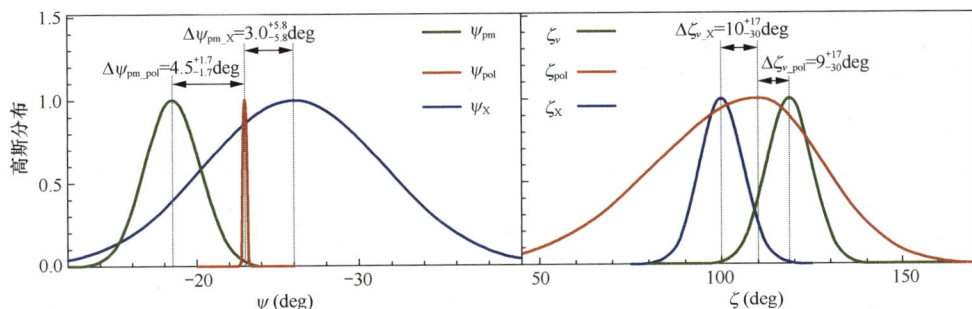

（a）根据不同观测数据推知的脉冲星PSR J0538+2817的自转轴和速度矢量的位置角（左）和倾角（右）

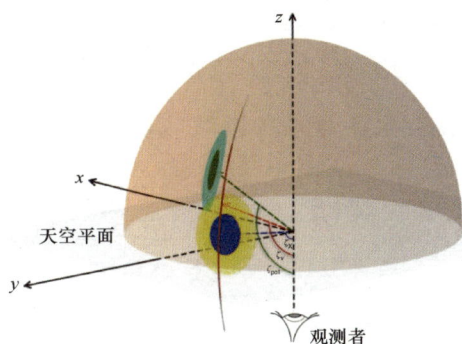

（b）脉冲星PSR J0538+2817的自转轴和运动速度在天空中的指向示意

图 4.48　脉冲星 PSR J0538+2817 的自转轴和速度矢量的指向，可见二者偏差不大
（图片来源：Yao et al., 2021，经 Springer Nature 许可使用）

　　除了脉冲星，FAST 还凭借其高灵敏度，第一次在快速射电暴的次级谱中辨认出了闪烁弧。这次研究者考察的是重复暴 FRB 20220912A（Wu et al., 2023），它在 2022 年 10 月至 2023 年初之间经历了一段格外活跃的时期，1 小时内最多可以出现 100 余次重复爆发，如图 4.49 所示。FAST 在此期间针对 FRB 20220912A 进行了多轮观测，记录了一批高质量的重复爆发样本数据，足以用来分析不同重复爆发事件之间的时间相关性。研究者由此发现，类似于脉冲星的闪烁现象，FRB 20220912A 次级谱中的闪烁弧也呈抛物线形，这与一薄层电离屏主导的闪烁过程相符，如图 4.50 所示。而且在为期 20 天左右的时间段内，次级谱形态并未出现明显变化，这说明闪烁屏的结构在此时标下较为稳定，不太可能来自暴源附近，更有可能源

于银河系之内。当然，现有的观测时间跨度仍然有限，不足以完全排除闪烁区接近暴周的可能性，因此 FAST 未来将对该暴以及类似的事件进行更长时间的监测，以确定快速射电暴的闪烁特性是否存在长期或周期性的变化，并借此探索暴周介质的特性，从而为认识快速射电暴的本质提供重要线索。

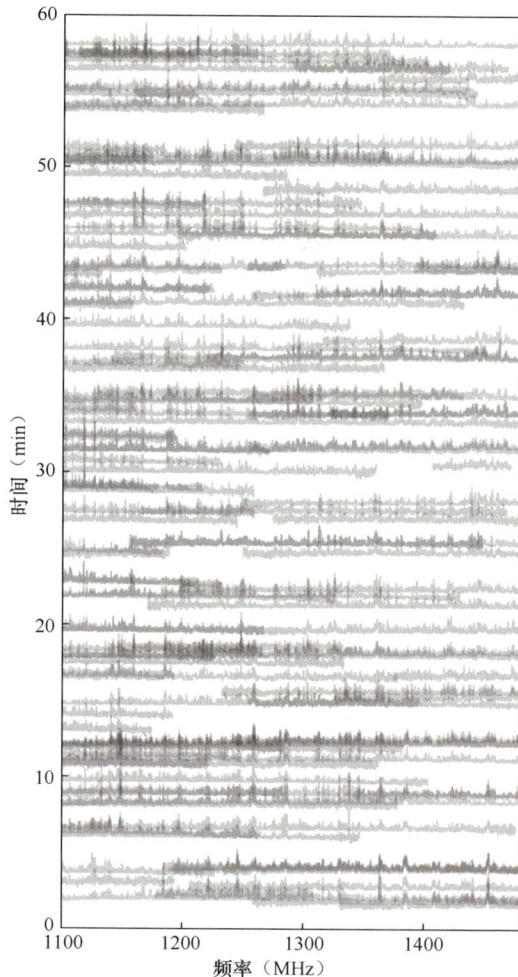

图 4.49　FAST 在 1 小时内记录的 FRB 20220912A 动态频谱图
（图中至少可辨认出上百次重复爆发事件）
（图片来源：Wu et al., 2023）

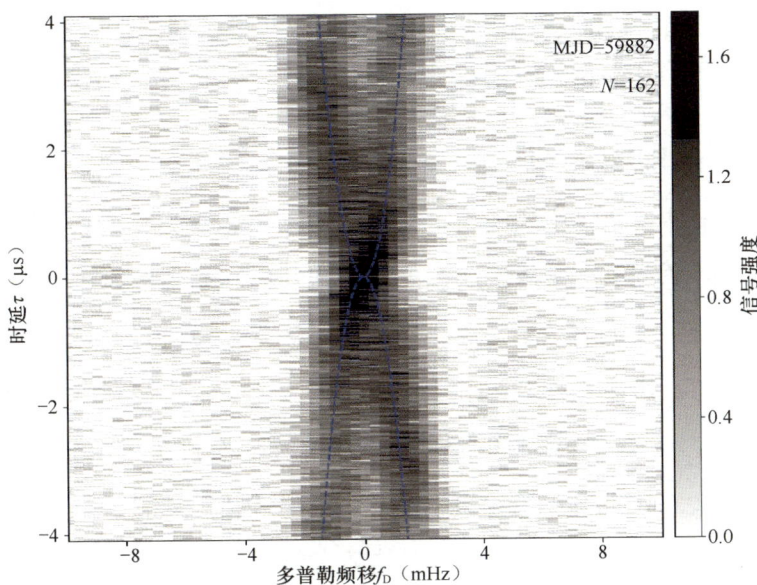

图 4.50　FRB 20220912A 的次级谱，其中两组闪烁弧清晰可见
（图片来源：Wu et al., 2023）

4.3.2　地外文明探索

到目前为止，人类看到的地外文明候选信号最终都被证明是来自地球的射频干扰信号。这些观测通常是用单波束接收机进行的。从空间分布特性来说，来自地面的射频干扰随观测方向缓慢变化，所以通常可以在很大的角度范围内看到同一个射频干扰。

FAST 多波束接收机为排除射频干扰信号提供了一种很好的途径。来自地球的射频干扰信号通常角分布很广，会进入多个波束，甚至所有波束。而来自宇宙深处的信号通常只会进入一个波束。如果我们仅在一个波束中探测到了具有预期时频特征的窄带信号，这个信号就有更大的可能性来自地外文明。基于上述原则，FAST 团队与来自加州大学伯克利分校的国际合作者为望远镜开发了 SETI 后端 SERENDIP Ⅵ（Zhang et al., 2020），并针对已知系外行星开展了一系列跟踪观测（Tao et al., 2022；Luan et al., 2023），还在持续关注先前由阿雷西博射电望远镜记录下的一系列具有窄带辐射，且曾在同一天区多

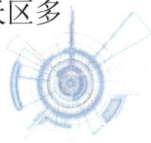

次重复出现过的候选信号。但到目前为止，这些尝试尚未探测到令人信服的地外文明信号，我们的探索还在继续。

4.3.3　行星射电辐射

不考虑地外文明发出的射电信号，行星本身也会发出射电辐射。通常，这些射电辐射是电子绕磁场运动发出的回旋辐射和同步辐射。

很多行星内部都有软流圈，其流动会产生行星规模的磁场。行星所围绕的恒星通常会产生恒星风和星冕物质抛射，这些过程都会产生大量电子和其他带电粒子，这些粒子和行星磁场相互作用会产生回旋辐射和同步辐射，发出频率为几十兆赫兹至几吉赫兹的射电辐射。此外，行星磁场和行星大气电离层或卫星的相互作用也会伴随有射电信号（Zarka et al., 2019）。

在太阳系内，已经明确探测到了木星的射电辐射，并详细研究了这些射电辐射的时间 - 频率特征。截至 2024 年年底，人类已经发现了超过 5800 颗系外行星，这些行星中有一部分是类似木星的巨型气体行星，也可能产生与木星类似的射电辐射。通过搜寻这些行星的射电辐射，我们可以更深刻地理解恒星风和行星磁场相互作用的特征及规律。

FAST 已经开始进行行星射电辐射的观测研究，目前已探测到了来自 M 型矮星——猎户 AD 的射电爆发，并在其中发现了可能源于恒星与周边行星系相互作用的毫秒级精细结构（Zhang et al., 2023）。随着观测数据的积累，有可能在这些射电辐射中发现行星轨道周期的调制，找到行星射电辐射的迹象。从目前的观测结果来看，未来的 FAST 核心阵应该是更适合研究行星射电辐射的"利器"。同时在更多地了解行星射电辐射的基础上，随着 FAST 新一代接收机的研发，以及 FAST 核心阵的逐步推进，行星射电辐射也可能成为发现系外行星的一种可能途径。

4.3.4　微类星体的亚秒级射电准周期振荡

除了建设之初设定的科学目标，FAST 还拥有考察其他类型的天体并探索未知的能力，本小节要介绍的微类星体射电准周期振荡就是这样的一个例子。众所周知，类星体是 AGN 的一种，由星系中心质量相当于太阳数百万倍至数十亿倍的特大质量黑洞驱动高速喷流，产生强有力的辐射。微类星体可以看作星系级类星体的小尺度类比，由恒星级黑洞或中子星、相对论性喷流、高温吸积盘以及输质伴星组成，属于 X 射线双星的一种，在观测上表现为致密辐射源，伴有间歇性或长期变化的 X 射线和射电辐射。由于微类星体体量小、条件极端，因此被视作研究强引力场和相对论物理的天然宇宙实验室。

　　黑洞和中子星都属于致密天体，自身引力极强，前者更是连光线都无法从中逃脱。但由于角动量的存在，周围物质被致密天体吸引的时候往往不能直接落入中心，而是要先围绕黑洞形成吸积盘，然后在黏性等因素的作用下逐渐损失角动量并向中央迁移。但是，磁场的存在会让事情变得更加复杂，盘中的部分物质在致密天体的磁场和引力场联合影响下加速，形成一股高速喷流，喷流中的物质相互作用以及粒子加速就产生了望远镜所见的辐射。

　　致密天体（尤其是黑洞）喷流的形成和演化一直都是天文学家关注的焦点，至今其中仍存在大量未决疑点。来自武汉大学等单位的研究团队借助 FAST 的观测，首次发现了微类星体 GRS 1915+105 中的亚秒级射电准周期振荡现象（见图 4.51），为研究黑洞喷流的动力学特性提供了重要线索（Tian et al., 2023）。

图 4.51　FAST 首次揭秘的来自微类星体的射电准周期振荡的艺术概念图
（图片来源：王伟，武汉大学）

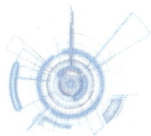

GRS 1915+105 是一个著名的微类星体，拥有一个快速旋转的黑洞，以及具有视超光速运动的间歇性射电喷流，因此是研究极端高能物理过程的重要样本。自发现起近 30 多年来，该黑洞一直表现出了丰富的 X 射线光变特征，并伴有高能辐射的多种准周期振荡现象。但人们对 GRS 1915+105 的黑洞喷流动力学和快速光变的起源依然不清楚。为了揭开微类星体相对论性喷流的神秘面纱，研究者仔细分析了 2020—2022 年间 FAST 的若干轮高时间分辨率（采样时间短至约 49 μs）射电连续谱光变监测数据，挖掘出了 GRS 1915+105 的射电振荡行为。

FAST 凭借其高采样率和高灵敏度的优势，在 2021 年 1 月 25 日和 2022 年 6 月 16 日的两次观测期间均记录了该黑洞微弱的射电"脉搏"，周期约为 0.2 s。如图 4.52 所示，这种振荡信号的周期、振幅并不稳定，而且大部分时间都无法探测（在图中仅出现于时间段 B），因此称之为准周期振荡。振荡发生时，辐射的偏振特性以及连续谱指数也伴有相应的变化。此外，FAST 的数据中还存在一个周期减半的较弱成分，它可能是 5 Hz 准周期振荡的谐波。

先前微类星体的射线、紫外、可见光和红外低频准周期振荡现象均已得到了探测，这些波段的振荡一般被认为起源于致密星吸积盘的内区。FAST 的这项成果是世界上首次发现此类天体的亚秒级低频射电准周期振荡现象，它所展示的是与恒星级黑洞相对论性喷流直接相关的物理过程。GRS 1915+105 的射电准周期振荡说明，与微类星体黑洞喷流相关的过程时标非常短，仅为亚秒级，说明喷流中存在相应的小尺度变化，这是一个非常惊人的发现。GRS 1915+105 射电"脉搏"的发现对于揭示致密天体高速喷流的起源与动力学过程具有重要的科学意义，将打开黑洞射电观测和理论研究的新思路。黑洞喷流的形成和演化过程非常复杂，涉及物质的加热、加速、喷射等多个环节。凭借 FAST 的数据，人们可以更加详细地研究黑洞喷流的动力学特性，进而更好地理解黑洞的形成、演化和过程，进一步揭示黑洞的奥秘。

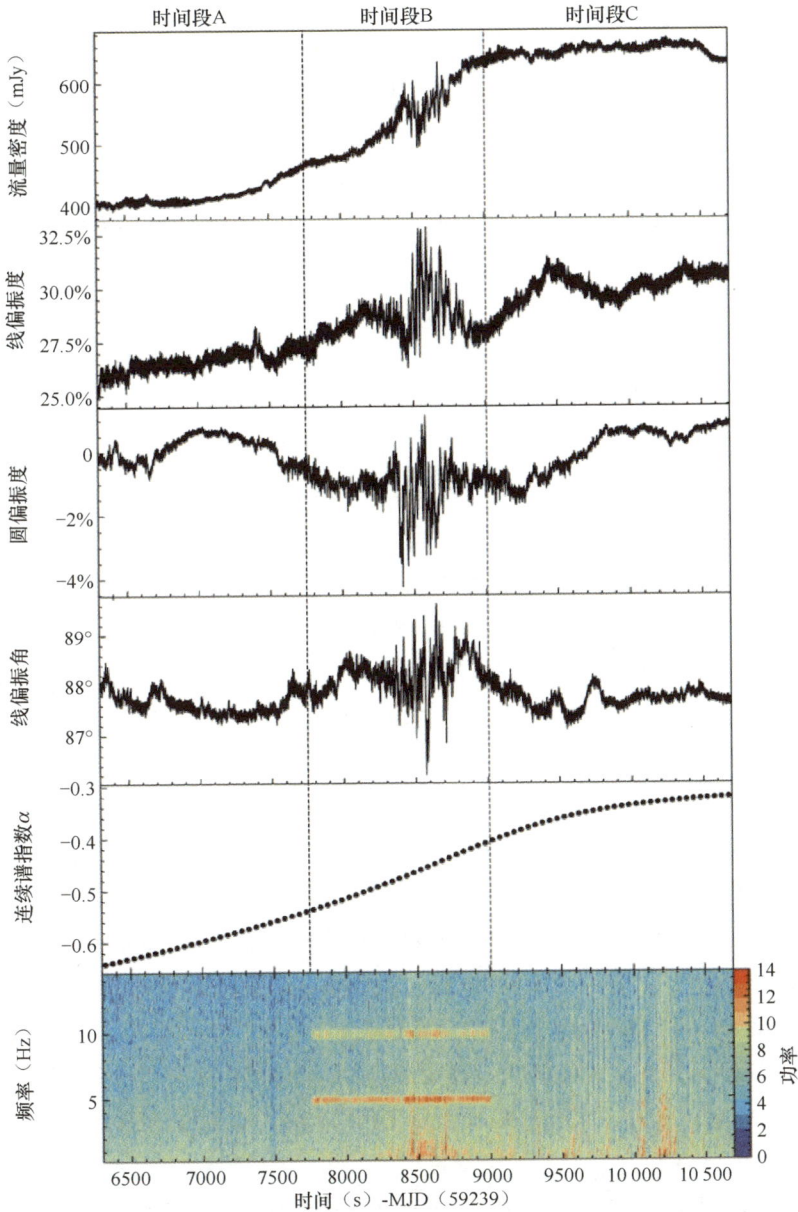

注：MJD 为简化儒略日期。

图 4.52　FAST 在 2021 年 1 月 25 日记录下的 GRS 1915+105 射电准周期振荡现象，从上到下依次展示了该微类星体的光变曲线、线偏振度、圆偏振度、线偏振角、连续谱指数α、功率谱（图片来源：Tian et al., 2023，经 Springer Nature 许可使用）

| 参考文献 |

AI M, ZHU M, XU J L, et al., 2023. High-sensitivity H I mapping of NGC 4449 with FAST[J]. Monthly Notices of the Royal Astronomical Society, 524(2): 2911-2917.

ANNA-THOMAS R, CONNOR L, DAI S, et al., 2023. Magnetic field reversal in the turbulent environment around a repeating fast radio burst[J]. Science, 380(6645): 599-603.

BENITEZ-LLAMBAY A, NAVARRO J F, 2023. Is a recently discovered H I cloud near M94 a starless dark matter halo?[J]. The Astrophysical Journal, 956(1): 1.

CHENG C, IBAR E, DU W, et al., 2020. The atomic gas of star-forming galaxies at z~0.05 as revealed by the Five-hundred-meter Aperture Spherical radio Telescope[J]. Astronomy & Astrophysics, 638: L14.

CHING T C, LI D, HEILES C, et al., 2022. An early transition to magnetic supercriticality in star formation[J]. Nature, 601(7891): 49-52.

DUC P A, CUILLANDRE J C, RENAUD F., 2018. Revisiting Stephan's Quintet with deep optical images[J]. Monthly Notices of the Royal Astronomical Society: Letters, 475(1): L40-L44.

FENG Y, LI D, YANG Y P, et al., 2022. Frequency-dependent polarization of repeating fast radio bursts—implications for their origin[J]. Science, 375(6586): 1266-1270.

HAN J L, WANG, C., WANG, P. F., et al., 2021. The FAST Galactic Plane Pulsar Snapshot survey: I. Project design and pulsar discoveries[J]. Research in Astronomy and Astrophysics, 21(5): 107.

HAN J L, ZHOU D J, WANG C, et al., 2024. The FAST Galactic Plane Pulsar Snapshot survey. VI. The discovery of 473 new pulsars[EB/OL]. (2024-11-24)[2024-11-30].

HONG T, HAN J, HOU L, et al., 2022. Peering into the Milky Way by FAST: I. Exquisite H I structures in the inner Galactic disk from the piggyback line observations of the FAST GPPS survey[J]. Science China Physics, Mechanics & Astronomy, 65(12): 129702.

HOU L, HAN J, HONG T, et al., 2022. Peering into the Milky Way by FAST: II. Ionized gas in the inner Galactic disk revealed by the piggyback line observations of the FAST GPPS survey[J]. Science China Physics, Mechanics & Astronomy, 65(12): 129703.

HUNTER D A, WILCOTS E M, VAN WOERDEN H, et al., 1998. The nature of the extended H I Gas around NGC 4449: The Dr. Jekyll/Mr. Hyde of irregular galaxies[J]. The Astrophysical Journal, 495(1): L47-L50.

HU W, WANG Y, LI Y, et al., 2023. Detections of 21 cm absorption with a blind FAST survey at z ⩽ 0.09[J]. Astronomy & Astrophysics, 675: A40.

LI C, QIU K, HU B, et al., 2021. The discovery of the largest gas filament in our galaxy, or a new spiral arm?[J]. The Astrophysical Journal Letters, 918(1): L2.

LI D, WANG P, QIAN L, et al., 2018. FAST in space: considerations for a multibeam, multipurpose survey using China's 500-m Aperture Spherical radio Telescope (FAST)[J]. IEEE Microwave Magazine, 19(3): 112-119.

LI D, WANG P, ZHU W W, et al., 2021. A bimodal burst energy distribution of a repeating fast radio burst source[J]. Nature, 598(7880): 267-271.

LIU B, WANG L X, WANG J Z, et al., 2022. Baseline correction for FAST radio recombination lines: a modified penalised least squares smoothing technique[J]. Publications of the Astronomical Society of Australia, 39: e050.

LIU L J, PENG B, YU L, et al., 2021. A pilot study of interplanetary scintillation with FAST. Monthly Notices of the Royal Astronomical Society, 504(4): 5437-5443.

LIU X, WU Y, ZHANG C, et al., 2022. A FAST survey of H I narrow-line self-absorptions in Planck Galactic cold clumps guided by HC_3N[J]. Astronomy & Astrophysics, 658: A140.

LIU Y, ZHU M, YU H, et al., 2023. FAST discovery of long tidal tails in NGC 4490/85[J]. Monthly Notices of the Royal Astronomical Society, 523(3): 3905-3914.

LIU Y, ZHU M, YU H Y, et al., 2024. Deep H I mapping of M 106 group with FAST[J]. Monthly Notices of the Royal Astronomical Society, 534(4): 3688-3704.

LUAN X H, TAO Z Z, ZHAO H C, et al., 2023. Multibeam blind search of

targeted SETI observations toward 33 exoplanet systems with FAST[J]. The Astronomical Journal, 165(3): 132.

LU C Z, JIAO K, ZHANG T, et al., 2022. Toward a direct measurement of the cosmic acceleration: the first preparation with FAST[J]. Physics of the Dark Universe, 37: 101088.

MACQUART J P, PROCHASKA J X, MCQUINN M, et al., 2020. A census of baryons in the Universe from localized fast radio bursts. Nature, 581(7809): 391-395.

NIU C H, AGGARWAL K, LI D, et al., 2022. A repeating fast radio burst associated with a persistent radio source[J]. Nature, 606(7916): 873-877.

PAN Z, QIAN L, MA X, et al., 2021. FAST globular cluster pulsar survey: twenty-four pulsars discovered in 15 globular clusters[J]. The Astrophysical Journal Letters, 915(2): L28.

PAN Z, LU J G, JIANG P, et al., 2023. A binary pulsar in a 53-minute orbit[J]. Nature, 620(7976): 961-964.

QIAN L, PAN Z, LI D, et al., 2019. The first pulsar discovered by FAST[J]. Science China Physics, Mechanics & Astronomy, 62(5): 959508.

TANG N Y, ZUO P, Li D, et al., 2020. Pilot H I survey of Planck Galactic Cold Clumps with FAST[J]. Research in Astronomy and Astrophysics, 20(5): 77.

TAO Z Z, ZHAO H C, ZHANG T J, et al., 2022. Sensitive multibeam targeted SETI observations toward 33 exoplanet systems with FAST[J]. The Astronomical Journal, 164(4): 160.

TIAN P, ZHANG P, WANG W, et al., 2023. Subsecond periodic radio oscillations in a microquasar[J]. Nature, 621(7978): 271-275.

WANG J, YANG D, OH S H, et al., 2023. FEASTS: IGM cooling triggered by tidal interactions through the Diffuse H I Phase around NGC 4631[J]. The Astrophysical Journal, 944(1): 102.

WANG P, LI D, CLARK C J, et al., 2021. FAST discovery of an extremely radio-faint millisecond pulsar from the Fermi-LAT unassociated source 3FGL J0318.1+0252[J]. Science China Physics, Mechanics & Astronomy, 64(12): 129562.

WU Z W, MAIN R A, ZHU W W, et al., 2023. Scintillation arc from FRB 20220912A[J]. Science China Physics, Mechanics & Astronomy, 67(1): 219512.

XI H W, PENG B,STAVELEY-SMITH L, et al., 2024. The most distant H I galaxies discovered by the 500 m dish FAST[J]. The Astrophysical Journal Letters, 966(2): L36.

XU C K, CHENG C, APPLETON P N, et al., 2022. A 0.6 Mpc H I structure associated with Stephan's Quintet[J]. Nature, 610(7932): 461-466.

XU H, NIU J R, CHEN P, et al., 2022. A fast radio burst source at a complex magnetized site in a barred galaxy[J]. Nature, 609(7928): 685-688.

XU H, CHEN S, GUO Y, et al., 2023. Searching for the nano-Hertz stochastic gravitational wave background with the Chinese Pulsar Timing Array Data Release I[J]. Research in Astronomy and Astrophysics, 23(7): 075024.

XU J L, ZHU M, YU N, et al., 2023a. Discovery of an isolated dark dwarf galaxy in the nearby universe[J]. The Astrophysical Journal Letters, 944(2): L40.

XU J L, ZHU M, HESS K M, et al., 2023b. Formation of a massive lenticular galaxy under the tidal interaction with a group of dwarf galaxies[J]. The Astrophysical Journal Letters, 958(2): L31.

YAO J M, ZHU W W, WANG P, et al., 2020. FAST interstellar scintillation observation of PSR B1929+10 and PSR B1842+14[J]. Research in Astronomy and Astrophysics, 20(5): 76.

YAO J, ZHU W, MANCHESTER R N, et al., 2021. Evidence for three-dimensional spin-velocity alignment in a pulsar[J]. Nature Astronomy, 5: 788-795.

YU H, ZHU M, XU J L, et al., 2023. High-sensitivity H I image of diffuse gas and new tidal features in M51 observed by FAST[J]. Monthly Notices of the Royal Astronomical Society, 521(2): 2719-2728.

YU N P, ZHU M, XU J L, et al., 2023. FAST discovery of an extra plume in DDO 168[J]. Monthly Notices of the Royal Astronomical Society, 521(1): 737-742.

YU Q, FANG T, FENG S, et al., 2022. On the H I content of MaNGA major merger pairs [J]. The Astrophysical Journal, 934(2): 114.

ZARKA P, LI D, GRIEßMEIER J M, et al., 2019. Detecting exoplanets with FAST?[J]. Research in Astronomy and Astrophysics, 19(2): 23.

ZHANG B, ZHU M, WU Z Z, et al., 2021. Extragalactic H I 21-cm absorption line observations with the Five-hundred-meter Aperture Spherical radio

Telescope[J]. Monthly Notices of the Royal Astronomical Society, 503(4): 5385-5396.

ZHANG C P, XU J L, LI G X, et al., 2021. Radio recombination line observations at 1.0-1.5GHz with FAST[J]. Research in Astronomy and Astrophysics, 21(8): 209.

ZHANG C P, ZHU M, JIANG P, et al., 2024a. The FAST All Sky H I survey (FASHI): the first release of catalog[J]. Science China Physics, Mechanics & Astronomy, 67(1): 219511.

ZHANG C P, CHENG C, ZHU M, et al., 2024b. FASHI:a search for extragalactic OH megamasers with FAST[J]. The Astrophysical Journal, 971(2): 131.

ZHANG C P, ZHU M, JIANG P, et al., 2025. FASHI: an untargeted survey of the 21 cm H I absorption galaxies with FAST[J]. The Astrophysical Journal Supplement Series, 276(1): 6.

ZHANG J, TIAN H, ZARKA P, et al., 2023. Fine structures of radio bursts from flare star AD Leo with FAST observations[J]. The Astrophysical Journal, 953(1): 65.

ZHANG Z S, WERTHIMER D, ZHANG T J, et al., 2020. First SETI observations with China's Five-hundred-meter Aperture Spherical radio Telescope (FAST) [J]. The Astrophysical Journal, 891(2): 174.

ZHENG Z, LI D, SADLER E M, et al., 2020. A pilot search for extragalactic OH absorption with FAST[J]. Monthly Notices of the Royal Astronomical Society, 499(3): 3085-3093.

ZHOU D J, HAN J L, XU J, et al., 2023. The FAST Galactic Plane Pulsar Snapshot survey. II. Discovery of 76 Galactic rotating radio transients and the enigma of RRATs[J]. Research in Astronomy and Astrophysics, 23(10): 104001.

ZHOU D, WANG P, LI D, et al., 2024. A discovery of two slow pulsars with FAST: "ronin" from the globular cluster M15[J]. Science China Physics, Mechanics & Astronomy, 67(6): 269512.

ZHOU R, ZHU M, YANG Y, et al., 2023. FAST reveals new evidence for M94 as a merger[J]. The Astrophysical Journal, 952(2): 130.

ZHU M, YU H, WANG J, et al., 2021. FAST discovery of a long H I accretion stream toward M106[J]. The Astrophysical Journal Letters, 922(1): L21.